高职高专机电类专业系列教材

单片机应用技术项目化教程
——基于Keil 与Proteus仿真开发平台

唐明军　主编
单　丹

葛鲲鹏
许志恒　副主编
周惠忠

化学工业出版社
·北京·

内 容 简 介

本书旨在培养和锻炼学生单片机应用系统的开发能力和水平，全书以六个实战项目为主线，让学习者在一个个任务案例中逐步掌握单片机电路设计与程序代码编写的能力。书中的内容从最初点亮 LED 灯的基础任务，到设计温湿度采集系统的拓展任务，再到最后的电子日历的综合项目开发，不仅有原理性知识的介绍，更重要的是给学习者提供了实际项目开发的思路和经验，可以让大家从实践过程中逐步提高自己发现问题、分析问题、解决问题的能力。

本书的内容涵盖了大量符合教学规律并且在实际项目中所采用的技术和技巧，具有很强的实时性和先进性，可以帮助读者快速上手单片机开发工作。

本书可作为职业院校电子信息类、机电控制类等相关专业的单片机教材，同时对电子相关行业的从业技术人员也有一定的参考价值。

图书在版编目（CIP）数据

单片机应用技术项目化教程：基于 Keil 与 Proteus 仿真开发平台 / 唐明军，单丹主编. —北京：化学工业出版社，2022.9（2024.2重印）
高职高专机电类专业系列教材
ISBN 978-7-122-41749-7

Ⅰ.①单… Ⅱ.①唐… ②单… Ⅲ.①单片微型计算机–高等职业教育–教材 Ⅳ.①TP368.1

中国版本图书馆 CIP 数据核字（2022）第 110553 号

责任编辑：廉　静　蔡洪伟　　　　　　　　　　　　　装帧设计：王晓宇
责任校对：李雨晴

出版发行：化学工业出版社（北京市东城区青年湖南街 13 号　邮政编码 100011）
印　　装：北京科印技术咨询服务有限公司数码印刷分部
787mm×1092mm　1/16　印张 18　字数 454 千字　2024 年 2 月北京第 1 版第 2 次印刷

购书咨询：010-64518888　　　　　　　　　　　　　售后服务：010-64518899
网　　址：http://www.cip.com.cn
凡购买本书，如有缺损质量问题，本社销售中心负责调换。

定　　价：56.00 元　　　　　　　　　　　　　　　　版权所有　违者必究

前言

2019年1月国务院颁布了《国家职业教育改革实施方案》，2019年9月教育部颁发了《职业教育提质培优行动计划（2020—2023年）》，提出了教材作为"三教"改革的切入点和突破点。在此背景下，《单片机应用技术项目化教程——基于Keil与Proteus仿真开发平台》教材编写团队积极探索新形态、数字化资源建设方法，完成本书编写。

为了适应现代化职业教育的特点和学生的认知规律，注重培养学生的综合职业能力，包含对学生的专业技能、职业素养和社会能力的培养。为了达到这个目标，本教材根据职业成长规律和认知规律，开发出学习目标、学习和工作内容，这也是当前高职教改的热点方向。本教材为基于工作过程的单片机应用与设计教改课程教材，以实战项目作为课程的载体组织教学内容，每个实战项目确定了实战项目的任务描述、学习目标、学习与工作内容和学业评价。本书主要特点有以下几个方面。

1. 按照工作任务模块化，组织教材内容

以任务为导向，将工作与学习相结合，既能通过学习性任务系统地学习单片机的知识，又能通过学习和工作的过程得到综合能力的培养和训练，教材的内容和编排体现了工学结合的职业教育特征。

2. 依据工作过程系统化，设计实战项目

根据职业工作任务的分析和归纳，按照职业成长和认知规律，根据教育教学原理，设计了6个实战项目，6个实战项目的工作任务来源于实际的职业工作任务，具备了典型工作过程的工作要素。

3. 根据教学项目一体化，优化编程语言

在目前实际的单片机开发应用工作中，C语言以优良的可读性，便于改进、扩充和移植，便于合作编程等优势，成为目前单片机开发和应用的主要语言，所以本书的单片机应用以C语言为主要编程语言，适应职业岗位的实际工作需求。

4. 采用工程开发平台化，提升学习兴趣

Keil μVision是目前流行和优秀的MCS-51系列单片机软件集成开发环境，集成了文件编辑、编译连接、项目管理和软件仿真调试等多种功能，也是职业工作岗位使用最多的MCS-51系列单片机软件开发平台。Proteus是一款功能很强的EDA工具软件，可以直接在原理图的虚拟原型上进行单片机和外围电路的仿真，能够与Keil连接调试，实时、动态地模拟器件的动作，具有虚拟信号发生器、示波器、分析仪等多种测量分析功能。在单片机应用电路的仿真中具有突出的优势，是一款流行的单片机应用仿真软件。本书的任务和案例都有Keil和Proteus开发项目和仿真电路电子文档，方便学习和应用，拉近了单片机学习和职业岗位应用的距离，仿真演示的直观性增加了单片机学习的兴趣。

本书的创作团队走访了多家相关企业，与企业资深工程师深入交流，根据实际工程项目设计了6个实战项目，分别为按键控制的LED流水灯、电子钟、串口控制终端、数字电压表、数字温度控制器和电子日历的设计与制作，每个项目包括多个任务案例，每个任务案例都有 Keil 项目程序和 Proteus 仿真。程序设计以 C 语言为主，涉及 C 语言编程、单片机硬件结构、单片机内部资源（包括定时器/计数器、中断系统以及串口接口）、常用通信总线（包括 one-wire 总线、I^2C 总线以及 SPI 总线）、常用外设（包括 LED 灯、键盘、蜂鸣器数码管、LCD 液晶显示屏、AD/DA 转换模块、温度传感器、实时时钟等）。

  本书由唐明军与单丹担任主编。许志恒编写了项目 1；唐明军对本书的编写思路与大纲进行了策划并编写了项目 2、项目 3；葛鲲鹏编写了项目 4；周惠忠编写了项目 5；单丹编写了项目 6 并对全书进行了统稿和修改；另外陈陈、乐天芝、刘艳也参加了本书的前期部分工作。

  受编者水平和时间所限，书中难免有不足之处，恳请读者批评指正，编者的联系邮箱是 tmj_117@163.com。

编者
2022 年 6 月

目录

项目1 LED流水灯的设计与制作 / 001

项目任务描述 / 001

学习目标 / 001
学习与工作内容 / 002
学业评价 / 002

任务1.1 初识单片机 / 003

1.1.1 单片机的外观模样 / 003
1.1.2 单片机的应用领域 / 003
1.1.3 MCS-51系列单片机 / 004
1.1.4 单片机的信号引脚 / 005
1.1.5 单片机的内部结构 / 006
1.1.6 单片机的并行端口 / 007
1.1.7 单片机的时钟与复位 / 010
1.1.8 单片机的存储器组织 / 012
1.1.9 单片机的程序存储器 / 012
1.1.10 单片机的数据存储器 / 013
1.1.11 单片机的特殊功能寄存器 / 014
1.1.12 单片机的片外数据存储器 / 016

任务1.2 点亮你的LED灯 / 016

1.2.1 最简单的单片机系统 / 016
1.2.2 怎样使用单片机 / 017
1.2.3 Keil μVision5 C51软件的操作使用 / 019
1.2.4 Proteus8.5软件的操作使用 / 028
1.2.5 点亮单只LED发光管 / 031

任务1.3 认识单片机的C语言 / 035

1.3.1 单片机的C语言 / 035
1.3.2 C51的基本数据类型 / 036
1.3.3 C51的基本运算 / 036
1.3.4 C51的流程控制语句 / 040
1.3.5 C51的函数 / 042

任务1.4 按键控制LED灯 / 051

1.4.1 按键的工作原理 / 051

1.4.2 按键的软件检测 /051
1.4.3 硬件电路与软件程序设计 /052

任务1.5 按键控制LED流水灯的设计与实现 /054

1.5.1 任务与计划 /054
1.5.2 按键控制移位点亮LED /055
1.5.3 按键控制流水灯软硬件设计 /058
1.5.4 调试与仿真运行 /060
1.5.5 实物制作效果 /060
拓展任务 矩阵键盘控制的设计与应用 /061
总结与思考 /068
习题 /069

项目2 电子钟的设计与制作 /070

项目任务描述 /070

学习目标 /070
学习与工作内容 /070
学业评价 /071

任务2.1 单片机的中断系统 /072

2.1.1 什么是单片机的中断 /072
2.1.2 单片机中断的应用 /073

任务2.2 认识单片机的计数器/定时器 /079

2.2.1 单片机的定时器/计数器 /079
2.2.2 定时器/计数器的工作方式 /082

任务2.3 点亮一个数码管 /086

2.3.1 7段LED数码管显示器 /086
2.3.2 数码管的静态显示 /087

任务2.4 点亮多位数码管 /089

任务2.5 简易秒表的设计与实现 /092

2.5.1 任务与计划 /092
2.5.2 硬件电路与软件程序设计 /092
2.5.3 调试与仿真运行 /096

任务2.6 电子钟的设计与实现 /097

2.6.1 任务与计划 /097
2.6.2 硬件电路与软件程序设计 /097

2.6.3 调试与仿真运行 /107
2.6.4 电子钟实物制作 /108
拓展任务 交通灯系统的设计与应用 /109
总结与思考 /113
习题 /114

项目3 串口控制终端的设计与实现 /116

项目任务描述 /116

学习目标 /116
学习与工作内容 /117
学业评价 /117

任务3.1 认识串行通信与串行口 /118

3.1.1 串行通信的概念 /118
3.1.2 单片机串行口的结构与控制寄存器 /121
3.1.3 单片机串行口的工作方式 /122
3.1.4 串行口的波特率 /123

任务3.2 单片机的双机通信 /125

3.2.1 任务与计划 /125
3.2.2 案例硬件电路与软件程序设计 /125
3.2.3 调试与仿真运行 /128

任务3.3 单片机与PC串行通信 /128

3.3.1 任务与计划 /128
3.3.2 案例硬件电路与软件程序设计 /129
3.3.3 调试与仿真运行 /131

任务3.4 串口控制终端的设计与实现 /132

3.4.1 任务与计划 /132
3.4.2 案例硬件电路与软件程序设计 /133
3.4.3 调试与仿真运行 /140
拓展任务 串行通信接口与MODBUS通信协议 /141
总结与思考 /146
习题 /147

项目4 数字电压表的设计与实现 /149

项目任务描述 /149

学习目标 /149
学习与工作内容 /149
学业评价 /150

任务 4.1　认识 LCD1602 液晶显示屏　/151

4.1.1　LCD1602 液晶显示模块简介　/151
4.1.2　LCD1602 液晶显示模块的显示方法　/152
4.1.3　单片机控制 LCD1602 液晶显示模块的电路图设计　/154
4.1.4　单片机控制液晶显示模块程序编写　/155
4.1.5　液晶显示模块运行效果　/157

任务 4.2　认识 A/D 转换器芯片 ADC0809　/158

4.2.1　A/D 转换相关概念　/158
4.2.2　了解 ADC0809 芯片的功能以及使用方法　/158

任务 4.3　数字电压表的设计与实现　/160

4.3.1　任务与计划　/160
4.3.2　硬件电路与软件程序设计　/160
4.3.3　调试与仿真运行　/164
4.3.4　实物制作调试　/165
拓展任务　基于 DA0832 的简易信号发生器的设计与应用　/165
总结与思考　/175
习题　/175

项目 5　数字温度控制器的设计与制作　/176

项目任务描述　/176

学习目标　/176
学习与工作内容　/176
学业评价　/177

任务 5.1　认识数字温度传感器　/178

5.1.1　DS18B20 数字温度传感器　/178
5.1.2　传感器的读写时序　/179
5.1.3　传感器的操作使用　/183

任务 5.2　温度报警器的设计　/184

5.2.1　任务与计划　/184
5.2.2　硬件电路与软件程序设计　/185
5.2.3　调试与仿真运行　/188

任务 5.3　直流电机控制器的设计　/ 190

　　5.3.1　任务与计划　/ 190
　　5.3.2　电机的 PWM 驱动　/ 190
　　5.3.3　硬件电路与软件程序设计　/ 191
　　5.3.4　调试与仿真运行　/ 197

任务 5.4　数字温度控制器的设计　/ 198

　　5.4.1　任务与计划　/ 198
　　5.4.2　硬件电路与软件程序设计　/ 198
　　5.4.3　调试与仿真运行　/ 203
　　5.4.4　实物运行图　/ 204

任务 5.5　建立自己的函数库
　　　　　——以 LCD1602 液晶显示屏相关驱动函数为例　/ 205

　　5.5.1　编写头文件 lcd1602.h　/ 205
　　5.5.2　编写实现文件 lcd1602.c　/ 207
　　5.5.3　运用 lcd1602.h 与 lcd1602.c 完成项目 5 中的任务 2　/ 210
　　拓展任务　数字温湿度监测系统　/ 213
　　总结与思考　/ 223
　　习题　/ 224

项目 6　电子日历的设计与实现　/ 225

项目任务描述　/ 225

　　学习目标　/ 225
　　学习与工作内容　/ 226
　　学业评价　/ 226

任务 6.1　认识 SPI 总线　/ 227

　　6.1.1　SPI 总线扩展原理　/ 227
　　6.1.2　使用 I/O 端口来模拟 SPI 总线　/ 229
　　6.1.3　SPI 总线在单片机系统中的应用　/ 230

任务 6.2　认识实时时钟电路　/ 232

　　6.2.1　DS1302 的使用说明　/ 232
　　6.2.2　DS1302 的应用设计　/ 238

任务 6.3　认识 LCD12864 液晶显示屏　/ 242

　　6.3.1　LCD12864 液晶显示模块的操作使用　/ 242
　　6.3.2　LCD12864 液晶显示模块的应用设计　/ 249

任务6.4 电子日历的设计 /254
    6.4.1 任务与计划 /254
    6.4.2 硬件电路与软件程序设计 /255
    6.4.3 调试与仿真 /262
    拓展任务 基于I^2C总线的E^2PROM应用 /263
    总结与思考 /275
    习题 /276

参考文献 /277

项目 1
LED 流水灯的设计与制作

项目任务描述

LED流水灯在装饰广告、景观照明和环境美化等多个方面应用广泛,本学习情境的工作任务是采用单片机实现一个模拟的LED流水灯的设计制作,从认识单片机开始本学习情境的学习和工作,通过单片机最小系统的构成,通过对单片机程序设计工具软件Keil μVision和单片机应用仿真软件Proteus的了解和使用,学会单片机最基本的使用方法,能够完成用单片机点亮一个LED的任务,然后通过对单片机信号引脚、结构、存储器组织的学习,学会用单片机控制多只LED的点亮和熄灭时间,学会移动点亮LED,学会设置花式点亮LED,并且利用按键作为输入源实现控制LED,进行LED流水灯的任务分析和计划制定、硬件电路和软件程序的设计,完成按键控制LED流水灯的制作调试和运行演示,并完成工作任务的评价。

学习目标

① 掌握MCS-51单片机最小系统的构成和应用;
② 掌握单片机程序设计工具软件Keil μVision和应用仿真软件Proteus的操作使用;
③ 掌握MCS-51单片机信号引脚、内部资源和存储器的功能;
④ 能进行简单的单片机应用硬件电路图设计;
⑤ 能进行简单的单片机C语言程序设计;
⑥ 能利用按键作为输入源控制LED灯;
⑦ 能进行按键控制多只LED闪烁时间和点亮花式的设计;
⑧ 能按照设计任务书要求,完成按键控制LED流水灯的设计调试和制作。

学习与工作内容

本学习情境要求根据工作任务书的要求,工作任务书如表1-1所示,学习单片机的基础知识,学习单片机开发软件和原理图仿真软件的使用,学习单片机C语言,查阅资料,制定工作方案和计划,完成按键控制LED流水灯的设计与制作,需要完成以下的工作任务。

① 认识了解单片机,学习单片机工具软件Keil和仿真软件Proteus的使用,能应用单片机控制一个LED的闪烁点亮;
② 学习单片机的信号引脚、内部结构和存储器知识,学习单片机C语言程序设计;
③ 学习按键控制LED的亮灭时间和点亮花式;
④ 划分工作小组,以小组为单位开展流水灯设计与制作的工作;
⑤ 根据设计任务书的要求,查阅收集相关资料,制定完成任务的方案和计划;
⑥ 根据设计任务书的要求,设计出流水灯的硬件电路图;
⑦ 根据任务要求和电路图,整理出所需要的器件和工具仪器清单;
⑧ 根据流水灯功能要求和硬件电路原理图,绘制程序流程图;
⑨ 根据流水灯功能要求和程序流程图,编写软件源程序并进行编译调试;
⑩ 进行软硬件的调试和仿真运行,电路的安装制作,演示汇报;
⑪ 进行工作任务的学业评价,完成工作任务的设计制作报告。

表1-1 LED流水灯设计制作任务书

设计制作任务	采用单片机控制方式,以按键作为输入信号,设计制作一组LED流水灯,能够对流水灯的花样和速度进行设定控制
流水灯功能要求	使用按键触发流水灯的运行,通过单片机控制8只LED流水灯,首先是8只灯全部闪亮,各工作小组闪亮次数分别为2次、3次、4次、5次、6次。然后循环点亮这8只流水灯,先左移循环点亮,再右移循环点亮,然后有5种设定花式,不断循环重复以上花样形成LED广告流水灯,各工作小组LED闪烁点亮和熄灭时间分别为0.3s,0.5s,0.8s,1.0s,1.2s
工具	单片机开发和电路设计软件:Keil μVision, Proteus PC机及软件程序,示波器,万用表,电烙铁,装配工具
材料	元器件(套),焊料,焊剂

学业评价

本学习情境学业评价根据工作任务的工作过程进行考核,注重学习和工作过程的考核评价,依据完成任务中实际的学习和工作过程分为13个评分项目,根据各项目主要完成主体的不同,分别对个人和小组进行考核评价,考核评价表如表1-2所示。

表1-2 项目1考核评价表

组别			第一组			第二组			第三组		
项目名称	分值	学生A	学生B	学生C	学生D	学生E	学生F	学生G	学生H	学生I
最小单片机系统	5									
单片机开发工具Keil软件学习	10									

续表

组别		第一组			第二组			第三组		
项目名称	分值	学生A	学生B	学生C	学生D	学生E	学生F	学生G	学生H	学生I
电路仿真软件Proteus学习	5									
单片机引脚信号与内部结构	10									
单片机存储器	5									
C语言语法学习	5									
按键控制LED	5									
按键控制流水灯硬件电路设计	10									
按键控制流水灯软件程序设计	10									
调试仿真	5									
安装制作	10									
设计制作报告	10									
团队及合作能力	10									

任务1.1 初识单片机

初识单片机

1.1.1 单片机的外观模样

刚刚开始接触单片机的时候,可能首先就会产生这样的一个疑问,单片机是什么?单片机能有什么用呢?图1-1就是单片机的外形照片,是两种不同的外形封装,所以从外观上看,单片机看上去就是一只集成电路芯片,外壳一般由塑料或陶瓷制成,有多只引脚分布在外壳的两边或四边,同一型号的单片机可以有不同的外形,这些不同的外形和引脚形式称为单片机的不同封装形式,常见的封装有双列直插式的DIP封装,适用于表面安装的有PLCC和QFP等形式的方形封装,如图1-1所示。

(a) PLCC封装　　(b) DIP封装

图1-1 单片机外形封装

1.1.2 单片机的应用领域

我们已经看到了单片机的外形,这样的单片机都在哪些地方使用了呢,先从人们生活的周边开始说起吧,当你早晨乘车回家时,你乘坐的汽车上就会装着单片机,现在的汽车上往往使用着多只单片机,汽车的动力控制、汽车的外部探测和汽车的音像系统都会使用单片机进行控制和管理,路上的行人和车辆在交通灯的指挥下有序地行走和运行,交通灯的控制器里也会有单片机在工作着。

当你到家以后,打开空调要得到一个舒适的温度,家用空调的遥控器和空调主机的控制器里,也都会使用单片机,单片机对空调机的运行进行控制和管理。当你坐下来拿起电视遥控器准备看电视时，你或许现在就会想到，电视的遥控器和电视机里也会装着单片机，在家用的电冰箱、洗衣机和电饭煲里都会有单片机在为我们工作。

我们身上穿着的衣服的各种面料是由纺织企业生产制造的，现代纺织企业大量采用了各种类型的无梭织机生产制造种类繁多的纺织品，现代高速无梭织机达到了每分钟投纬千次的高效高速，这样高速运行的复杂设备需要能力强大的指挥者来指挥协调各个部件的稳定运行，这个指挥者也常常是由单片机来充当的。

单片机的应用领域几乎无所不至，无论是工业制造、交通运输、通讯设备和家用电器等领域，到处都有它的身影。单片机的应用大致可以归纳为以下几个方面。

（1）在智能仪表中的应用

在各类仪器仪表中引入单片机，使仪器仪表智能化，提高测试的自动化程度和精度，简化仪器仪表的硬件结构。例如，应用在智能电表、压力仪表、温度仪表等方面。

（2）在工业方面的应用

单片机广泛地用于工业生产过程的自动控制、制造过程的自动检测与处理、工业机器人、工业生产的安全控制等领域中。

（3）在通信领域的应用

单片机在程控电话交换机、手机、电话机、智能调制解调器、智能线路运行控制等方面得到广泛的应用。

（4）军用导航领域的应用

单片机也广泛地应用在航天航空系统、电子干扰系统、火控系统、导弹系统等方面。

（5）在日常生活中的应用

目前各种家用电器已普遍采用单片机代替传统的控制电路。例如，单片机广泛用在洗衣机、电冰箱、空调机、微波炉、电风扇及许多高级电子玩具、电子字典、数码相机、摄像机等方面，提高了家用电器的自动化程度，增强了使用功能。

（6）在交通运输领域的应用

单片机还广泛应用于道路交通、轨道交通、船舶制造和车辆制造业，应用于汽车的点火控制、变速控制、防滑刹车和节能控制等多项控制中。

1.1.3 MCS-51系列单片机

单片机也被称作"单片微型计算机""微控制器""嵌入式微控制器"。随着单片机在智能化控制和微型化方向的不断发展，国际上已经更多地称其为"MCU"（Micro Controller Unit）。

什么是单片机呢，就是把CPU、RAM（数据存储器）、ROM（程序存储器）、定时器/计数器、串行接口以及输入/输出接口等部件都集成在一个电路芯片上的微型计算机，有些单片机还集成了A/D和D/A转换电路、PWM电路和DMA接口等其它功能部件。

单片机应用面很广，发展很快。目前，单片机正朝着高性能和多品种方向发展，今后单片机的发展趋势将是进一步向着低功耗、小体积、大容量、高性能、低价格和外围电路内装化等几个方面发展。

在单片机家族中，MCS-51系列单片机是其中的佼佼者，Intel公司将80C51内核使用权以多种方式转让给世界许多著名IC制造厂商，如Philips、NEC、Atmel、华邦等，这些公司在保持与80C51单片机兼容的基础上开发了众多新一代的51系列单片机，这样，MCS-51系列单片机就变成有很多制造厂商支持的、多品种的单片机系列产品。

在未来相当长的时期内8位单片机仍是单片机的主流机型。这是因为8位廉价型单片机会逐渐侵入4位机领域；另一方面8位增强型单片机在速度及功能上有取代16位单片机的趋势。因此未来很可能是以8位机与32位机为主流机型共同发展的时代。

1.1.4 单片机的信号引脚

首先从8051单片机的外表观察单片机，单片机的外形实物图如图1-1所示，我们想使用单片机，就要了解其各个引脚的功能。8051单片机的引脚图如图1-2所示，40只引脚可以分为四类：电源类引脚2个、时钟类引脚2个、并行I/O类引脚32个、控制类引脚4个，其中有些引脚具有第二功能，各个引脚说明如下：

（1）电源类引脚

VCC（40脚）：芯片工作电源的输入端，+5V。

VSS（20脚）：电源的接地端。

（2）时钟振荡引脚

XTAL1（19脚）和XTAL2（18脚）的内部是一个振荡电路。为了产生时钟信号，对8051的内部工作进行控制，在8051内部设置了一个反相放大器，XTAL1为放大器的反相输入端，XTAL2为放大器的同相输入端。当使用芯片内部时钟时，在这两个管脚上外接石英晶体和微调电容；当使用外部时钟时，用于接外部时钟脉冲信号。

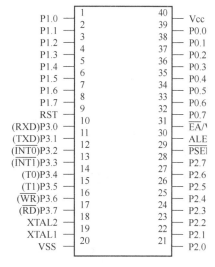

图1-2　8051单片机引脚图

（3）控制信号引脚

RST/V_{PD}（9脚）：RST为复位信号输入端。当振荡器工作时，RST端保持两个机器周期以上的高电平，可使8051实现复位操作。该引脚的第二功能（V_{PD}）是作为内部备用电源的输入端。当主电源V_{CC}一旦发生故障或电压降低到电平规定值时，可通过V_{PD}为单片机内部RAM提供电源，以保护片内RAM中的信息不丢失，使系统在上电后能继续正常运行。

ALE/$\overline{PROG}$（30脚）：ALE为地址锁存允许输出信号。在访问外部存储器时，8051通过P0口输出片外存储器的低8位地址，ALE用于将片外存储器的低8位地址锁存到外部地址锁存器中。在不访问外部存储器时，ALE以时钟振荡频率的1/6的固定频率输出，因而它又可用作外部时钟信号以及外部定时信号。此引脚的第二功能$\overline{PROG}$是作为8751型单片机内部EPROM编程/校验时的编程脉冲输入端。

$\overline{PSEN}$（29脚）：外部程序存储器ROM的读选通信号输出端。当访问外部ROM时，$\overline{PSEN}$定时产生负脉冲，用于选通片外程序存储器信号。

$\overline{EA}$/V_{PP}（31脚）：$\overline{EA}$为访问内/外部程序存储器控制信号。当$\overline{EA}$高电平时，对ROM的读操作先从内部4KB开始，当地址范围超出4KB时自动切换到外部进行；当$\overline{EA}$为低电平时，对ROM的读操作限定在外部程序存储器。

（4）并行I/O口

8051型单片机有32条I/O线，构成4个8位双向端口，其基本功能如下。

P0口（32~39脚）：是一个8位漏极开路型的双向I/O口，访问外部存储器时，分时提供低8位地址和8位双向数据总线。

P1 口（1~8 脚）：是一个带内部上拉电阻的 8 位准双向 I/O 口。

P2 口（21~28 脚）：是一个带内部上拉电阻的 8 位准双向 I/O 口，在访问外部存储器时，输出高 8 位地址。

P3 口（10~17 脚）：是一个带内部上拉电阻的 8 位准双向 I/O 口。在系统中，这 8 个引脚都有各自的第二功能，详见表 1-3。

表 1-3 P3 口各位的第二功能

P3 口引脚	第二功能	P3 口引脚	第二功能
P3.0	RXD(串行口输入端)	P3.4	T0(定时器 0 外部输入)
P3.1	TXD(串行口输出端)	P3.5	T1(定时器 0 外部输入)
P3.2	INT0(外部中断 0 输入)	P3.6	$\overline{WR}$ (外部数据存储器写脉冲输出)
P3.3	INT1(外部中断 1 输入)	P3.7	$\overline{RD}$ (外部数据存储器读脉冲输出)

1.1.5 单片机的内部结构

MCS-51 单片机是在一块芯片中集成了 CPU，RAM，ROM、定时器/计数器和多种功能的 I/O 线等一台计算机所需要的基本功能部件。MCS-51 单片机内包含下列几个部件：

① 一个 8 位 CPU；
② 一个片内振荡器及时钟电路；
③ 4K 字节 ROM 程序存储器；
④ 256 字节 RAM 数据存储器；
⑤ 两个 16 位定时器/计数器；
⑥ 可寻址 64K 外部数据存储器和 64K 程序存储器空间的控制电路；
⑦ 32 条可编程的 I/O 线（四个 8 位并行 I/O 端口）；
⑧ 一个可编程全双工串行口；
⑨ 具有五个中断源、两个优先级嵌套中断结构。

8051 单片机内部结构框图如图 1-3 所示。各功能部件由内部总线联接在一起。

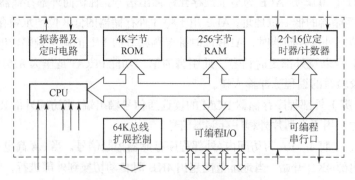

图 1-3 8051 单片机内部结构框图

（1）CPU

中央处理器 CPU 是单片机的核心部件，由运算器、控制器组成。

① 运算器。运算器的功能主要是进行算术和逻辑运算，它由算术逻辑单元 ALU、累加

器 ACC、B 寄存器、PSW 状态字寄存器和两个暂存器组成。ALU 是运算器的核心部件，基本的算术逻辑运算都在其中进行。操作数暂存于累加器和相应寄存器，操作结果存于累加器，操作结果的状态保存于状态寄存器（PSW）中。

位处理器是单片机中运算器的重要组成部分，又称布尔处理器，专门用来处理位操作，位处理器以状态寄存器中的进位标志位 CY 为累加器。

② 控制器。控制器的功能是控制单片机各部件协调动作。它由程序计数器 PC、PC 加 1 寄存器、指令寄存器、指令译码器、定时与控制电路组成。其工作过程就是执行程序的过程，而程序的执行是在控制器的管理下进行的。首先，从片内外程序存储器 ROM 中取出指令，送指令寄存器。通过指令寄存器再送指令译码器，将指令代码译成电平信号，与系统时钟一起，用以控制系统各部件进行相应的操作，完成指令的执行。

（2）内部存储器

存储器是用来存放程序和数据的部件，程序存储器和数据存储器空间是互相独立的，物理结构也不同。程序存储器为只读存储器（ROM），数据存储器为随机存取存储器（RAM）。

① 内部程序存储器。8051 单片机共有 4KB 的 ROM，主要用于存放程序、原始数据和表格内容，因为单片机工作时程序是不必修改的，所以程序存储器是只读存储器。

② 内部数据存储器。8051 型单片机共有 256 个字节的 RAM 单元，其中高 128 单元被特殊功能寄存器占用，能提供给用户使用的只是低 128 单元，称内部 RAM，主要用于存放可随机存取的数据以及运算结果。

（3）定时器/计数器

8051 单片机共有 2 个 16 位的定时器/计数器，用于实现定时或计数功能，并可用定时计数结果对单片机以及系统进行控制。

（4）并行 I/O 口

8051 型单片机共有 4 个 8 位的并行 I/O 口（P0、P1、P2、P3），以实现数据的并行输入与输出。

（5）串行口

8051 型单片机有一个全双工的串行口，可实现单片机与其它设备之间串行数据传递。

（6）中断控制系统

8051 型单片机共设有五个中断源，其中外部中断 2 个、定时/计数中断 2 个、串行中断 1 个，二级优先级，可实现二级中断嵌套。

（7）时钟电路

8051 型单片机芯片内有时钟电路，但石英晶体和微调电容需要外接。时钟电路为单片机产生时钟脉冲序列，作为单片机工作的时间基准。

1.1.6 单片机的并行端口

8051 单片机设有 4 个 8 位共计 32 条 I/O 线的并行双向端口，分别记作 P0、P1、P2、P3。每条 I/O 线都能独立用作输入输出线，每个端口均是由锁存器、输出驱动电路和输入缓冲器组成，对外呈现为一组引脚，对内则对应一个 8 位的特殊功能寄存器。具有字节寻址和位寻址功能，下面分别介绍这些 I/O 端口的结构与特性。

（1）P0 口结构与功能

P0 口字节地址为 80H，位地址为 80H~87H，其位结构如图 1-4 所示。电路主要由一个锁存器、两个三态数据输入缓冲器、数据输出驱动和控制电路构成。

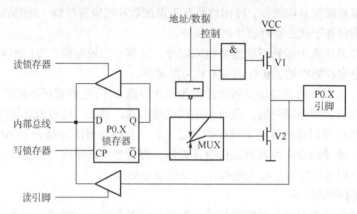

图 1-4　P0 口位结构

P0 口不仅可以作为通用的 I/O 口使用，而且也可以作为单片机系统的地址/数据总线使用，在 P0 口的内部电路中有一个多路转接电子开关 MUX。在控制信号的作用下，MUX 可以分别接通锁存器输出或地址/数据线。

P0 口作为通用输出

P0 口作为输出口使用时，内部的控制信号为低电平，封锁与门，将输出驱动电路的上面的场效应管 V1 截止，同时使多路转接开关 MUX 接通锁存器 $\overline{Q}$ 端的输出通路。输出锁存器在 CP 脉冲的配合下，将内部总线传来的信息反映到输出端并锁存。由于输出电路是漏极开路电路，需要外接上拉电阻。

P0 口作为通用输入

P0 口作为输入口使用时，应区分读引脚和读锁存器两种情况。所谓读引脚就是直接读取 P0.X 引脚的状态，这时在"读引脚"信号的控制下把缓冲器打开，将端口引脚上的数据经缓冲器通过内部总线读进来。上面一个缓冲器读取锁存器中 Q 端的数据。结构上的这种安排是为了适应读-修改-写这类指令的需要，对于这类指令，不直接读引脚而读锁存器是为了避免错读引脚上的电平信号。

单片机的控制器会根据执行指令的不同而自动选择相应的输入方式。P0 口在作为一般输入口使用时在读取引脚之前应向锁存器写入"1"，使上下两个场效应管均处于截止状态，使外接的状态不受内部信号的影响，然后再来读取引脚信息。

P0 口作为地址/数据总线使用

P0 口输出地址时，控制信号为高电平，转换开关 MUX 将反相器输出端与输出级场效应管 V2 接通，同时打开了上面的与门，内部总线上的地址或数据信号通过与门去驱动 V1 管，又通过反相器去驱动 V2 管，这时内部总线上的地址或数据信号就传送到 P0 口的引脚上。输出驱动电路由于上下两个场效应晶体管形成推挽式电路结构，负载能力大大提高；当输入数据时，数据信号则直接从引脚通过输入缓冲器进入内部总线。P0 口作为地址/数据总线使用时，无需外接上拉电阻。

（2）P1 口结构与功能

P1 口是通用 I/O 口，字节地址为 90H，位地址为 90H~97H。其位结构如图 1-5 所示。由图可见，电路主要由端口锁存器、输出驱动器、两个三态数据输入缓冲器等组成。每一位可独立定义为输入与输出。没有第二功能，在其内部无需多路转接开关 MUX。

当 P1 口作为输出口使用时，在输出级内部由作阻性元件使用的场效应晶体管组成上拉电阻，不再需要外接上拉电阻。

当 P1 口作为输入口使用时，仍需要向锁存器先写入"1"，使场效应管截止，再读取输入信号。其输入也分为"读引脚"方式和"读锁存器"方式两种。

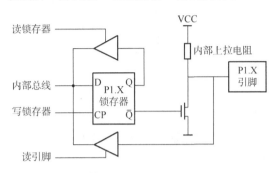

图 1-5　P1 口位结构

（3）P2 口结构与功能

P2 口字节地址为 0A0H，位地址为 0A0H～0A7H。其位结构如图 1-6 所示。

P2 口作通用 I/O 口使用

在 P2 口作为一般 I/O 口使用时，与 P1 口类似，用于输出时不需要外接上拉电阻，当用于输入时，仍需要向锁存器先写入"1"，然后再读取。其输入也分为"读引脚"方式和"读锁存器"方式两种。

P2 口作高 8 位地址总线使用

在 P2 口电路中也有一个多路转接开关 MUX，这与 P0 口类似，当 P2 口作为高 8 位地址总线使用时，MUX 应打到地址线端；当 P2 口作为一般 I/O 口使用时，MUX 应打向锁存器的 Q 端。

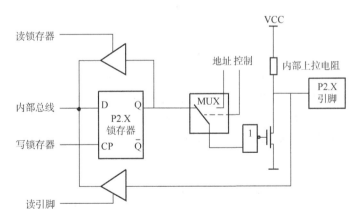

图 1-6　P2 口位结构

（4）P3 口结构与功能

P3 口字节地址为 0B0H，位地址为 0B0H～0B7H，其位结构如图 1-7 所示。

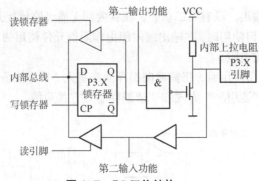

图 1-7　P3 口位结构

P3 口作通用 I/O 口使用

当 P3 口作为通用 I/O 口使用时，第二输出功能端为 1，其工作原理与 P1 口类似。

P3 口作为第二功能使用

P3 口的第二功能实际上就是系统具有控制功能的控制线。当 P3 口作为第二功能使用时，锁存器 Q 端输出为 1，打开与非门，使第二功能信号从与非门场效应晶体管送至端口引脚，实现第二功能信号输出；输入时，端口引脚信号通过缓冲器和第二输入功能端到相应的控制电路。在 P3 口的引脚信号输入通道中有两个三态缓冲器，第二功能的输入信号取自第一个缓冲器的输出端，第二个缓冲器仍是第一功能的读引脚信号缓冲器。P3 口第二功能详细说明见表 1-3。

1.1.7　单片机的时钟与复位

时钟电路用于产生单片机工作所需要的时钟信号，而 CPU 的时序是指控制器在统一的时钟信号下，按照指令功能发出在时间上有一定次序的信号，控制和启动相关逻辑电路完成指令操作，复位电路主要实现单片机复位的初始化操作。

（1）时钟电路

MCS-51 的时钟信号可以由两种方式产生，一种是内部方式，利用芯片内部的振荡电路；另一种方式为外部方式。

内部时钟方式

单片机内部有一个用于构成振荡器的高增益反相放大器，引脚 XTAL1 和 XTAL2 分别是此放大器的输入端和输出端。这个放大器与片外晶体构成一个自激振荡器。如图 1-8 所示。外接晶体以及电容 C1 和 C2 构成并联谐振电路，外接电容的参数会影响振荡器的稳定性、起振的快速性和温度的稳定性，晶体一般选用 6MHz、12MHz、11.0592 MHz 和 24 MHz，电容 C1 和 C2 的容值一般取用 20pF 或 33pF，可以参考器件手册推荐的参数。

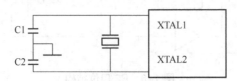

图 1-8　内部方式时钟电路

外部时钟方式

外部方式的时钟很少用，一般为将 XTAL1 接地，XTAL2 接外部时钟源。具体应用可以参考器件手册的介绍。

（2）CPU时序

单片机的时序是指 CPU 在执行指令时所需控制信号的时间顺序。时序信号是以时钟脉冲为基准产生的，分为两大类：一类用于芯片内部各功能部件的控制，另一类用于通过单片机的引脚进行片外存储器或扩展的 I/O 端口的控制。8051 单片机时序涉及的时间周期有时钟周期、状态周期、机器周期和指令周期。

时钟周期 P

时钟周期是单片机中最小的时序单位，它是内部的时钟振荡频率 f_{osc} 的倒数，又称振荡周期。例如，若某单片机的时钟频率 $f_{osc} = 12\text{MHz}$，则时钟周期 $P = 1/f_{osc} = 0.0833\mu s$。时钟脉冲是系统的基本工作脉冲，它控制着单片机的工作节奏。

状态周期 S

状态周期是由连续的两个时钟周期组成，即 1 个状态周期 = 2 个时钟周期。若某单片机的时钟频率 $f_{osc} = 12\text{MHz}$，则状态周期 $S = 2/f_{osc} = 0.167\mu s$。通常把一个状态的前后两个振荡脉冲用 P1、P2 来表示。

机器周期

机器周期是单片机完成某种基本操作所需要的时间。指令的执行速度和机器周期有关，一个机器周期由 6 个状态周期即 12 个振荡周期组成，分别用 S1~S6 来表示。这样，一个机器周期中的 12 个振荡周期就可以表示为 S1P1、S1P2、S2P1、S2P2、...、S6P2。当单片机系统的时钟频率 $f_{osc} = 12\text{MHz}$ 时，它的一个机器周期就等于 $12/f_{osc}$，也就是 $1\mu s$。

指令周期

指令周期是执行一条指令所需要的时间，由于执行不同的指令所需要的时间长短不同，单片机的指令可分为单机器周期指令、双机器周期指令和四机器周期指令三种。

（3）复位

复位是单片机的初始化操作，其目的是使 CPU 及各个寄存器处于一个确定的初始状态，把 PC 初始化为 0000H，使单片机从 0000H 单元开始执行程序。当单片机的 RST 引脚上输入两个机器周期以上的高电平信号，单片机才能够被复位。复位操作将使部分特殊功能寄存器恢复到初始状态，如表 1-4 所示。

表1-4 单片机复位后的特殊功能寄存器初态

特殊功能寄存器	初 态	特殊功能寄存器	初 态
ACC	00H	TMOD	00H
B	00H	TCON	00H
PSW	00H	TH0	00H
SP	07H	TL0	00H
DPL	00H	TH1	00H
DPH	00H	TL1	00H
P0~P3	0FFH	SCON	00H
IP	×××00000B	SBUF	不定
IE	0××00000B	PCON	0×××××××B

上电复位方式：在单片机接通电源后，通过 RC 电路来实现单片机的上电复位。

手动复位方式：按钮按下时，RST 端接高电平而实现手动复位，如图 1-9 所示。

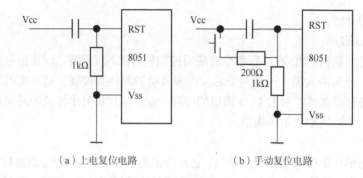

(a) 上电复位电路　　　　(b) 手动复位电路

图 1-9　复位电路

1.1.8　单片机的存储器组织

单片机的存储器就像是单片机所需要的程序和数据的家, MCS-51 单片机存储器分为程序存储器和数据存储器两大类, 从组织结构上来看, MCS-51 单片机采用的是哈佛结构, 程序存储器和数据存储器互相分离, 分开编址, 就好像是在不同的房间里, 程序存储器用来存放程序和需要用的常数。数据存储器通常用来存放程序运行中所需要的数据或变量。

单片机的存储器从物理上可分为四个部分, 即片内程序存储器、片外程序存储器以及片内数据存储器、片外数据存储器。从操作的角度, 即逻辑上 8051 划分为 3 个存储器地址空间: (片内、片外) 统一编址的 64KB 程序存储器 (ROM) 地址空间, 256B 的内部数据存储器 (RAM) 地址空间和 64KB 的外部数据存储器 (RAM) 地址空间。存储器的组织结构如图 1-10 所示。

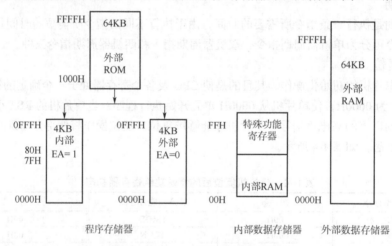

图 1-10　8051 的存储器组织结构

1.1.9　单片机的程序存储器

程序存储器用来存放编制好的固定程序和表格常数。程序存储器以程序计数器 PC 作地址指针, 通过 16 位地址总线, 可寻址的地址空间为 64KB。在 8051 片内有 4KB ROM 程序存储器 (内部程序存储器), 访问 ROM 空间用 MOVC 指令。

80C51 单片机中, 64KB 程序存储器的地址空间是统一的。对于有内部 ROM 的单片机, 在正常运行时, 应把 $\overline{EA}$ 引脚接高电平, 使程序从内部 ROM 开始执行。当 PC 值超出内部 ROM 的容量时, 会自动转向外部程序存储器地址空间, 外部程序存储器地址空间为 1000H~

FFFFH。对这类单片机，若把 $\overline{EA}$ 接低电平，可用于调试程序，即把要调试的程序放在与内部 ROM 空间重叠的外部程序存储器内进行调试和修改。

80C51 单片机复位后程序计数器 PC 的内容为 0000H，因此系统从 0000H 单元开始取指令，并执行程序，它是系统执行程序的起始地址。通常在该单元中存放一条跳转指令，而用户程序从跳转地址开始存放，以避让开 5 个中断入口地址。

除了 0000H 单元，ROM 中还有另外 5 个特殊的单元，分别对应单片机 5 个中断源的入口地址。见表 1-5。

表 1-5　8051 单片机中断入口地址

中断源	中断入口地址
外部中断 0	0003H
定时器 T0 中断	000BH
外部中断 1	0013H
定时器 T1 中断	001BH
串行口中断	0023H

1.1.10　单片机的数据存储器

内部数据存储器

数据存储器用来存放运算的中间结果、标志位以及数据的暂存和缓冲等。MCS-51 单片机的数据存储器有两个地址空间，一个为内部数据存储器，访问内部数据存储器用 MOV 指令，另一个为外部数据存储器，访问外部数据存储器用 MOVX 指令。

内部数据存储器是最灵活的地址空间，分为 00H - 7FH 单元组成的低 128 字节地址空间，是供用户使用的 RAM 区；80H - FFH 单元组成的高 128 字节地址空间，是特殊功能寄存器（又称 SFR）区。8052 单片机将这一高 128 字节作为 RAM 区。

片内数据存储器低 128 单元按照功能不同，可分为工作寄存器区、位寻址区、用户 RAM 区三个区域，如图 1-11 所示。

工作寄存器区（00H~1FH）：工作寄存器区占内部 RAM 的前 32 个单元，地址为 00H~1FH，共分 4 组，每组有 8 个寄存器，每个寄存器都是 8 位，在组内按 R0~R7 编号，用于存放操作数及中间结果等。由于它们的功能及作用预先不做规定，称为工作寄存器。4 组工作寄存器在任一时刻，CPU 只使用其中一组，正在使用的这些寄存器称为当前寄存器，由状态寄存器 PSW 中的 RS0 和 RS1 两位组合来确定，如表 1-6 所示。

00H	工作寄存器组区
1FH	
20H	位寻址区
2FH	
30H	用户 RAM 区
7FH	
80H	特殊功能寄存器 SFR
FFH	

图 1-11　内部数据存储器

表 1-6　RS0 和 RS1 选择当前寄存器

RS1	RS0	工作寄存器区
0	0	0 区，地址为 00H~07H
0	1	1 区，地址为 08H~0FH
1	0	2 区，地址为 10H~17H
1	1	3 区，地址为 18H~0FH

位寻址区（20H～2FH）：内部 RAM 的 20H～2FH 单元为位寻址区，有 16 个单元，共有 128 位，该区的每一位都有一个位地址，依次编址 00H～7FH。位寻址区的 16 个单元可以进行字节操作，也可以对单元中的某一位单独进行位操作，其中所有位均可以直接寻址，如表 1-7 所示。

表 1-7 内部 RAM 位寻址区的位地址分布

单元地址	位地址							
2FH	7FH	7EH	7DH	7CH	7BH	7AH	79H	78H
2EH	77H	76H	75H	74H	73H	72H	71H	70H
2DH	6FH	6EH	6DH	6CH	6BH	6AH	69H	68H
2CH	67H	66H	65H	64H	63H	62H	61H	60H
2BH	5FH	5EH	5DH	5CH	5BH	5AH	59H	58H
2AH	57H	56H	55H	54H	53H	52H	51H	50H
29H	4FH	4EH	4DH	4CH	4BH	4AH	49H	48H
28H	47H	46H	45H	44H	43H	42H	41H	40H
27H	3FH	3EH	3DH	3CH	3BH	3AH	39H	38H
26H	37H	36H	35H	34H	33H	32H	31H	30H
25H	2FH	2EH	2DH	2CH	2BH	2AH	29H	28H
24H	27H	26H	25H	24H	23H	22H	21H	20H
23H	1FH	1EH	1DH	1CH	1BH	1AH	19H	18H
22H	17H	16H	15H	14H	13H	12H	11H	10H
21H	0FH	0EH	0DH	0CH	0BH	0AH	09H	08H
20H	07H	06H	05H	04H	03H	02H	01H	00H

用户 RAM 区（30H～7FH）：内部 RAM 中地址为 30H～7FH 的 80 个单元是用户 RAM 区，也是数据缓冲区，通常用来存放用户数据，也是堆栈常用的区域。

1.1.11 单片机的特殊功能寄存器

内部数据存储器的高 128 单元是特殊功能寄存器区。特殊功能寄存器一般用于存放相应功能部件的控制命令、状态和数据。这些寄存器的功能已作了专门的规定，称为特殊功能寄存器（Special Function Register），简称 SFR。它们离散地分布在 80H～FFH 的 RAM 空间中。8051 的特殊功能寄存器除了程序计数器 PC，共有 21 个，见表 1-8。

表 1-8 8051 特殊功能寄存器一览表

名称	SFR 符号	MSB		位地址/定义					LSB	字节地址
B 寄存器	B	F7H	F6H	F5H	F4H	F3H	F2H	F1H	F0H	F0H
累加器	ACC	E7H	E6H	E5H	E4H	E3H	E2H	E1H	E0H	E0H
程序状态字	PSW	D7H	D6H	D5H	D4H	D3H	D2H	D1H	D0H	D0H
		CY	AC	F0	RS1	RS0	OV		P	

续表

名称	SFR 符号	MSB			位地址/定义			LSB	字节地址
中断优先级	IP	BFH	BEH	BDH	BCH	BBH	BAH	B9H	B8H	B8H
					PS	PT1	PX1	PT0	PX0	
P3 口	P3	B7H	B6H	B5H	B4H	B3H	B2H	B1H	B0H	B0H
		P3.7	P3.6	P3.5	P3.4	P3.3	P3.2	P3.1	P3.0	
中断允许控制	IE	AFH	AEH	ADH	ACH	ABH	AAH	A9H	A8H	A8H
		EA			ES	ET1	EX1	ET0	EX0	
P2 口	P2	A7H	A6H	A5H	A4H	A3H	A2H	A1H	A0H	A0H
		P2.7	P2.6	P2.5	P2.4	P2.3	P2.2	P2.1	P2.0	
串行数据缓冲	SBUF									(99H)
串行口控制	SCON	9FH	9EH	9DH	9CH	9BH	9AH	99H	98H	98H
		SM0	SM1	SM2	REN	TB8	RB8	TI	RI	
P1 口	P1	97H	96H	95H	94H	93H	92H	91H	90H	90H
		P1.7	P1.6	P1.5	P1.4	P1.3	P1.2	P1.1	P1.0	
T1 高 8 位	TH1									(8DH)
T0 高 8 位	TH0									(8CH)
T1 低 8 位	TL1									(8BH)
T0 低 8 位	TL0									(8AH)
定时模式	TMOD	GATE	C/T	M1	M0	GATE	C/T	M1	M0	(89H)
定时器控制	TCON	8FH	8EH	8DH	8CH	8BH	8AH	89H	88H	88H
		TF1	TR1	TF0	TR0	IE1	IT1	IE0	IT0	
电源控制	PCON	SMOD				GF1	GF0	PD	IDL	(87H)
数据指针高 8 位	DPH									(83H)
数据指针低 8 位	DPL									(82H)
堆栈指针	SP									(81H)
P0 口	P0	87H	86H	85H	84H	83H	82H	81H	80H	80H
		P0.7	P0.6	P0.5	P0.4	P0.3	P0.2	P0.1	P0.0	

下面介绍一下程序计数器 PC 以及较为常用的几个特殊功能寄存器。

① 程序计数器 PC（Program Counter）：它是一个 16 位的计数器，用于存放一条要执行的指令地址，寻址范围达 64KB。PC 有自动加 1 的功能，以实现程序的顺序执行。PC 没有地址，是不可寻址的，用户无法对它进行读写，但在执行转移、调用、返回等指令时，能自动改变其内容，以改变程序的执行顺序。

② 累加器 A（Accumulator）：最常用的特殊功能寄存器。其主要功能为存放操作数以及存放运算的中间结果。单片机中大部分单操作数指令的操作数取自累加器，多操作数指令中的一个操作数也取自累加器。加、减、乘、除算术运算指令的运算结果都存放于累加器 A 或 AB 寄存器中。指令系统中用 A 作为累加器的助记符。

③ 寄存器 B：主要用于乘除法的运算。乘法运算时，B 为乘数，乘积的高位存于 B 中。除法运算时，B 为除数，并将余数存于 B 中。也可以作为一般数据寄存器来使用。

④ 程序状态字 PSW（Program Status Word）：用于存放指令执行时的状态信息。其中有些位的状态是根据指令执行结果，由硬件自动设置的，见表 1-9，其各位说明如下。

表 1-9　程序状态字

PSW.7	PSW.6	PSW.5	PSW.4	PSW.3	PSW.2	PSW.1	PSW.0
CY	AC	F0	RS1	RS0	OV	—	P

CY（PSW.7）：进位标志。是存放算术运算的进位标志，当进行加法或减法运算中，最高位有进位或借位，CY 被硬件置"1"，否则被清零。在位操作中作为位累加器使用。

AC（PSW.6）：辅助进位标志。当进行加法或减法运算中，当低 4 位向高 4 位进位或借位时，AC 被硬件置"1"，否则被清零。

F0（PSW.5）：用户标志。是用户定义的一个状态标记，可以用软件对 F0 进行置位或复位。也可以通过测试 F0 来控制程序的转向。

RS1、RS0（PSW.4、PSW.3）：工作寄存器组选择控制位。可用软件设置这两位的状态，来选择对应寄存器组，对应关系如表 1-6 所示。被选中的寄存器称为当前寄存器。

OV（PSW.2）：溢出标志。执行算术指令时，由硬件置位或清零，以指示溢出状态。

若用 C6'表示 D6 位向 D7 位有进位，用 C7'表示 D7 向进位位有进位，则有 OV = C6'⊕ C7'。在带符号的加减运算中，OV = 1 表示加减运算的结果超出了累加器 A 所能表示的范围（-128～+127），即产生溢出，因此运算结果错误；在乘法运算中 OV = 1 表示乘积超过 255，溢出，否则 OV = 0。在除法运算中，OV = 1 表示被除数为 0，除法不能进行；反之 OV = 0，除法可以正常进行。

P（PSW.0）：奇偶标志位。用来表示累加器中 1 的个数的奇偶性，若 P = 0，表示 1 的个数为偶数；P = 1，表示 1 的个数为奇数。

⑤ 数据指针 DPTR（Data Pointer）：该寄存器为 16 位寄存器，既可以按 16 位寄存器使用，也可以作为两个 8 位寄存器使用，高位字节寄存器用 DPH 表示，低位字节寄存器用 DPL 表示。在访问外部数据存储器时用 DPTR 作为地址指针，寻址整个 64KB 外部数据存储器空间；在变址寻址中，DPTR 作为基址寄存器，对程序存储器空间进行访问。

⑥ 堆栈指针寄存器 SP（Stack Pointer）：用来存放堆栈的栈顶地址，系统复位后，SP 初始化为 07H，SP 的初始值越小，堆栈深度就可以越深，堆栈指针的值可以由软件改变，因此堆栈在内部 RAM 中的位置比较灵活。

1.1.12　单片机的片外数据存储器

当单片机内部数据存储器不能满足使用要求时，就需要扩展片外数据存储器，MCS-51 具有扩展 64K 字节外部数据存储器和 I/O 口的能力，片外数据存储器和外部 I/O 统一编址，对外部数据存储器的访问采用 MOVX 指令，用间接寻址方式，R0、R1 和 DPTR 都可作间址寄存器。

任务1.2　点亮你的 LED 灯

1.2.1　最简单的单片机系统

我们现在看到的单片机是一片集成了多个功能模块的集成电路芯片，要让它工作起来，在硬件上还需要其它的器件和电路，和单片机连接起来，构成一个单片机的工作系统，一个实际的单片机系统见图 1-12。从软件方面看，还需要将程序装入到单片机中去，单片机才能按我们的要求动起来。

点亮你的 LED 灯

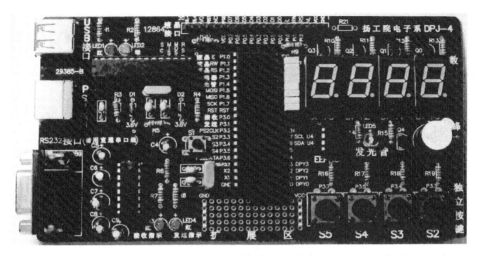

图 1-12 一个实际的单片机系统

从最简单的单片机系统开始学习，图 1-13 是一个单片机最简系统电路图，要让单片机工作运行起来，首先要有电源，图中的 VCC 就是提供的直流 5V 电源的正端，VSS 是电源的负端，其次单片机工作需要时钟，C2、C3、Y1 和单片机的内部电路构成了时钟电路，再次单片机要稳定工作，需要复位电路，C1 和 R2 的电路给单片机提供复位信号，这个最简单片机系统就是点亮一只 LED 发光管，R1 是 LED 发光管 D1 的限流电阻。

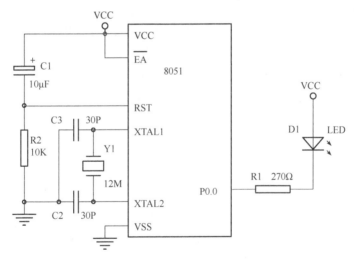

图 1-13 单片机最简系统电路图

图 1-13 是一个控制单只 LED 发光管 D1 点亮的电路，按照图中的电路连接好的话，通上电，单片机就可以开始工作了，但要让单片机按照要求进行工作，仅有硬件电路还不行，还需要编写要求单片机如何工作的程序，然后再将程序装入到单片机里去，单片机按照程序的规定和外部电路配合起来，就能实现对 LED 点亮和熄灭的控制了。

1.2.2 怎样使用单片机

单片机电路连接好以后，需要将如下的 c 语言程序装入到单片机中去：

```
#include<reg51.h>
sbitLED1 = P0^0;
void main(void)
{
    LED1 = 0;
    while(1);
}
```

然而单片机芯片并不认识 C 语言，所以需要通过编译软件将 C 语言程序转化为单片机能够识别的十六进制文件，这样才能够让单片机执行所编写的程序代码，这个过程通过单片机的开发软件完成，上面写的程序叫作源程序，通过单片机开发软件对源程序的编译，就得到了最终能装入单片机的十六进制文件，这个最终装入到单片机中的程序，也叫目标程序，现在选择目标文件的十六进制代码文件.hex 文件装入到单片机中去。

将目标代码装入到单片机中的方法如下。

（1）采用编程器刻录单片机

编程器是一个专门用于将代码装到存储器里的小设备，现在的存储器就在单片机里面，所以就可以使用编程器将目标文件的代码装入到单片机中去，这个装入的过程又称之为烧写，做的过程就是：将单片机插入到编程器的插座上，用编程器上的小扳手将单片机引脚夹紧（锁住），而编程器通过 USB 口（串口或并口）和计算机相连，通过计算机里有一个和编程器配套的软件程序控制编程器的工作，将 .hex 文件的代码刻录到单片机里的存储器中，烧写完成后，单片机里就已经有了需要装入的程序了，再将单片机装到应用电路中去，接好电路，加上电源，单片机就能按照要求进行工作运行了。采用编程器烧写单片机的过程见图 1-14 所示。

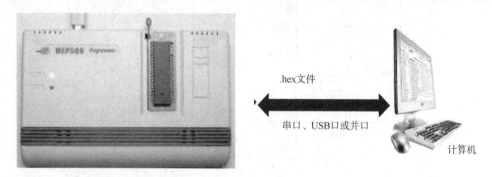

图 1-14　编程器刻录目标程序

（2）采用下载电缆刻录单片机

新一代的单片机很多具有在线下载功能，就不需要使用编程器来刻录程序了，单片机能够在应用电路即目标系统中，通过下载电缆将目标文件代码下载到单片机里，下载电缆的一端连接到计算机的 USB 口（串口或并口），另一端接到单片机的在线下载端口，在计算机上使用单片机下载程序，就能将目标文件的代码下载到单片机中的存储器去，单片机就能在应用系统中工作运行了，在线下载电缆的连接应用见图 1-15。

图 1-15　在线下载电缆的连接

（3）在软件仿真模式中将目标代码装入单片机

单片机应用系统的仿真运行是一种很常用的学习工作方式，在 Proteus 的软件仿真环境中，通过 CPU 的 Edit Component 对话框的 Program File 栏加入 .hex 文件目标代码，如图 1-16，在电路和程序都正确的状态下，就可以进行单片机应用系统的仿真运行了。

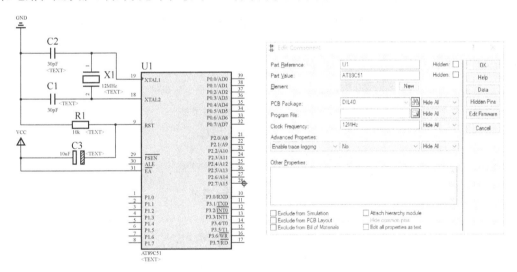

图 1-16　在 Proteus 软件仿真中加入目标代码

1.2.3　Keil μVision5 C51 软件的操作使用

Keil μVision5 C51 是目前较为流行和优秀的 MCS-51 系列单片机软件集成开发环境（IDE），集成了文件编辑、编译连接、项目管理和软件仿真调试等多种功能，要使用 Keil 软件，必须先要安装它。对于学习者，通过网络下载一份能编译 2K 程序的 DEMO 版软件，基本可以满足一般的个人学习和小型应用的开发。

（1）启动 Keil μVision C51 软件

启动软件后，出现 Keil μVision C51 软件的界面，如图 1-17 所示。

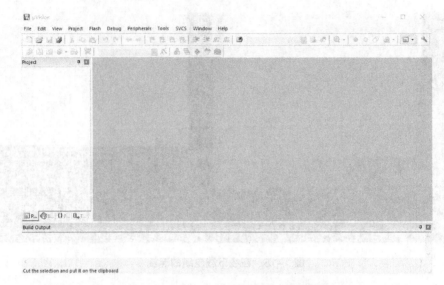

图1-17 Keil μVision C51软件的界面

（2）新建一个项目

Keil μVision C51 开发环境是以项目为基础，要进行程序的输入编辑需要首先建立一个项目，按下面的步骤建立一个项目。

① 点击 Project 菜单，选择弹出的下拉式菜单中的 New Project，如图1-18所示，接着弹出一个标准 Windows 文件对话窗口，如图1-19，这里建立的新项目名称取为"LED"，保存后的文件扩展名为 uvprojx，点击保存按钮。

图1-18 New Project 菜单

图1-19 选择项目保存的路径

② 选择目标器件，点击完"保存"按钮后，就会弹出一个选择目标器件的页面如图 1-20 所示，在该页面中，左侧的目录里面罗列了当前全球主流 IC 厂商的单片机型号产品，如：intel、NI、TI 等。根据项目的设计需要进行灵活选择，在这里我们选择 MicroChip 公司 AT89C51 单片机。

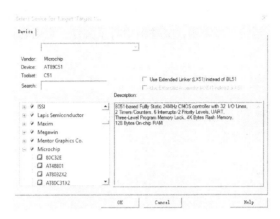

图 1-20　选择目标器件

③ 选择将 startup 文件添加到工程项目中，在选择完目标器件后，会弹出一个对话框如图 1-21 所示，该对话框提示是否需要将 startup 文件添加到工程项目中，startup 文件是一种启动文件，主要作用是清理 RAM、设置堆栈等；即执行完 start.a51 后跳转到.c 文件的 main 函数，选择"是"。

图 1-21　添加 startup 文件

④ 在工程项目中可以创建新的程序文件或加入旧程序文件。如果你没有现成的程序，那么就要新建一个程序文件。在这里以点亮一只 LED 的程序为例介绍如何新建一个新程序和加到项目中。点击图 1-22 中的新建文件的按钮，出现一个新的文字编辑窗口。

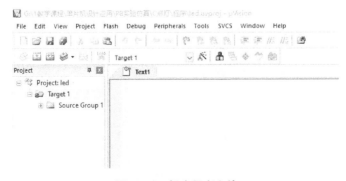

图 1-22　新建程序文件

⑤ 将新建文件保存起来，点击工具栏中的"保存"按钮将文件名定为"LED.C"，如图1-23保存新程序文件。下一步就要把保存好的文件加入到项目文件组中去，在窗口左边的Source Group1文件夹图标上右击弹出菜单，在这里可以做项目中增加或去除文件等操作。点击"Add Existing File to Group 'Source Group 1'"弹出文件窗口，如图1-24所示。选择刚刚保存的文件，按add按钮，关闭文件窗，程序文件已加到项目中了，如图1-25所示。这时在Source Group1文件夹图标左边出现了一个小+号说明，文件组中有了文件，点击它可以展开查看。

图1-23 保存新程序文件

图1-24 把文件加入到项目文件组

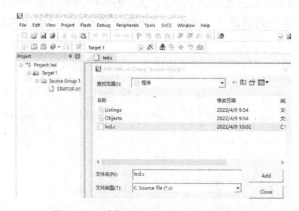

图1-25 选择要加入项目文件组的文件

(3) 程序的编辑输入

现在可以编写程序了，光标已出现在文本编辑窗口中，等待输入了。下面为一只 LED 闪烁的一段 C 程序：

```c
#include<reg51.h>
sbitLED1 = P0^0;
void main(void)
{
int i = 0, j = 0;
    while(1)
    {
        LED1 = 0;
        for(i = 0;i<500; i++)
            for( j = 0; j<125; j++);
        LED1 = 1;
        for(i = 0; i<500; i++)
            for( j = 0; j<125; j++);
    }
}
```

源程序文件输入以后，程序中的关键字，这里是指令的助记符等变成了蓝色，如图 1-26 所示。

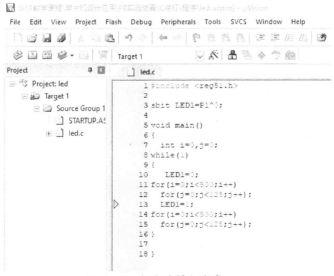

图 1-26　源程序输入完成

(4) 程序的编译

程序文件已被加到了项目中了，下一步就要进行编译运行了，对汇编程序来讲，实际是一个汇编的过程，见图 1-27，在窗口界面的左上角和下拉菜单中都有三个按钮，用于编译单个文件，不产生目标代码。是编译当前项目，并产生目标代码，如果先前编译过一次之后文件没有编辑改动，这时再点击是不会重新编译的。是重新编译当前项目中的所有文件，并产生目标代码，每点击一次均会再次编译链接一次，不管程序是否有改动。

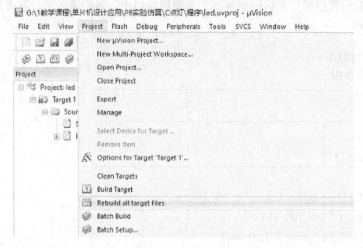

图1-27 编译项目

编译过程中的信息将出现在输出窗口中的"Build"页，如果源程序中有各类错误，会出现错误提示，双击错误行，能够得到出错的位置，如果没有错误，会提示"LED" - 0 Error（s），0 Warning（s），如图1-28所示。

图1-28 程序通过编译

（5）常见编译错误提示

在刚开始编写程序时，常常会出现一些程序书写上的错误，程序输入时出现的一个典型的编写错误见图 1-29，在程序输入时出现变量没有定义却在程序中使用了，这时编译器会报错，同时将错误结果列写在下面的输出信息处，如图 1-29 所示，可以看到编译系统报了两个错，分别对应在程序的第 8 行和第 11 行，通过查看代码可知 LED1 这个变量在程序头部并没有定义，程序头部定义的是 LED，所以报错。

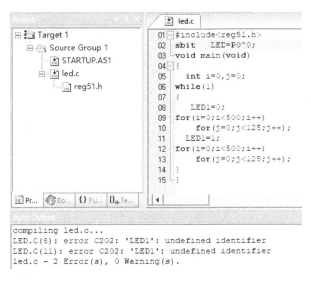

图 1-29　编译错误提示

Keil 默认状态不生成 hex 文件，要在源程序编译后产生 hex 文件，需要先设置一下，点击工具栏上的按钮，出现项目设置对话框，见图 1-30，选取"Output"选项卡，选择"Create HEX File"复选框，单击"确定"按钮，经过这个设置后，编译后就会生成一个名为 LED.hex 的目标代码文件，见图 1-31，为以后单片机的运行提供 hex 文件。

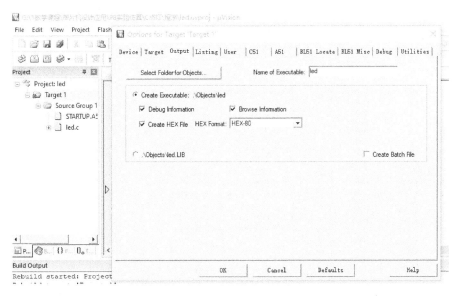

图 1-30　项目设置对话框

图1-31 编译生成hex文件

（6）软件调试运行

编译成功后，单击工具栏调试按钮，进入调试状态，见图1-32所示画面。在调试状态，选择 Step，进行单步调试，选择 Step Over，跳过子程序单步运行，选择 Run，全速运行，在全速运行时，按下按钮 Halt 暂停运行，选择 Reset，单片机复位。

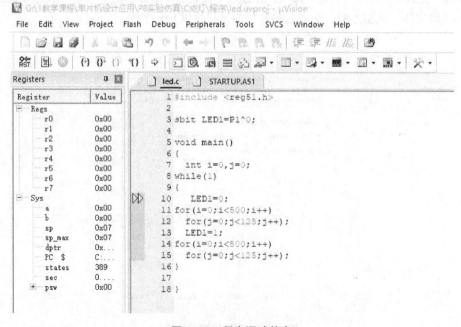

图1-32 程序调试状态

调试工具按钮见图1-33，各按钮的功能从左到右依次为：复位、全速运行、暂停、单步运行、跳过子程序单步运行、运行完成当前子程序、运行到当前行、下一状态、打开跟踪、观察跟踪、反汇编窗口、观察窗口、代码作用范围窗口、串行窗口、存储器窗口、性能分析窗口和工具按钮。

图1-33 调试工具按钮

单步调试：

通过单步调试，观察DELAY延时子程序的延时时间，由于延时时间和晶振的频率相关，点击按钮，先将晶振频率设置为12M，见图1-34。

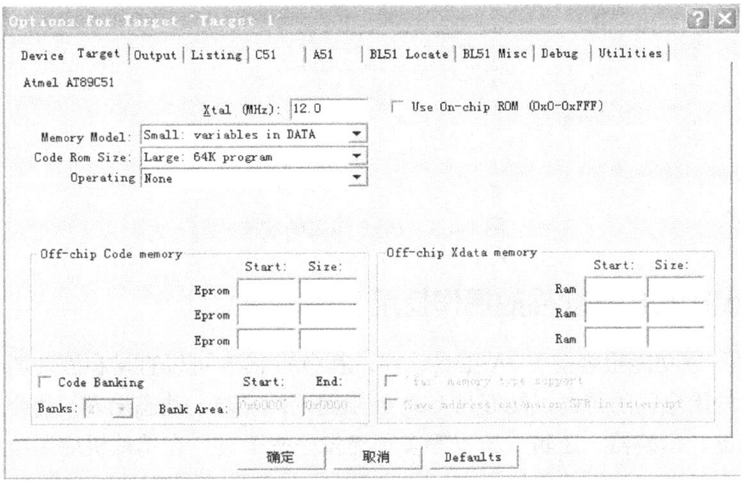

图1-34 设置晶振参数

在调试状态下，可以通过单步调试按钮来对程序进行单步执行操作，当点击单步执行后，可以看到光标运行过的程序左侧有一个绿色的方形标记，在左侧的寄存器窗口可以看到有一个sec的值，这个值是0.00039s，如图1-35所示，此值表明刚才那一句指令执行时间为0.00039s。

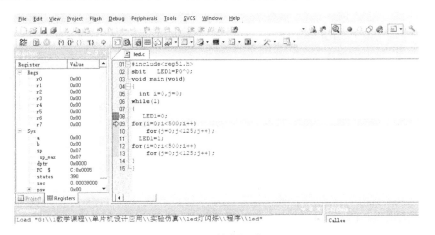

图1-35 单步调试1

进入调试模式后，选择菜单 Peripherals，在下拉菜单中选择"I/O-Ports_Port 0"，出现 P0 口的调试窗口如图 1-36 所示。可以看到 P0.1～P0.7 各位均是打"√"的，这里以"√"表示"1"，而 P0.0 则是在跳动，表示 P0.0 在"0"和"1"之间变动，在电路上就会在低电平和高电平之间变化，接在 P0.0 引脚上的 LED 灯就会在点亮和熄灭状态闪烁。

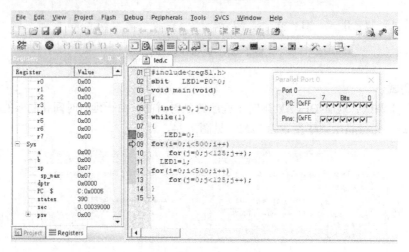

图 1-36　P0.0 端口的状态

1.2.4　Proteus8.5 软件的操作使用

Proteus 是一款功能很强的 EDA 工具软件，其中的 ISIS 可以直接在原理图的虚拟原型上进行单片机和外围电路的仿真，能够与 Keil 连接调试，实时、动态地模拟器件的动作，具有虚拟信号发生器、示波器、逻辑分析仪等多种测量分析工具，在单片机应用电路的仿真中具有突出的优势，是一款流行的单片机应用仿真软件，本教材所使用的版本是 8.5。

（1）Proteus8.5 的操作界面

启动程序后，出现图 1-37 的窗口界面，各窗口和操作的说明如下。

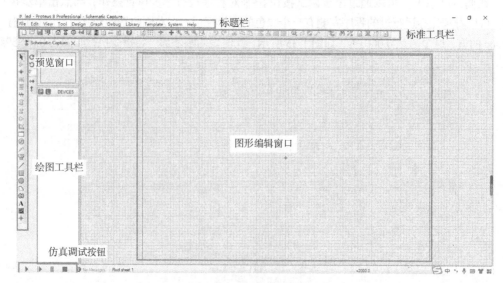

图 1-37　操作界面

图形编辑窗口：在图形编辑窗口内完成电路原理图的编辑和绘制。

预览窗口：该窗口通常显示整个电路图的缩略图。在预览窗口上可以调整电路图的视图位置。其他情况下，预览窗口显示将要放置的对象的预览。

对象选择器窗口：通过对象选择按钮，从元件库中选择对象，并置入对象选择器窗口，供绘图时使用。显示对象的类型包括：设备、终端、管脚、图形符号、标注和图形。

（2）图形编辑的基本操作

1）对象放置

选择对象，点击鼠标左键放置对象。

2）选中对象

用鼠标指向对象并点击左键可以选中该对象。使其高亮显示，然后可以进行编辑。选中对象时该对象上的所有连线同时被选中。要选中一组对象，可以按住 ctrl 键，依次单击每个对象，也可以通过左键拖出一个选择框的方式进行选中。

3）删除对象

用鼠标指向选中的对象并点击 delete 键，或单击右键在弹出菜单中选择 Delete Object 命令可以删除该对象，同时删除该对象的所有连线。

4）拖动对象

用鼠标指向选中的对象并用左键拖曳可以拖动该对象。该方式不仅对整个对象有效，而且对对象中单独的 labels 也有效。

5）调整对象的朝向

许多类型的对象可以调整朝向为 0、90、270、360 或通过 x 轴 y 轴镜像。当该类型对象被选中后，单击 ⊂ ⊃ ▯ ↔ ↕ 图标，就可以来改变对象的朝向。

6）编辑对象

许多对象具有图形或文本属性，这些属性可以通过一个对话框进行编辑，用鼠标左键点击对象。确定后将会弹出编辑对话框，编辑对象的属性。

下面通过单灯闪烁电路的绘制说明使用 Proteus 来设计电路原理图的过程。

① 首先新建工程项目，点击 file 菜单下的 new project 选项，在图 1-38 的对话框中填写项目名称，注意后缀名是 pdsprj。

图 1-38　建立一个新项目

② 选择仿真图纸模板,在图 1-39 的界面中,有很多种类型的图纸格式供设计者进行选择,一般的仿真实验只需要选择默认(DEFAULT)即可。

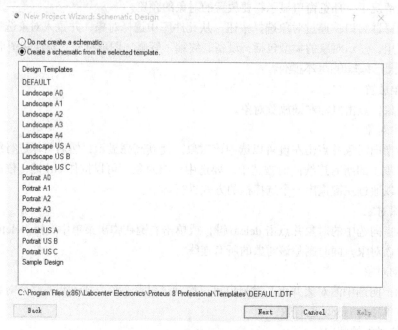

图 1-39　选择仿真图纸模板

③ 选择是否创建 PCB 文件,由于只是进行项目的功能仿真,并不需要去设计 PCB 电路图纸,所以选择"Do not create a PCB layout"选项,如图 1-40 所示。

④ 选择是否创建包含固件的工程,在这里选择无需包含固件的工程,所以选择"No Firmware Project"选项,如图 1-41 所示。

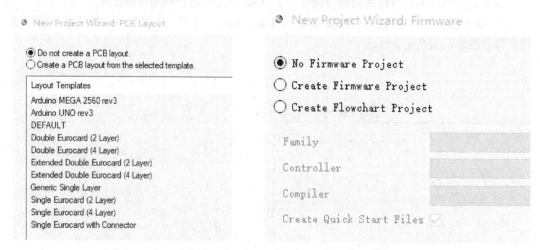

图 1-40　选择是否创建 PCB 文件　　　　图 1-41　选择是否包含固件的工程

⑤ 最后,弹出一个工程建设完毕的对话框,在此对话框中显示有工程的摘要信息,包含有工程保存的路径以及相关的选项信息,如图 1-42 所示,最后点击 Finish 完成项目的建立。

项目 1　LED 流水灯的设计与制作

图 1-42　工程项目创建完毕

1.2.5　点亮单只 LED 发光管

（1）新建设计文件

在工程项目创建完毕后，软件就会自动新建一个设计文件，见图 1-43。

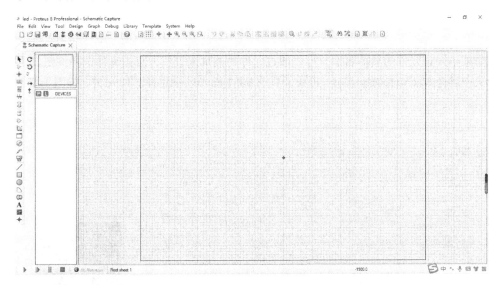

图 1-43　新建设计文件

（2）提取元件

点击元件模式按钮 ➡，再点击元件选择按钮 P，如图 1-44 所示。

031

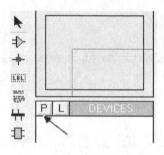

图 1-44　对象选择器按钮

弹出"Pick Devices"页面,在"Keywords"输入 AT89C51,系统在对象库中进行搜索查找,并将搜索结果显示在"Results"中,如图 1-45 所示。

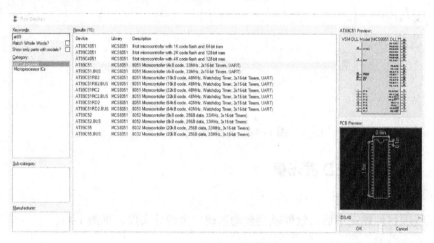

图 1-45　提取元件对话框

如果不知道元件的具体名字,可以通过元件的类别来查找,点击元件选择按钮 P,在全部分类中选择 Microprocessor Ics,再在子目录 8051 Family 中选择 AT89C51,如图 1-46 所示。

图 1-46　按照分类选择元件

用同样的方法将单片机点亮单只 LED 的元件分别添加到元件选择表，将元件放入到图形编辑窗口，如图 1-47（a）。对于电源和接地端子等，点击终端模式按钮，选择电源和接地端子，如图 1-47（b）。

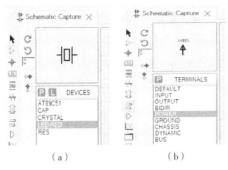

图 1-47　元件和终端列表

（3）连接元器件

将元件在图上布局好后，就可以进行电路图的连线了，Proteus 具有较强的电路图布线功能，我们来操作将发光管 D1 的下端连接到 AT89C51 的 39 号引脚（P0.0），当鼠标的指针靠近 D1 下端的连接点时，跟着鼠标的指针就会出现一个"口"号，表明找到了 D1 的连接点，单击鼠标左键，移动鼠标（不用拖动鼠标），将鼠标的指针靠近 AT89C51 的 39 号引脚的连接点时，跟着鼠标的指针就会出现一个"口"号，表明找到了 AT89C51 的 39 号引脚的连接点，同时屏幕上出现了粉红色的连接，单击鼠标左键，粉红色的连接线变成了深绿色。

Proteus 具有线路自动路径功能（简称 WAR），当选中两个连接点后，WAR 将选择一个合适的路径连线。WAR 可通过使用标准工具栏里的"WAR"命令按钮来关闭或打开。

通过相同的方法，可以将其余元件的连接线一一连好，就可以绘制出如图 1-48 所示的电路图。

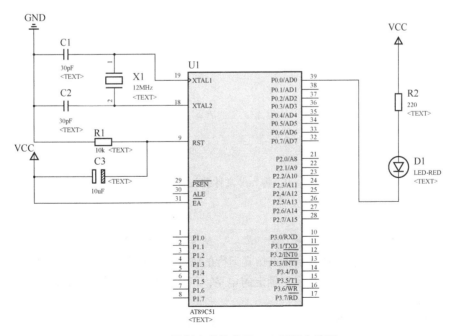

图 1-48　绘制完成的单只 LED 闪烁电路图

（4）加入 hex 文件

原理图编辑完成后，用鼠标选择 AT89C51，点击左键编辑属性"Edit Properties"，出现如图 1-49 所示的对话框，在"Program File"中点击右侧图标，出现文件浏览对话框，找到用 Keil 已经产生的目标文件"LED.hex"，将其装入到单片机中来，如图 1-50 所示。

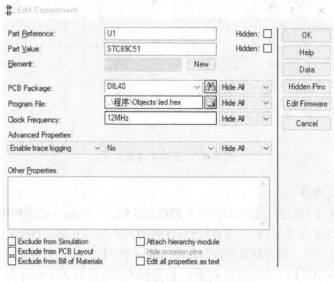

图 1-49　编辑元件属性对话框

图 1-50　将 hex 文件装入到单片机中

（5）仿真调试

有四只仿真调试按钮　　　　　　，从左到右分别是运行、单步、暂停和停止运行，按下运行按键，就可以观察到电路仿真运行的状况，元件引脚上的高低电平分别用红色和蓝色的小方块来表示，灰色表示不确定的电平，可以观察到发光管 D1 在以 0.1s 的间隔不停闪烁，如图 1-51 所示。

仿真完成后，进行实物的装配和调试，然后将目标文件通过下载线下载到单片机芯片里，单只 LED 点亮的效果如图 1-52 所示。

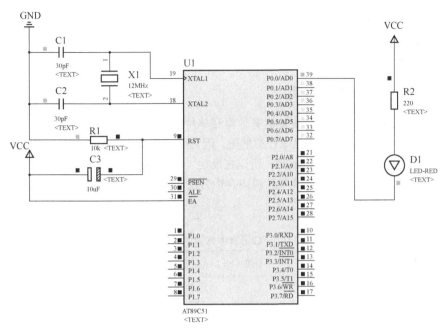

图 1-51 仿真运行图

图 1-52 点亮单只 LED 效果图

任务1.3 认识单片机的C语言

1.3.1 单片机的C语言

C 语言是一种编译型程序设计语言,它兼顾了多种高级语言的特点,并具备汇编语言的功能。用 C 语言开发系统可以大大缩短开发周期,明显增强程序的可读性,便于改进、扩充和移植。而针对 8051 的 C 语言日趋成熟,成为了专业化的实用高级语言。

认识单片机的C语言

C 语言作为一种非常方便的语言而得到广泛的支持,很多硬件开发都用 C 语言编程,如:各种单片机、DSP、ARM 等。

C 语言程序本身不依赖于机器硬件系统,基本上不作修改或仅做简单修改,就可将程序从不同的单片机中移植过来直接使用。

C 语言提供了很多数学函数并支持浮点运算，开发效率高，故可缩短开发时间，增加程序可读性和可维护性。

1.3.2 C51 的基本数据类型

当给单片机编程时，单片机也要运算，而在单片机的运算中，这个"变量"数据的大小是有限制的，不能随意给一个变量赋任意的值，因为变量在单片机的内存中是要占据空间的，变量大小不同，所占据的空间就不同。所以在设定一个变量之前，必须要给编译器声明这个变量的类型，以便让编译器提前从单片机内存中分配给这个变量合适的空间。单片机的 C 语言中常用的数据类型如表 1-10 所示。

表 1-10　C 语言中常用的数据类型

数据类型	关键字	长度（bit）	长度（byte）	值域范围
位类型	bit	1	—	0，1
无符号字符型	unsigned char	8	1	0～255
有符号字符型	char	8	1	−128～127
无符号整型	unsigned int	16	2	0～65535
有符号整型	int	16	2	−32768～32767
无符号长整型	unsigned long	32	4	0～$2^{32}-1$
有符号长整型	long	32	4	−2^{31}～$2^{31}-1$
单精度实型	float	32	4	3.4e−38～3.4e38
双精度实型	double	64	8	1.7e−308～1.7e308

1.3.3 C51 的基本运算

C 语言的运算符分为以下几种。

（1）算术运算符

顾名思义，算术运算符就是执行算术运算的操作符号。除了一般人所熟悉的四则运算（加减乘除）外，还有取余数运算，如表 1-11 所示。

表 1-11　算术运算符

符号	功能	范例	说明
+	加	A = x+y	将 x 与 y 的值相加，其和放入 A 变量
−	减	B = x−y	将 x 变量的值减去 y 变量的值，其差放入 B 变量
*	乘	C = x*y	将 x 与 y 的值相乘，其积放入 C 变量
/	除	D = x / y	将 x 变量的值除以 y 变量的值，其商数放入 D 变量
%	取余数	E = x%y	将 x 变量的值除以 y 变量的值，其余数放入 E 变量

程序范例【1】:

```
main()
{
    int A,B,C,D,E,x,y;
    x = 8;
    y = 3;
    A = x+y;
    B = x-y;
    C = x*y;
    D = x/y;
    E = x%y;
}
```

程序结果:

A = 11、B = 5、C = 24、D = 2、E = 2

（2）关系运算符

关系运算符用于处理两个变量间的大小关系，如表1-12所示。

表1-12 关系运算符

符号	功能	范例	说明
==	相等	x == y	比较x与y变量的值，相等则结果为1，不相等则为0
!=	不相等	x! = y	比较x与y变量的值，不相等则结果为1，相等则为0
>	大于	x>y	若x变量的值大于y变量的值，其结果为1，否则为0
<	小于	x<y	若x变量的值小于y变量的值，其结果为1，否则为0
>=	大等于	x> = y	若x变量的值大于或等于y变量的值，其结果为1，否则为0
<=	小等于	x< = y	若x变量的值小于或等于y变量的值，其结果为1，否则为0

程序范例【2】:

```
main()
{
    int A,B,C,D,E,F,x,y;
    x = 9;
    y = 4;
    A = (x == y);
    B = (x! = y);
```

```
    C = (x>y);
    D = (x<y);
    E = (x> = y);
    F = (x< = y);
}
```

程序结果：

  A = 0、B = 1、C = 1、D = 0、E = 1、F = 0

（3）逻辑运算符

逻辑运算符就是执行逻辑运算功能的操作符号，如表1-13所示。

表1-13 逻辑运算符

符号	功能	范例	说明
&&	与运算	(x>y)&&(y>z)	若x变量的值大于y变量的值，且y变量的值也大于z变量的值，其结果为1，否则为0
||	或运算	(x>y)||(y>z)	若x变量的值大于y变量的值，或y变量的值大于z变量的值，其结果为1，否则为0
!	反相运算	!(x>y)	若x变量的值大于y变量的值，其结果为0，否则为1

程序范例【3】：

```
main()
{
    int A,B,C,x,y,z;
    x = 9;
    y = 8;
    z = 10;
    A = (x>y)&&(y<z);
    B = (x == y)||(y< = z);
    C = !(x>z);
}
```

程序结果：

  A = 0、B = 1、C = 1

（4）位运算符

位运算符与逻辑运算符非常相似，它们之间的差异在于位运算符针对变量中的每一位，逻辑运算符则是对整个变量进行操作。位运算的运算方式如表1-14所示。

表1-14 位运算符

符号	功能	范例	说明
&	与运算	A = x&y	将 x 与 y 变量的每个位，进行与运算，其结果放入 A 变量
|	或运算	B = x|y	将 x 与 y 变量的每个位，进行或运算，其结果放入 B 变量
^	异或	C = x^y	将 x 与 y 变量的每个位，进行异或运算，其结果放入 C 变量
~	取反	D = ~x	将 x 变量的每一位进行取反
<<	左移	E = x<<n	将 x 变量的值左移 n 位，其结果放入 E 变量
>>	右移	F = x>>n	将 x 变量的值右移 n 位，其结果放入 F 变量

程序范例【4】：

```
main()
{
    char A,B,C,D,E,F,x,y;
    x = 0x25;/*即 0010 0101*/
    y = 0x62; /*即 0110 0010*/
    A = x&y;
    B = x|y;
    C = x^y;
    D = ~x
    E = x<<3;
    F = x>>2
}
```

程序结果：

```
   x:   0010 0101        x:   0010 0101        x:   0010 0101
   y:  &0110 0010        y:  |0110 0010        y: ^0110 0010
        0010 0000             0110 0111             0100 0111
     即 A = 0x20          即 B = 0x67           即 C = 0x47
    x: 0010 0101
   ~x: 1101 1010
    即 D = 0xda
```

将 x 的值左移三位的结果为：

　x:00100101
　00100101000

移出的三位"001"丢失，后面三位用 0 填充，因此运算后的结果是 00101000B，即 E = 0x28。

将 x 的值右移两位的结果为：

00100101

0000100101

移出去的两位"01"丢失,前面两位用"0"填充;因此,运算后的结果是

00001001

相当于

F = 0x09。

(5)递增/减运算符

递增/减运算符也是一种很有效率的运算符,其中包括递增与递减两种操作符号,如表1-15所示。

表1-15 递增/减运算符

符号	功能	范例	说明
++	加1	x++	将x变量的值加1
--	减1	x--	将x变量的值减1

程序范例【5】:

```
main()
{
    int A,B,x,y;
    x = 6;
    y = 4;
    A = x++;
    B = y--;
}
```

程序结果:

A = 7,B = 3

1.3.4 C51的流程控制语句

C51中的基础语句有如下几种。

(1)while循环语句

```
While(表达式)
{
    语句;
}
```

特点：先判断表达式，后执行语句。
原则：若表达式不是 0，即为真，那么执行语句。否则跳出 while 语句往下执行。
程序范例：

while(1)//表达式始终为 1，形成死循环
{
　　语句；
}

（2）for 循环语句

for 语句是一个很实用的计数循环，其格式如下：

for(表达式 1；表达式 2；表达式 3)
{
　　语句；
}

执行过程：

① 求解一次表达式 1。
② 求解表达式 2，若其值为真（非 0 即为真），则执行 for 中语句。然后执行第 3 步。否则结束 for 语句，直接跳出，不再执行第 3 步。
③ 求解表达式 3。
④ 跳到第 2 步重复执行。

程序范例【6】：

a = 0;
for(i = 0;i<8;i++)//控制循环执行 8 次
{
　　a++;
}

程序执行结果：

a = 8

程序范例【7】：

a = 0;
for(x = 100;x>0;x--)//控制循环执行 100 次
{
　　a++;
}

程序执行结果：

a = 100

（3）if 选择语句

if-else 语句提供条件判断的语句，称为条件选择语句，其格式如下：

if(表达示)
{
    语句 1；
}
else
{
    语句 2；
}

在这个语句里，将先判断表达式是否成立，若成立，则执行语句 1；若不成立，则执行语句 2。

其中 else 部分也可以省略，写成如下格式：

if(表达示)
{
    语句；
}
其它语句；

1.3.5 C51的函数

（1）为什么要用函数

问题：

如果程序的功能比较多，规模比较大，把所有代码都写在 main 函数中，就会使主函数变得庞杂、头绪不清，阅读和维护变得困难。

有时程序中要多次实现某一功能，就需要多次重复编写实现此功能的程序代码，这使程序冗长，不精炼。

解决的方法：用模块化程序设计的思路。

① 采用"组装"的办法简化程序设计的过程；
② 事先编好一批实现各种不同功能的函数；
③ 把它们保存在函数库中，需要时直接用。

例【8】输出以下的结果，用函数调用实现。

    #############
    How are you!
    #############

解题思路：

在输出的文字上下分别有一行"#"号，显然不必重复写这段代码，用一个函数 print_s1 来实现输出一行"#"号的功能。再写一个 print_mess 函数来输出中间一行文字信息，用主函数分别调用这两个函数。

```c
#include <stdio.h>
void  print_s1()       //定义 print_s1 函数,作用是输出一排 "#" 号
{
    printf("#############\n");
}
void print_mess()      //定义 print_mess 函数,其作用是输出文字信息
{
    printf("How are you!\n");
}
int main()
{
    void print_mess();
    void   print_s1();
    print_s1();           //调用 print_s1 函数
    print_mess();         //调用 print_mess 函数
    print_s1();           //调用 print_s1 函数
    return 0;
}
```

（2）函数分类

从用户角度分如下。

① 库函数,即标准函数。这是由系统提供的,用户不必自己定义这些函数,可以直接使用它们。

② 自定义函数。由用户自行定义,以解决用户的特定需要。

从函数形式分如下。

① 无参函数。如例【8】中的 print_mess()和 print_s1()就是无参函数。在调用无参函数时,主调函数不向被调函数传递数据。无参函数一般用来执行指定的一组操作。

② 有参函数。在调用函数时,主调函数和被调函数间有数据传递。也就是说,主调函数可以将数据传送给被调函数使用,被调函数中的数据也可以带回来供主调函数使用。

（3）函数的定义

定义函数的方法

1）定义无参函数

定义无参函数的一般形式为：

类型名　函数名()
{
　　函数体
}

或

类型名　函数名(void)

```
    {
        函数体
    }
```

函数名后面括号内的 void 表示"空",即函数没有参数。
函数体包括声明部分和语句部分。
在定义函数时要用"类型名"指定函数值的类型,即指定函数带回来的值的类型。

2)定义有参函数

定义有参函数的一般形式为:

```
类型名 函数名(形式参数表列)
{
    函数体
}
```

3)定义空函数

定义空函数的一般形式为:

```
类型名 函数名()
{    }
```

先用空函数占一个位置,以后逐步扩充。

好处:程序结构清楚,可读性好,以后扩充新功能方便,对程序结构影响不大。

(4)调用函数

函数调用的一般形式为:

函数名(实参表列)

如果是调用无参函数,则"实参表列"可以没有,但括号不能省略。如果实参表列包含多个实参,则各参数间用逗号隔开。

按函数调用在程序中出现的形式和位置来分,可以有以下 3 种函数调用方式。

1)函数调用语句

把函数调用单独作为一个语句,如:

```
    printf_s1();
```

这时不要求函数带回值,只要求函数完成一定的操作。

2)函数表达式

函数调用出现在另一个表达式中,如:

```
    c = max(a,b);
```

这时要求函数带回一个确定的值以参加表达式的运算

3)函数参数

函数调用作为另一函数调用时的实参,如:

```
    m = max(a,max(b,c));
```

其中 max(b,c)是一次函数调用,它的值作为 max 另一次调用的实参

对被调用函数的声明

在写函数声明时，可以简单地照写已定义的函数的首行，再加一个分号，就成了函数的"声明"。

关于函数声明的说明：

如果被调函数的定义出现在主调函数之前，可以不必加以声明。反之，如果出现在主调函数之后，必须加以声明。

```c
#include<reg52.h>              //头文件
#define uint unsigned int      //宏定义
sbit D1 = P1^0;                //声明单片机 P1 口的第一位
void delay(uint z);            //声明子函数
void main()
{
    while(1)                   //大循环
    {
        D1 = 0;                //点亮第一个发光二极管
        delay(500);            //延时 500 毫秒
        D1 = 1;                //关闭第一个发光二极管
        delay(800);            //延时 800 毫秒
    }
}

void delay(unsigned int z)     //延时子程序延时约 z 毫秒
{
    uint x,y;
    for(x = z;x>0;x--)
        for(y = 110;y>0;y--);
}
```

（5）函数的参数——形参和实参

有参函数在调用时，主调函数和被调函数之间有数据传递，主调函数传递数据给被调函数。主调函数用来传递的数据称为实际参数，简称实参。

函数定义时函数名后面括号内的变量名称为"形式参数"，它仅仅是代表数据的一个符号，没有具体值，简称形参。

例【9】调用函数时的参数传递

```c
//主要功能：输出两个数中的最大数
#include <stdio.h>
int max(int x,int y)
{
    int  temp;
    temp = x>y?x:y;
    return (temp);
```

```
}
int main()
{
    int a,b,c;
    scanf("%d,%d",&a,&b);
    c = max(a,b);
    printf("The max is:%d\n",c);
    return 0;
}
```

运行情况为：

5,3✓
The max is 5

程序中，主调函数 main 中调用函数 max 时，括号内的变量 a、b 是实参，定义函数时，括号内的变量 x、y 是形参。

关于形参与实参的说明如下。

1）形式参数

定义函数时，函数名后的参数称作形式参数，简称形参或虚参。

在定义函数时，系统并不给形参分配存储单元，当然形参也没有具体的数值。

形参在函数调用时，系统暂时给它分配存储单元，以便存储调用函数时传来的实参值。一旦函数结束运行，系统马上释放相应的存储单元。

注意：在定义函数时，形参必须要指定类型。

2）实际参数

在调用函数时，函数名后的参数称作实际参数，简称实参。

调用函数时，实参必须有确定的值，所以称它是实际参数。它可以是变量、常量、表达式等任意"确定的值"。

3）实参和形参之间的关系

实参的个数、类型应该和形参的个数、类型一致。

C 语言规定，实参变量对形参变量的数据传递是"值传递"，即单向传递，只由实参传递给形参，而不能由形参传递给实参，这和其他很多高级语言是不同的。实参与形参占用不同的内存单元。

1）无返回值、不带参数的函数的写法

知识点：#define 宏定义

格式：#define 新名称　原内容

注意后面没有分号，#define 命令用它后面的第一个字母组合代替该字母组合后面的所有内容，相当于给"原内容"重新起一个比较简单的"新名称"，方便以后在程序中直接写简短的新名称。

下面例【10】中，使用宏定义的目的就是用"uint"替代"unsigned int"这个较复杂的写法。在定义时直接使用"uint x,y;"，相当于"unsigned int x，y"。但是前面的写法更简单。

例【10】写出一个完整的调用子函数的例子，用单片机控制一个 LED 灯闪烁发光。用 P1 口的第一个引脚控制一个 LED 灯，1 秒钟闪烁一次。

```c
#include<reg52.h>              //头文件
#define uint unsigned int      //宏定义
sbit D1 = P1^0;                //声明单片机 P1 口的第一位
uint x,y;
void main()
{
    while(1)                   //大循环
    {
        D1 = 0;                //点亮第一个发光二极管
        for(x = 500;x>0;x--)
            for(y = 110;y>0;y--);
        D1 = 1;                //关闭第一个发光二极管
        for(x = 500;x>0;x--)
            for(y = 110;y>0;y--);
    }
}
```

在上面的程序中，可以看到在打开和关闭发光二极管的两条语句之后，是两个完全相同的 for 嵌套语句：

```c
for(x = 500;x>0;x--)
    for(y = 110;y>0;y--);
```

在 C 语言中，如果有些语句不止一次用到，而且语句的内容都相同，那么就可以把这样的一些语句写成一个不带参数的子函数，当在主函数中需要这些语句时，直接调用这些语句就可以了。上面的 for 嵌套语句就可以写成如下子函数的形式。

```c
void delay()      //延时子程序延时约 z 毫秒
{
    for(x = 500;x>0;x--)
        for(y = 110;y>0;y--);
}
```

其中 void 表示这个函数执行完后不返回任何数据，即它是一个无返回值的函数，delay 是函数名，一般写成方便记忆和读懂的名字，也就是一看到函数名就知道此函数实现的内容是什么，但注意不要和 C 语言中的关键字相同。紧跟函数名的是一个空括号，这个括号里没有任何数据或符号（即 C 语言中的参数），因此这个函数是一个无参数的函数。接下来的两个大括号中的语句是子函数中的语句。这就是无返回值、无参数函数的写法。

需要注意的是，子函数可以写在主函数的前面或是后面，但是不可以写在主函数的里面。当写在后面时，必须要在主函数之前声明子函数。声明方法是：将返回值特性、函数名及后面的小括号完全复制，如果无参数，则小括号里面为空；若是带参数函数，则需要在小括号里依次写上参数类型，只写参数类型，无须写参数，参数类型之间用逗号隔开，最后在小括号的后面加上分号";"。当子函数写在主函数前面时，不需要声明，因为写函数体的同时就已经相当于声明了函数本身。通俗地讲，声明子函数的目的是为了编译器在编译主程序的时候，当它遇到一个子函数时知道有这样一个子函数存在，并且知道它的类型和带参情况等信息，以方便为这个子函数分配必要的存储空间。

例【11】就是调用不带参数子函数的例子，通过调用子函数代替 for 嵌套语句，这样程序看起来简单。

例【11】

```c
#include<reg52.h>            //头文件
#define uint unsigned int    //宏定义
sbit D1 = P1^0;              //声明单片机 P1 口的第一位
void delay();                //声明子函数
void main()
{
    while(1)                 //大循环
    {
        D1 = 0;              //点亮第一个发光二极管
        delay();             //延时 500 毫秒
        D1 = 1;              //关闭第一个发光二极管
        delay();             //延时 500 毫秒
    }
}

void delay()         //延时子程序延时约 500 毫秒
{
    uint x,y;
    for(x = 500;x>0;x--)
        for(y = 110;y>0;y--);
}
```

2）带参数函数的写法及调用

有了前面第一节的铺垫，这一节会容易得多。对于前面讲的子函数 delay()，调用一次延时 500ms，如果要延时 300ms，那么就要在子函数里把 x 的值赋为 300，要延时 200ms 就要把 x 的值赋为 200，这样会很麻烦，如果会使用带参数的子函数会让问题简单化。将前面的子函数改为如下：

```c
void delay(unsigned int z)
{
    uint x,y;
    for(x = z;x>0;x--)       //x = z 即延时约 z 毫秒
        for(y = 110;y>0;y--);
}
```

上面代码中 delay 后面的括号中多了一句"unsigned int z",这就是这个函数所带的一个参数,z 是一个 unsigned int 型变量,又叫这个函数的形参,在调用此函数时用一个具体真实的数据代替此形参,这个真实数据又被称为实参,在子函数里面所有和形参名相同的变量都被实参代替。使用这种带参数的子函数会使问题方便很多,如要调用一个延时 300ms 的函数就可以写成"delay(300);",要延时 200ms 可以写成"delay(200);"上面的代码是一个调用带参数函数的例子。

例【12】写出一个完整的调用子函数的例子,用单片机控制一个 LED 灯闪烁发光。用 P1 口的第一个引脚控制一个 LED 灯,让它亮 500ms,灭 800ms。

```c
#include<reg52.h>              //头文件
#define uint unsigned int      //宏定义
sbit D1 = P1^0;                //声明单片机 P1 口的第一位
void delay(uint z);            //声明子函数
void main()
{
    while(1)                   //大循环
    {
        D1 = 0;                //点亮第一个发光二极管
        delay(500);            //延时 500 毫秒
        D1 = 1;                //关闭第一个发光二极管
        delay(800);            //延时 800 毫秒
    }
}

void delay(unsigned int z)     //延时子程序延时约 z 毫秒
{
    uint x,y;
    for(x = z;x>0;x--)
        for(y = 110;y>0;y--);
}
```

3)C51 常用的库函数简介

C51 强大功能及其高效率的重要体现之一在于其丰富的可直接调用的库函数,多使用库函数使程序代码简单,结构清晰,易于调试和维护,下面介绍几个常用的库函数。本节中我们就调用现成的库函数来实现流水灯,大家打开 keil 软件安装文件夹,定位到 Keil\C51\HLP 文件夹,打开此文件夹下的 C51Lib 文件,这是 C51 自带库函数帮助文件。在索引栏我们找到 _crol_函数,双击打开它的介绍,内容如下:

```c
#include <intrins.h>
unsigned char _crol_ (
    unsigned char c,        /* character to rotate left */
    unsigned char b);       /* bit positions to rotate */
```

Description: The _crol_ routine rotates the bit pattern for the character c left b bits. This routine is implemented as an intrinsic function.

Return Value: The _crol_ routine returns the rotated value of c.

这个函数包含在 intrins.h 头文件中，也就是说，如果在程序中要用到这个函数，那么必须在程序开头包含 intrins.h 这个头文件。

通过理解上面的一段英文，我们可以了解这个函数能实现的功能，Description（描述）：这个函数是将字符 c 循环左移 b 位，这是 C51 库自带的内部函数，在使用这个函数之前，需要在文件夹中包含它所在的头文件。Return Value（返回值）：_crol_这个函数返回的是将 c 循环左移之后的值。

例【13】利用 C51 自带的库函数_crol_()，间隔 200ms，用 P1 口实现流水灯效果，代码如下：

```
#include <reg52.h>          //头文件
#include <intrins.h>        //循环左移头文件

#define uint unsigned int   //宏定义
#define uchar unsigned char //宏定义

void delay(uint z);                   //声明子函数

void main()
{
    uchar temp;              //定义变量为 P1 口赋值
    temp = 0xfe;
    while(1)
    {
        P1 = temp;           //点亮第一个发光管
        delay(500);          //延时 500 毫秒
        temp = _crol_(temp,1);//循环左移
    }
}

void delay(unsigned int z)        //延时子程序延时约 z 毫秒
{
    uint x,y;
    for(x = z;x>0;x--)
        for(y = 110;y>0;y--);
}
```

C51 中常用的几个库函数：

crol, _cror_：将 char 型变量循环向左（右）移动指定位数后返回；

iror, _irol_：将 int 型变量循环向左（右）移动指定位数后返回；

lrol, _lror_：将 long 型变量循环向左（右）移动指定位数后返回；

nop：相当于插入 NOP；

testbit：相当于 JBC bitvar 测试该位变量并跳转同时清除；

chkfloat：测试并返回源点数状态。

使用时，必须包含#inclucle <intrins.h>一行。

任务1.4　按键控制LED灯

1.4.1　按键的工作原理

按键是一种常见的开关元件，在日常生活中随处可见：比如家里的壁灯开关、电视遥控器上面的按钮、键盘上的字母按键等，然而按键的功能其实主要是对电路实现连通或者断开。在单片机应用系统中，按键作为一种输入元件经常被使用。下面首先来介绍一下按键的基本工作原理。

按键的原理图如图 1-53 所示，一个按键元件的两端分别连接地端和单片机的 IO 口。

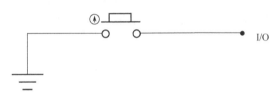

图 1-53　按键与 IO 口连接图

在按键没有被按下时，这时按键电路的两端是断开的状态，按键中没有电流流过；当按键被按下后，按键两端的电路就通过按键连接起来，这时按键左端的低电平就会传递到右侧单片机的 IO 口上，此时按键就好比是一根导线连接起了按键两边的电路。通过图 1-54 我们可以看出，理想按键被按下的波形是能够形成一个标准的 U 字形，然而实际按键被按下后实测的波形却是带有毛刺抖动的，这是因为实际电路会受到各种环境的干扰，比如人体的静电以及人体生理特性，这些干扰因素就会使得按键按下的电压波形信号变得很不规则。最重要的是这种不规则的抖动波形会给单片机的按键检测工作带来很大的麻烦。

1.4.2　按键的软件检测

按键作为输入源如何被单片机检测到呢？在上一节已经提到针对上述情况，工程师们经过反复测试和验证总结出了一套专门针对按键抖动消除的工程应用方法，这就是按键的软件去抖方法，通过单片机的软件延时就能够避免这种抖动所带来的干扰。

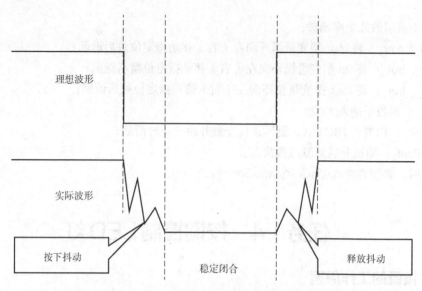

图 1-54 按键被按下时触点电压的变化

按键在闭合和断开时，触点会存在抖动现象。从上图中可以看出，理想波形和实际波形之间是有区别的，实际波形在按下和释放的瞬间都有抖动现象，抖动时间的长短和按键的机械特性有关，一般为 5~10ms。通常手动按下键后立即释放，这个动作中稳定闭合的时间超过 20ms。因此单片机在检测键盘是否按下时都要加上去抖动操作，有专用的去抖电路，也有专用的去抖芯片，但通常用软件延时的方法就能很容易解决抖动问题，而没有必要再添加多余的硬件电路。按键的延时去抖动程序如下：

```
if(key == 0)
{
    delay(10);
    if(key == 0)
    {
        LED = 0;
    }
}
```

首先通过 if 语句判断按键 key 是否被按下（key == 0），在检测到按键被按下后调用延时函数（delay（10））延时 10ms，抖动毛刺信号经过 10ms 之后，已经消失，所以接着再次通过 if 语句判断按键是否仍然为低电平（key == 0），如果确认为低电平则表示一次有效的按键动作被检测到，所以在第二次 if 语句之后，通过执行 LED = 0，来点亮 LED 灯。

1.4.3 硬件电路与软件程序设计

下面就利用按键和单片机来实现按键控制 LED 点亮的实验，首先进行硬件电路设计。

（1）硬件电路设计将按键的一端和地连接，另一端和单片机P0.0口连接，硬件电路设计如图1-55所示。

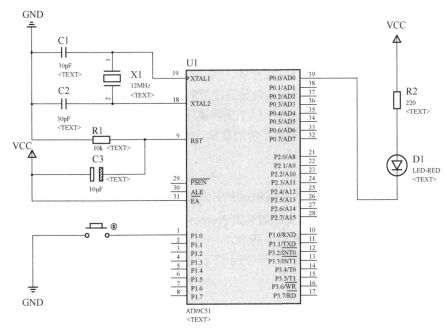

图1-55 按键仿真原理图

（2）软件程序设计

```
#include<reg51.h>
sbit    LED = P0^0;
sbit    key = P1^0;

void delay(int m)
{
    int i,j;
    for(i = 0;i< = m;i++)
        for(j = 0;j< = 110;j++);
}

void main(void)
{
    while(1)
    {
    if(key == 0)
    delay(10);
    if(key == 0)
    {
```

```
            LED = 0;
        }
    }
}
```

程序分析如下：

① 程序头部首先定义按键和led灯变量。

② 定义delay延时函数，该延时函数是通过两个for语句嵌套完成。

③ 通过在主函数中设置一个while（1）无限循环来不断地进行按键延时去抖动程序，在程序中通过调用延时函数实现对抖动毛刺的滤除，在经过两次确认按键的电平值后，点亮LED灯。

（3）调试与仿真运行

在程序的调试过程中排除输入和编辑过程中出现的错误，将Keil的输出设置为生成hex文件，源程序通过编译后，将hex文件加载到Proteus仿真电路中，在仿真环境中按下 ▶ 键，进入仿真运行状态。仿真结果如图1-56所示。

按下按键后，LED指示灯点亮。否则指示灯不亮。

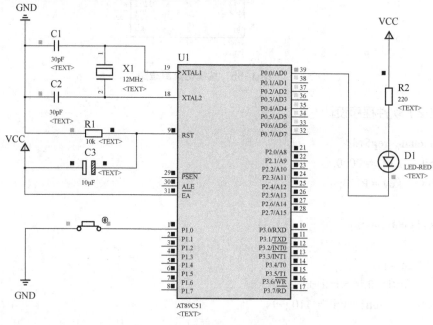

图1-56 独立键盘点灯仿真图

任务1.5 按键控制LED流水灯的设计与实现

1.5.1 任务与计划

LED电子彩灯的工作任务要求：采用按键触发电子彩灯的运行，设计制作LED电子彩灯，能够对彩灯的花样和速度进行设定控制。8只LED电子彩灯，首先是8只灯全部闪亮，闪亮次数 4 次；然后循环点亮这 8 只彩灯，先左移循环点亮，再右移循环点亮，然后有 5 种设定花式，可循环重复以上花样形成 LED 广告彩灯，LED 闪烁点亮和熄灭时间为 0.2s。

工作计划：首先进行工作任务分析，根据任务要求，学习 LED 的相关知识，收集单片机控制 LED 灯的相关资料，结合单片机 4 个 I/O 端口功能和使用方法，进行 LED 电子彩灯方案设计，然后进行硬件电路设计、流程图设计和软件程序编写，在完成程序的调试和编译后，进行 LED 电子彩灯的仿真运行，综合电路和程序进行系统调试纠错，运行正常后进行演示评价。

1.5.2 按键控制移位点亮 LED

首先对按键进行检测，当检测到按键按下动作后，单片机的 P1 端口循环点亮 8 只 LED，先右移依次点亮 LED，再左移依次熄灭 LED，然后再左移依次点亮 LED，最后再右移依次熄灭 LED，LED 闪烁点亮和熄灭时间为 100ms。LED 的阳极通过 300Ω 限流电阻连接到+5V 电源上，P1 端口接到 LED 的阴极。P0 端口引脚输出低电平时对应 LED 点亮，输出高电平时对应 LED 熄灭。具体硬件电路如图 1-57 所示。

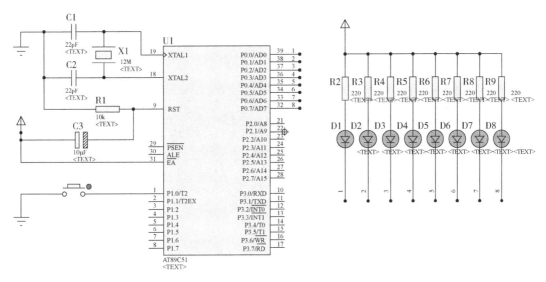

图 1-57 移位点亮 LED 硬件电路图

程序设计采用 C 语言实现 LED 的移位点亮。源程序如下：

```c
#include<reg51.h>
    sbit    LED0 = P0^0;
    sbit    LED1 = P0^1;
    sbit    LED2 = P0^2;
    sbit    LED3 = P0^3;
    sbit    LED4 = P0^4;
    sbit    LED5 = P0^5;
    sbit    LED6 = P0^6;
    sbit    LED7 = P0^7;
```

```c
sbit    key = P1^0;
void delay(int m)
{
    int i, j;
    for(i = 0;i< = m;i++)
        for(j = 0;j< = 110;j++);
}

void main(void)
{
    while(1)
    {
        if(key == 0)
            delay(10);
        if(key == 0)
        {
            //右循环点亮
            LED0 = 0;
            delay(100);
            LED1 = 0;
            delay(100);
            LED2 = 0;
            delay(100);
            LED3 = 0;
            delay(100);
            LED4 = 0;
            delay(100);
            LED5 = 0;
            delay(100);
            LED6 = 0;
            delay(100);
            LED7 = 0;
            //左循环熄灭
            delay(100);
            LED7 = 1;
            delay(100);
            LED6 = 1;
            delay(100);
            LED5 = 1;
            delay(100);
            LED4 = 1;
```

```
        delay(100);
        LED3 = 1;
        delay(100);
        LED2 = 1;
        delay(100);
        LED1 = 1;
        delay(100);
        LED0 = 1;
    //左循环点亮
        delay(100);
        LED7 = 0;
        delay(100);
        LED6 = 0;
        delay(100);
        LED5 = 0;
        delay(100);
        LED4 = 0;
        delay(100);
        LED3 = 0;
        delay(100);
        LED2 = 0;
        delay(100);
        LED1 = 0;
        delay(100);
        LED0 = 0;
    //右循环熄灭
        delay(100);
        LED0 = 1;
        delay(100);
        LED1 = 1;
        delay(100);
        LED2 = 1;
        delay(100);
        LED3 = 1;
         delay(100);
         LED4 = 1;
         delay(100);
         LED5 = 1;
         delay(100);
         LED6 = 1;
         delay(100);
```

```
            LED7 = 1;
         }
      }
}
```

1.5.3 按键控制流水灯软硬件设计

（1）确定设计方案

根据工作任务要求，选用 AT89C51 单片机、按键、时钟电路、复位电路、电源和 8 个 LED 构成最小工作系统，完成对 8 个 LED 流水灯的控制。该系统方案设计框图如图 1-58 所示。

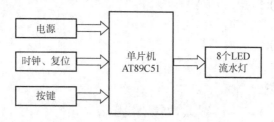

图 1-58 系统方案设计框图

（2）硬件电路设计

根据工作任务和方案设计框图，选择器件的型号和参数，确定硬件电路图。硬件电路原理图如图 1-58 所示。

（3）软件程序设计

1）程序设计流程图

根据工作任务要求，结合方案设计和硬件电路设计，绘制 LED 流水灯程序设计流程图。系统程序设计采用按键触发方式实现 LED 流水灯显示效果，LED 点亮和熄灭时间可调并采用软件延时函数的方式实现。系统主程序参考流程图如图 1-59 所示。

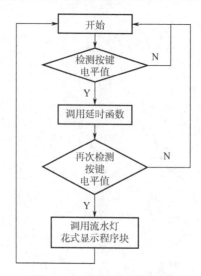

图 1-59 系统主程序流程图

2）C 语言程序代码

首先将花式电子彩灯写成程序块，然后根据花灯的显示过程，依次去调用这些程序块即可。延时程序采用软件延时方式，单片机 $f_{osc}=12MHz$ 的晶振，延时函数 delay 设计如下：

```c
void delay(int m)
{
    int i, j;
    for(i = 0;i< = m;i++)
        for(j = 0;j< = 110;j++);
}
```

移位点亮花灯源程序，通过 for 语句实现移位，其中首先要定义一个显示数组：

```c
unsigned char table[] = {0xFE,0xFD,0xFB,0xF7,0xEF,0xDF,0xBF,0x7F};
int i;
for(i = 0;i< = 7;i++)
{
    P0 = table[i];
    delay(200);
}
```

循环移位点亮花灯源程序，通过 for 语句嵌套实现循环 100 次：

```c
unsigned char table[] = {0xFE,0xFD,0xFB,0xF7,0xEF,0xDF,0xBF,0x7F};
int i, j;
for(j = 0;j< = 100;j++)
    for(i = 0;i< = 7;i++)
    {
        P0 = table[i];
        delay(200);
    }
```

也可以用 for 嵌套语句实现同时闪烁 100 次：

```c
for(i = 0;i< = 100;i++)
{
    P0 = 0x00;
    delay(200);
    P0 = 0xff;
    delay(200);
}
```

1.5.4 调试与仿真运行

（1）调试并运行程序

运用 Keil 开发软件进行源程序的编辑，然后经编译调试后输出 HEX 等目标文件。

（2）Proteus 仿真运行

运用 Proteus 仿真软件绘制硬件电路原理图，将 HEX 文件加载到单片机中。在仿真环境中按下 ▶ 键，进入仿真运行状态。LED 电子彩灯仿真运行效果如图 1-60 所示。

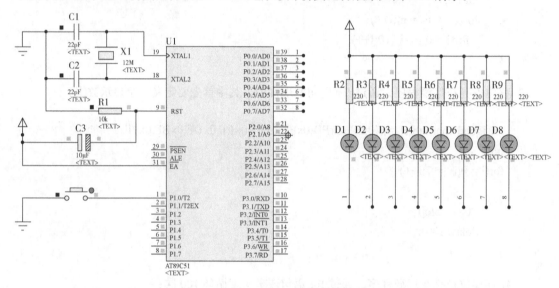

图 1-60　8LED 流水灯仿真运行图

1.5.5 实物制作效果

Proteus 中仿真结果正常后，用实际硬件搭建并调试电路，通过编程器将 HEX 文件下载到 AT89C51 中，实物效果如图 1-61 所示。

图 1-61　LED 实物点亮效果图

拓展任务

矩阵键盘控制的设计与应用

(1) 矩阵键盘检测原理

独立键盘与单片机连接时，每一个按键都需要单片机的一个 I/O 口，如果某单片机系统需要较多按键，用独立按键会占用过多的 I/O 口资源，所以我们引入矩阵键盘。以 4×4 矩阵键盘为例讲解其工作原理和检测方法。将 16 个按键排成 4 行 4 列，将第一行的每个按键一端连接在一起构成第一根行线，将第一列的每个按键的另外一端连接在一起构成第一根列线，用同样的方法将第二、三、四列的按键连接，这样便一共有 4 行 4 列共 8 根线，将这 8 根线连接到单片机的 I/O 口上，通过程序扫描键盘就可以检测 16 个键。用这个方法也可以实现 3×3、5×5、6×6 等键盘的检测。

4×4 矩阵键盘与单片机的连接图如图 1-62 所示。

检测按键是否被按下的依据是检测与该键对应的 I/O 口是否为低电平，对于独立键盘和矩阵键盘都是如此。独立键盘有一端固定为低电平，单片机检测时就比较方便。而矩阵键盘两端都与单片机的 I/O 口相连，因此在检测时需要人为通过单片机 I/O 口送出低电平。

检测时先某一行给某一行送低电平，其余几行全为高电平（这样我们确定了行数），然后立即轮流检测一次各列是否变为低电平，如果检测到某一列为低电平（此时确定了列数），就可以确认当前被按下的键是哪一行哪一列的。用同样的方法轮流给各行送一次低电平，再轮流检测一次各列是否变为低电平，这样即可以检测完所有的按键，当有按键按下时便可以判断出按下的是哪个键。当然也可以将列线置低电平，扫描行线是否有低电平。这就是矩阵键盘检测的原理和方法。

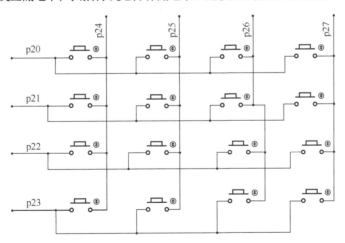

图 1-62 4×4 矩阵键盘与单片机的连接图

(2) 利用矩阵键盘控制 LED 灯

根据上节所述的检测原理，下面进行矩阵键盘控制 LED 灯的软硬件设计。具体要求是：按下矩阵键盘对应的按键分别点亮对应的 LED 灯。首先进行硬件电路设计，如图 1-63 所示，P0、P1 口分别各接 8 盏 LED 灯，利用 P2 口的底 4 位作为矩阵键盘的行检测线，高 4 位作为矩阵键盘的列检测线。

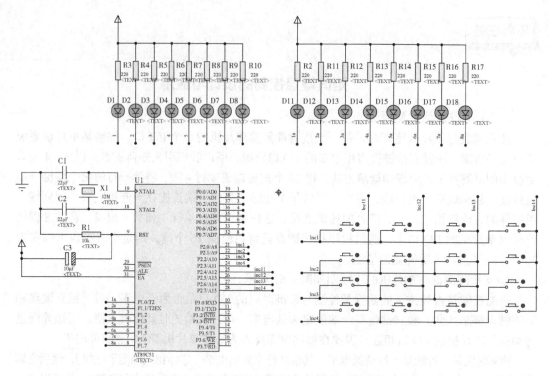

图 1-63 矩阵键盘控制 LED 仿真原理图

Keil 程序设计

根据上一节所述的矩阵键盘扫描原理,当成功检测到某一个按键的按键动作后点亮对应的 LED 灯,一共 16 个按键,对应 16 盏灯。具体程序代码如下:

```
#include<reg51.h>
#define uchar unsigned char
#define uint unsigned int
sbit line1 = P2^0;
sbit line2 = P2^1;
sbit line3 = P2^2;
sbit line4 = P2^3;
sbit col1 = P2^4;
sbit col2 = P2^5;
sbit col3 = P2^6;
sbit col4 = P2^7;
sbit LED1 = P0^0;    sbit LED2 = P0^1;
sbit LED3 = P0^2;    sbit LED4 = P0^3;
sbit LED5 = P0^4;    sbit LED6 = P0^5;
sbit LED7 = P0^6;    sbit LED8 = P0^7;
sbit LED9 = P1^0;    sbit LED10 = P1^1;
sbit LED11 = P1^2;   sbit LED12 = P1^3;
```

```c
sbit LED13 = P1^4;   sbit LED14 = P1^5;
sbit LED15 = P1^6;   sbit LED16 = P1^7;

void delay(uint x);
void delay(uint x)
{
    uint i,j;
    for(i = 0;i<x;i++)
        for(j = 0;j<100;j++);
}

void main()
{
    line1 = 1;
    line2 = 1;
    line3 = 1;
    line4 = 1;
    while(1)
    {
        col1 = 0;
        col2 = 1;
        col3 = 1;
        col4 = 1;
        if(line1 == 0)
        {
            delay(3);
            if(line1 == 0)
            {
                while(!line1);
                P1 = 0xff;
                P0 = 0xff;
                LED1 = 0;
            }
        }
        if(line2 == 0)
        {
            delay(3);
            if(line2 == 0)
            {
                while(!line2);
                P1 = 0xff;
```

```c
            P0 = 0xff;
            LED2 = 0;
        }
    }
    if(line3 == 0)
    {
        delay(3);
        if(line3 == 0)
        {
            while(!line3);
            P1 = 0xff;
            P0 = 0xff;
            LED3 = 0;
        }
    }
    if(line4 == 0)
    {
        delay(3);
        if(line4 == 0)
        {
            while(!line4);
            P1 = 0xff;
            P0 = 0xff;
            LED4 = 0;
        }
    }
//-----------------------------------
    col1 = 1;
    col2 = 0;
    col3 = 1;
    col4 = 1;
    if(line1 == 0)
    {
        delay(3);
        if(line1 == 0)
        {
            while(!line1);
            P1 = 0xff;
            P0 = 0xff;
            LED5 = 0;
        }
```

```
        }
        if(line2 == 0)
        {
            delay(3);
            if(line2 == 0)
            {
                while(!line2);
                P1 = 0xff;
                P0 = 0xff;
                LED6 = 0;
            }
        }
        if(line3 == 0)
        {
            delay(3);
            if(line3 == 0)
            {
                while(!line3);
                P1 = 0xff;
                P0 = 0xff;
                LED7 = 0;
            }
        }
        if(line4 == 0)
        {
            delay(3);
            if(line4 == 0)
            {
                while(!line4);
                P1 = 0xff;
                P0 = 0xff;
                LED8 = 0;
            }
        }
//-------------------------------------------
        col1 = 1;
        col2 = 1;
        col3 = 0;
        col4 = 1;
        if(line1 == 0)
        {
```

```c
        delay(3);
        if(line1 == 0)
          {
             while(!line1);
             P1 = 0xff;
             P0 = 0xff;
             LED9 = 0;
          }
    }
         if(line2 == 0)
    {
      delay(3);
      if(line2 == 0)
        {
           while(!line2);
           P1 = 0xff;
           P0 = 0xff;
           LED10 = 0;
        }
    }
         if(line3 == 0)
    {
      delay(3);
      if(line3 == 0)
        {
           while(!line3);
           P1 = 0xff;
           P0 = 0xff;
           LED11 = 0;
        }
    }
    if(line4 == 0)
    {
        delay(3);
        if(line4 == 0)
         {
             while(!line4);
             P1 = 0xff;
             P0 = 0xff;
             LED12 = 0;
         }
```

```
        }
//-------------------------------------
        col1 = 1;
        col2 = 1;
        col3 = 1;
        col4 = 0;
        if(line1 == 0)
        {
            delay(3);
            if(line1 == 0)
            {
                while(!line1);
                P1 = 0xff;
                P0 = 0xff;
                LED13 = 0;
            }
        }
        if(line2 == 0)
        {
            delay(3);
            if(line2 == 0)
            {
                while(!line2);
                P1 = 0xff;
                P0 = 0xff;
                LED14 = 0;
            }
        }
        if(line3 == 0)
        {
            delay(3);
            if(line3 == 0)
            {
                while(!line3);
                P1 = 0xff;
                P0 = 0xff;
                LED15 = 0;
            }
        }
        if(line4 == 0)
        {
```

```
            delay(3);
            if(line4 == 0)
            {
                while(!line4);
                P1 = 0xff;
                P0 = 0xff;
                LED16 = 0;
            }
        }
    }
}
```

总结与思考

总结

单片机就是把CPU、RAM（数据存储器）、ROM(程序存储器)、定时器/计数器和输入/输出接口等部件都集成在一个电路芯片上的微型计算机，有些单片机还集成了A/D和D/A转换电路、PWM电路和串行总线接口等其它功能部件。单片机的应用领域几乎无所不至，无论是工业制造、交通运输、通信设备和家用电器等领域，到处都有它的身影。

单片机的存储器从物理上可分为四个部分，即：片内程序存储器和片外程序存储器以及片内数据存储器和片外数据存储器。从操作的角度，即逻辑上8051划分为3个存储器地址空间：程序(片内、片外)统一编址的64KB程序存储器（ROM）地址空间，256B的内部数据存储器（RAM）地址空间和64KB的外部数据存储器(RAM)地址空间。

Keil μvision 软件是一款可用于MCS-51系列单片机的集成开发环境，它集编辑、编译、调试等于一体。它可以完成项目的建立、源程序编辑、编译、目标代码生成和软件仿真等完整的开发流程。Proteus 软件是最适用的MCS-51系列单片机仿真软件工具之一，能完成单片机应用系统从原理图设计、电路调试仿真、测试与功能验证的全过程。

通过单片机简单系统的构建以及单片机汇编语言的学习应用，以掌握单片机应用开发的基本步骤和能力。

拓展思考

1.分别在 Keil 和 Proteus 的开发与仿真环境中，测试 LED 点亮和熄灭的时间。
2.设计制作模拟广告灯，利用单片机的并行 I/O 端口输出控制 16 个 LED，利用循环结构程序和查表的方式使其输出五种以上广告灯效果。

1. 单片机最小系统的基本配置有哪些电路？各起到什么作用？
2. 简述使用 Keilμvision5 软件进行项目开发的基本步骤。
3. 设单片机晶振频率为 12MHz，求振荡周期、状态周期、机器周期各为多少？
4. 从用户使用的角度看，8051 单片机有几个存储空间？指令中各用什么助记符？寻址范围各为多少？
5. 8051 单片机片内 RAM 的容量有多少？可分为几个区？叙述各区的寻址方式。
6. 简述 MCS-51 单片机片上外设有哪些，分别具有哪些应用。
7. 简述 PROTEUS 软件的仿真原理图的绘制方法。
8. 单片机晶振频率为 12MHz，编程实现软件延时 20ms 程序。
9. 给出 LED 流水灯电路中限流电阻计算方法，简述限流电阻的取值和哪些因素有关。
10. 简述 C 语言程序设计的一般步骤。

项目 2
电子钟的设计与制作

项目任务描述

电子钟在日常生活中有广泛的应用，本项目的工作任务是采用单片机来设计一个 LED 电子钟，通过 LED 数码管实现时间的显示。从单片机的中断系统开始本项目的学习和工作，通过学习单片机的中断系统以及单片机定时器/计数器的工作方式，设计并制作简易方波发生器；通过认识 LED 显示器，能够设计并制作简易计时器；通过认识单片机 C 语言，学会利用 C 语言完成电子秒表的设计；通过学习 LED 的静态、动态显示方式，完成简易 LED 广告牌和电子密码锁的设计。在收集 LED 电子钟的相关资讯的基础上，进行单片机 LED 电子钟的任务分析和计划制定、硬件电路和软件程序的设计，完成单片机 LED 电子钟的制作调试和运行演示，并完成工作任务实现情况的评价。

学习目标

① 掌握单片机定时器/计数器和中断系统原理及其应用；
② 掌握 LED 显示器的动态扫描显示方法；
③ 掌握单片机 C 语言程序设计基本方法；
④ 能进行简易方波发生器的设计；
⑤ 能进行简易计时器的设计；
⑥ 能利用 C 语言完成电子秒表的程序设计；
⑦ 能进行简易 LED 广告牌及电子密码锁的设计；
⑧ 能按照设计任务书要求，完成 LED 电子钟的设计调试与制作。

学习与工作内容

本项目按照工作任务书的要求，工作任务书见表 2-1，学习单片机的中断系统、定时器/

计数器的工作方式、LED 显示器以及单片机 C 语言程序设计的相关知识，查阅收集资料，制定工作方案和计划，完成 LED 电子钟的设计与制作，需要完成以下工作任务。

① 掌握单片机的中断系统以及定时器/计数器，学习中断程序设计方法，学习单片机定时器/计数器的工作方式；

② 学习 LED 显示器及其显示方式；

③ 认识单片机 C 语言，学习 C 语言程序设计；

④ 划分工作小组，以小组为单位开展简易方波发生器、简易计时器、电子秒表、简易 LED 显示牌、密码锁以及 LED 电子钟设计与制作的工作；

⑤ 根据设计任务书的要求，查阅收集相关资料，制定完成任务的方案和计划；

⑥ 根据设计任务书的要求，设计出 LED 电子钟的硬件电路图；

⑦ 根据任务要求和电路图，整理出所需要的器件和工具仪器清单；

⑧ 根据 LED 电子钟要求和硬件电路原理图，绘制程序流程图；

⑨ 根据 LED 电子钟功能要求和程序流程图，编写软件源程序并进行编译调试；

⑩ 进行软硬件的调试和仿真运行，电路的安装制作，演示汇报；

⑪ 进行工作任务的学业评价，完成工作任务的设计制作报告。

表2-1　LED电子钟设计制作任务书

设计制作任务	采用单片机控制方式，设计制作LED电子钟，通过LED显示器实现时间的实时显示
LED电子钟功能要求	程序设计采用中断方式，能够进行时间调整，通过LED显示器实时显示6位时间数值：时、分、秒
工具	1.单片机开发和电路设计仿真软件：Keil μVision软件，Proteus软件 2.PC机及软件程序，示波器，万用表，电烙铁，装配工具
材料	元器件（套），焊料，焊剂

学业评价

本项目学业考核评价结果是根据工作任务的完成过程进行评判的，注重学习和工作过程的考核评价，依据完成任务中实际的学习和工作过程分为10个评分项目，根据各项目主要完成主体的不同，分别对个人和小组进行考核评价，考核评价表如表2-2所示。

表2-2　项目2考核评价表

组别		第一组			第二组			第三组		
项目名称	分值	学生A	学生B	学生C	学生D	学生E	学生F	学生G	学生H	学生I
单片机中断系统学习	5									
单片机定时器/计数器学习	10									
LED显示器的学习	5									
单片机C语言的学习	10									
LED电子钟硬件电路设计	10									
LED电子钟软件程序设计	15									

续表

组别		第一组			第二组			第三组		
项目名称	分值	学生A	学生B	学生C	学生D	学生E	学生F	学生G	学生H	学生I
调试仿真	5									
安装制作	10									
设计制作报告	15									
团队及合作能力	15									

任务2.1　单片机的中断系统

单片机的中断系统

2.1.1　什么是单片机的中断

（1）中断的概念

单片机在执行程序的过程中，由于某种随机而又必须紧急处理的事件的出现，暂时中断当前程序的执行而转去执行需要急办的处理程序，待处理程序执行完毕后，再继续执行原来被中断的程序。这个过程叫作"中断"。

在日常生活中，"中断"的现象也比较普遍。比如，小李正在家中打扫卫生，突然电话铃响了，小李立即停止打扫卫生，转身去接电话，接完电话，回头继续打扫卫生。在这里接电话就是随机而又紧急的事件，必须要去处理。

"中断"之后所执行的相应的处理程序通常被称为中断服务子程序，原来正常运行的程序称为主程序。主程序被断开的位置（或地址）称为"断点"。引起中断的原因，或能发出中断申请的来源，被称为"中断源"。中断源要求服务的请求被称为"中断请求"（或中断申请）。中断过程的示意如图2-1所示。

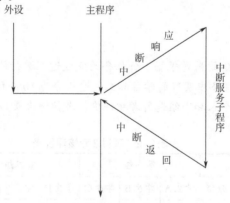

图2-1　中断过程示意图

（2）中断的特点

1）实现分时操作

数据传送时，慢速的外设远远跟不上高速的CPU的节拍，中断可以解决高速的CPU与慢速的外设之间的矛盾，使CPU可以与外设同时并行工作，实现分时操作。只有外设向CPU发出中断请求时，才转而为之服务，从而大大提高了CPU的利用率。

2）实现实时处理

在实时控制中，现场的各种参数、信息均随时间和环境而变化。这些外界变量可根据要求随时向 CPU 发出中断申请，请求 CPU 及时处理，如中断条件满足，CPU 及时响应，进行相应处理，从而实现实时处理。

3）进行故障处理

针对难以预料的情况，如掉电、出错故障等，可由故障源向 CPU 发出中断请求，再由 CPU 转到相应的故障处理程序进行处理，提高了计算机系统本身的可靠性。

2.1.2 单片机中断的应用

（1）MCS-51中断系统的结构

MCS-51 中断系统的结构框图如图 2-2 所示。

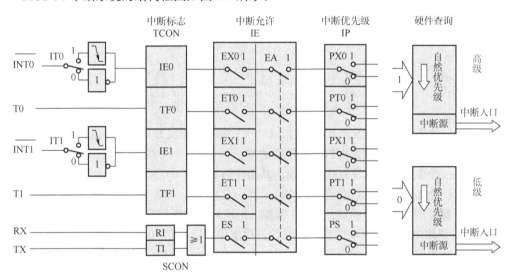

图 2-2 中断系统结构框图

由图可知，MCS-51 单片机的中断系统涉及 5 个中断源、4 个与中断相关的特殊功能寄存器以及硬件查询电路。其中，5 个中断源分别是外部中断 0 请求 INT0、外部中断 1 请求 INT1、定时器 T0 溢出中断请求 TF0、定时器 T1 溢出中断请求 TF1 和串行中断请求 RI 或 TI。4 个特殊功能寄存器分别为定时/计数器控制寄存器 TCON、串行口控制寄存器 SCON、中断允许控制寄存器 IE 和中断优先级控制寄存器 IP。硬件查询电路和中断优先级控制寄存器共同决定 5 个中断源的自然优先级别。

（2）单片机中断源

MCS-51 单片机的 5 个中断源中，有 2 个外部中断，其余均为内部中断。这些中断源可分为三类：外部中断源、定时器溢出中断源和串行口中断源。

1）外部中断源

① INT0：外部中断 0 中断请求，由 P3.2 引脚输入。由 IT0 位决定中断请求信号是低电平有效还是下降沿有效。一旦输入信号有效，即向 CPU 申请中断，并且硬件自动使 IE0 置 1。

② INT1：外部中断 1 中断请求，由 P3.3 引脚输入。由 IT1 位决定中断请求信号是低电平有效还是下降沿有效。一旦输入信号有效，即向 CPU 申请中断，并且硬件自动使 IE1 置 1。

2）定时器溢出中断源

① TF0：定时器 T0 溢出中断请求。当定时器 T0 产生溢出时，定时器 T0 中断请求标志位 TF0 置位（由硬件自动执行），请求中断请求。

② TF1：定时器 T1 溢出中断请求。当定时器 T1 产生溢出时，定时器 T1 中断请求标志位 TF1 置位（由硬件自动执行），请求中断请求。

3）串行口中断源

TI 或 RI：串行口中断请求，为接收或发送串行数据而设置。当串行口完成一帧发送或接收时，内部串行口中断请求标志 TI 或 RI 置位（由硬件自动执行），请求中断处理。

（3）中断系统的特殊功能寄存器

1）定时器控制寄存器 TCON

定时器控制寄存器 TCON 的作用是控制定时器的启动与停止，同时保存 T0、T1 的溢出中断标志和外部中断 $\overline{INT0}$、$\overline{INT1}$ 的中断标志等。定时器控制寄存器（TCON）的地址为 88H，位地址为 88H～8FH，其格式如下：

TCON (88H)	8FH	8EH	8DH	8CH	8BH	8AH	89H	88H
	TF1	TR1	TF0	TR0	IE1	IT1	IE0	IT0

① IT0：外部中断 0 触发方式控制位。IT0 = 1 为脉冲触发方式，下降沿有效；IT0 = 0 为电平触发方式，低电平有效。由软件置位或清零。

② IT1：外部中断 1 触发方式控制位。其功能同 IT0。

③ IE0：外部中断 0 中断请求标志位。

• 对于脉冲触发方式，检测到 INT0 引脚上出现外部中断信号的下降沿时，由硬件置位，使 IE0 = 1，请求中断；中断响应后，由硬件自动清除，使 IE0 = 0。

• 对于电平触发方式，检测到 INT0 引脚上有效的低电平信号时，置位 IE0 = 1，请求中断；但是，中断响应后硬件不会清除此标志，仍保持 IE0 = 1。因此，用户应在中断服务程序中撤销 INT0 引脚上的低电平，以免 CPU 在中断返回后再次响应，引起一次请求，多次响应。

① IE1：外部中断 1 中断请求标志位。其功能同 IE0。

② TR0：T0 启/停控制位。该位通过软件置 1 或清 0 控制 T0 的启动或停止。

③ TR1：T1 启/停控制位。其功能同 TR0。

④ TF0：T0 溢出标志位。定时器 0 启动计数后，从初值开始进行加 1 计数，计数溢出后由硬件置位 TF0，同时向 CPU 发出中断请求，此标志一直保持到 CPU 响应中断。之后才由硬件自动清 0。也可由软件查询该标志，并由软件清 0。

⑤ TF1：T1 溢出标志位。其功能同 TF0。

2）串行口控制寄存器 SCON

串行口控制寄存器 SCON 的低两位(TI 和 RI)是串行口的发送中断标志和接收中断标志。SCON 的地址为 98H，位地址为 98H～9FH，其格式如下。

SCON (98H)	9FH	9EH	9DH	9CH	9BH	9AH	99H	98H
	SM0	SM1	SM2	REN	TB8	TB9	TI	RI

① RI：串行接收中断标志位。串行口每接收完一帧串行数据，置位接收中断标志，

使 RI = 1。CPU 响应中断后，硬件不会自动清除中断标志位 RI，必须由软件来清除。

② TI：串行发送中断标志位。串行口每发送完一帧串行数据，置位发送中断标志，使 TI = 1。CPU 响应中断后，硬件同样不会自动清除中断标志位 RI，必须由软件来清除。

3）中断允许寄存器 IE

计算机中断系统有两种不同类型的中断：非屏蔽中断和可屏蔽中断。对可屏蔽中断，用户可以用软件方法来控制是否允许某中断源的中断。允许中断称中断开放，不允许中断称中断屏蔽。MCS-51 系列单片机的 5 个中断源都是可屏蔽中断，中断允许寄存器 IE 负责控制各中断源的开放或屏蔽。

中断允许寄存器 IE 的地址为 0A8H，位地址为 0A8H～0AFH，其格式如下。

IE (A8H)	AFH	AEH	ADH	ACH	ABH	AAH	A9H	A8H
	EA	—	—	ES	ET1	EX1	ET0	EX0

① EA：总中断允许控制位。EA = 1，开放所有中断，各中断源的允许和禁止可通过相应的中断允许位单独加以控制；EA = 0，禁止所有中断。

② ES：串行口中断允许位。ES = 1，允许串行口中断；ES = 0，禁止串行口中断。

③ ET1：定时器 T1 中断允许位。ET1 = 1，允许 T1 中断；ET1 = 0，禁止 T1 中断。

④ EX1：外部中断 1（INT1）中断允许位。EX1 = 1，允许外部中断 1 中断；EX1 = 0，禁止外部中断 1 中断。

⑤ ET0：定时器 T0 中断允许位。ET0 = 1，允许 T0 中断；ET0 = 0，禁止 T0 中断。

⑥ EX0：外部中断 0（INT0）中断允许位。EX0 = 1，允许外部中断 0 中断；EX0 = 0，禁止外部中断 0 中断。

4）中断优先级寄存器 IP

MCS-51 单片机中断系统设立了两级优先级——高优先级和低优先级。每个中断源均可以通过软件对中断优先级寄存器 IP 进行设置，编程确定其中断优先级，以对所有中断实现两级中断嵌套。

中断优先级寄存器 IP 的地址为 0B8H，位地址为 0B8H～0BFH，其格式如下：

IP (B8H)	BFH	BEH	BDH	BCH	BBH	BAH	B9H	B8H
	—	—	—	PS	PT1	PX1	PT0	PX0

① PS：串行口中断优先级控制位。PS = 1，设置串行口为高优先级中断；PS = 0，设置串行口为低优先级中断。

② PT1：定时器 T1 中断优先级控制位。PT1 = 1，设置定时器 T1 中断为高优先级中断；PT1 = 0，设置定时器 T1 中断为低优先级中断。

③ PX1：外部中断 1（INT1）中断优先级控制位。PX1 = 1，设置外部中断 1 为高优先级中断；PX1 = 0，设置外部中断 1 为低优先级中断。

④ PT0：定时器 T0 中断优先级控制位。PT0 = 1，设置定时器 T0 中断为高优先级中断；PT0 = 0，设置定时器 T0 中断为低优先级中断。

⑤ PX0：外部中断 0（INT0）中断优先级控制位。PX0 = 1，设置外部中断 0 为高优先级中断；PX0 = 0，设置外部中断 0 为低优先级中断。

中断源具体优先级的设置可根据 CPU 处理的所有中断源轻重缓急的顺序来确定。CPU 总是响应优先级最高的中断请求，只有优先级高的中断处理结束后才会响应优先级低的中断。CPU 对中断优先级的判定原则为：

①正在执行的低优先级中断服务程序能被高优先级中断请求中断，实现中断嵌套；

②正在执行的高优先级中断服务程序不能被同级或者低级中断请求所中断；

③对于同一优先级并发中断请求，由内部硬件查询逻辑按自然优先级确定响应次序。自然优先级顺序由硬件形成，其排列顺序如表 2-3 所示。

表 2-3　自然优先级排列顺序

中断源	自然优先级次序
外部中断 0	最高级
定时器 T0 中断	↓
外部中断 1	
定时器 T1 中断	最低级
串行口中断	

（4）中断处理过程

一个完整的中断处理过程可分为三个阶段：中断响应、中断处理、中断返回。

1）中断响应

中断响应是 CPU 对中断源发出的中断请求进行响应，包括保护断点和程序转向中断服务程序的入口地址。

• 中断响应条件

CPU 并非在任何时刻都响应中断请求，而是在条件满足之后才会响应。中断响应的条件是：

① 有中断源发出中断请求；

② 中断总允许位 EA = 1；

③ 申请中断的中断源的中断允许位为 1。

满足以上基本条件，CPU 一般会响应中断，但遇到下列任一种情况，中断响应将受到阻断：

① 同级或高优先级的中断正在进行中；

② 当前指令未执行完；

③ 正在执行 RETI 指令或访问专用 IE 和 IP 的指令。

CPU 在执行程序过程中，在每个机器周期的 S5P2 期间，会对各个中断源进行采样，找到所有已触发的中断请求，并按照优先级和同级的优先权排好队。在下一机器周期，只要不受阻断，CPU 将按中断优先级进行中断处理。

同子程序一样，中断也是可以嵌套的。当 CPU 正在处理某一中断时，若有优先权高的中断源发出中断请求，则 CPU 会暂停正在处理的中断服务程序，保留这个程序的断点（类似于子程序嵌套），响应高级中断，待高级中断处理结束后，再继续执行原中断服务程序，这个过程称为中断嵌套，其示意图如图 2-3 所示。如果发出新的中断请求的中断源的优先级与正在处理的中断源同级或更低时，CPU 不会响应这个中断请求，直至正在处理的中断服务程序执行完以后才能去响应新的中断请求。

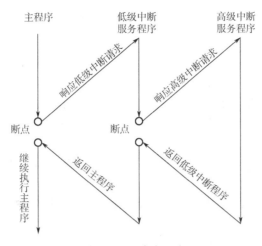

图 2-3 中断嵌套示意图

- 中断响应过程

在满足中断响应条件时，CPU 响应中断，CPU 响应中断的过程如下：

① 将相应的优先级状态触发器置 1，以阻断后来的同级和低级的中断请求。

② 清零中断源中断请求标志，如 TF0、TF1 及下降沿触发的外部中断 IE0、IE1。

③ 中断系统通过硬件自动生成长调用指令（LCALL），将断点地址压入堆栈保护，同时将中断源对应的中断服务程序的入口地址装入程序计数器 PC，使程序转向该中断入口地址，执行中断服务程序。MCS-51 各中断源的中断服务程序入口地址是固定的，具体如表 2-4 所示。

表 2-4　MCS-51 各中断源的中断服务程序入口地址

中断源	入口地址	中断源	入口地址
外部中断 0	0003H	定时器 T1	001BH
定时器 T0	000BH	串行口中断	0023H
外部中断 1	0013H		

2）中断处理

中断处理就是执行中断服务程序。中断服务程序从中断入口地址开始执行，到中断返回指令（RETI）为止，一般包括保护现场、完成中断源请求的服务以及恢复现场三部分内容。

通常，主程序和中断服务程序都会用到累加器 A、程序状态字 PSW 及其他一些寄存器，CPU 执行中断服务程序时，若用到上述寄存器，会破坏原先存储在这些寄存器中的内容，一旦中断返回，将会造成主程序的混乱。因此，在进入中断服务程序后，一般要先保护现场，然后执行中断服务程序，在返回主程序之前，再恢复现场。

编写中断服务程序时需注意以下几点：

① 各中断源中断入口地址之间只相隔 8 个字节，容纳不下普通的中断服务程序，因此，在中断入口地址处存放一条无条件转移指令，将中断服务程序转至存储器的其他空间；

② 若要在执行当前中断服务程序时，禁止其他更高优先级的中断请求，应先用软件关闭 CPU 中断或者禁止更高优先级的中断，在中断返回前再开放中断；

③ 在保护现场和恢复现场时，为了不使现场数据受到破坏或造成混乱，一般规定此时

CPU 不再响应新的中断请求。因此,在保护现场之前要关中断,在保护现场之后再开中断;同样在恢复现场之前关中断,在恢复中断之后开中断。

3)中断返回

中断返回是指中断服务完后,CPU 返回原来程序的断点,继续执行原来的程序。中断返回由中断返回指令 RETI 来实现。该指令的功能是把断点地址从堆栈中弹出,送回到程序计数器 PC。此外,还通知中断系统已完成中断处理,并同时清除优先级状态触发器。

4)中断请求的撤销

CPU 响应中断请求后进入中断服务程序,在中断返回前,必须撤销中断请求,否则会重复引起中断。中断请求的撤销有以下几种情况:

① 对于定时器 T0 或 T1 溢出中断与下降沿触发的外中断,CPU 在响应中断后,会由硬件自动清除其中断标志位 TF0 或 TF1 与 IE0 或 IE1,无需采取其他措施;

② 对于串行口中断,CPU 在响应中断后,硬件不能自动清除中断请求标志位 TI、RI,必须在中断服务程序中用软件将其清除;

③ 对于电平触发的外部中断,CPU 在响应中断后,无法对自己的引脚 INT0 和 INT1 进行控制,也不能用软件将其中断请求标志位 IE0 或 IE1 清除,因此,只有通过硬件再配合相应软件才能解决这个问题。一种可行的电路方案如图 2-4 所示。

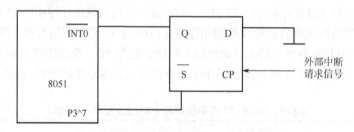

图 2-4 电平触发外中断请求的撤销电路

由图 2-4 可知,外部中断请求信号不直接加在 INT0 引脚上,而是加在 D 触发器的 CP 端。触发器 D 端接地,当外部中断请求的正脉冲信号出现在 CP 端时,Q 端输出为 0,INT0 为低,从而向单片机发出中断请求。CPU 响应中断后,利用 P3^7 作为应答信号线,当 CPU 响应中断后,可在中断服务程序中采用以下两条指令撤销外部中断请求:

P3^7 = 0;使 D 触发器 Q 端置 1,撤销中断请求

P3^7 = 1;使 D 触发器 S 端得置 1 信号,使以后的请求信号仍能通过

5)中断系统的编程

在中断服务程序编程时,首先要对中断系统进行初始化,也就是对几个特殊功能寄存器的相关控制位进行设置。具体来说,需要完成下列工作:

① 开放 CPU 总中断和允许有关中断源中断;

② 确定各中断源的优先级。若外部中断,还应规定是电平触发还是脉冲触发;

③ 根据保护现场的需要设置堆栈指针 SP。

例【1】若规定外部中断 0 为电平触发方式,低优先级,试编写中断初始化程序。解:一般采用位操作指令实现。中断初始化程序如下:

EA = 1; 开总中断
EX0 = 1; 使能外部中断 0

PX0 = 0; 外部中断 0 定义为低优先级
IT0 = 0; 电平触发中断

任务2.2　认识单片机的计数器/定时器

2.2.1　单片机的定时器/计数器

(1) 定时器/计数器的结构框图

8051 单片机内部有两个 16 位的可编程定时器/计数器，称为定时器 0（T0）和定时器 1（T1），可编程选择作为定时器或计数器用。此外，工作方式、定时时间、计数值、启动、中断请求等都可以由程序设定。8051 单片机定时器/计数器的逻辑结构框图如图 2-5 所示。

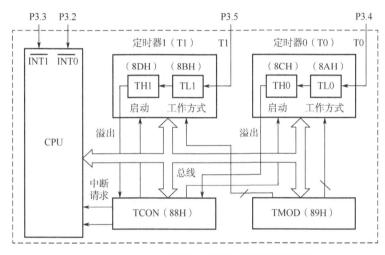

图 2-5　8051 单片机定时器/计数器结构框图

由图 2-5 可知，8051 单片机定时器/计数器由定时器 T0、定时器 T1、定时器工作方式寄存器 TMOD 和定时器控制寄存器 TCON 组成。T0、T1 是 16 位计数器，分别由两个 8 位寄存器组成，即 T0 由 TH0 和 TL0 构成，T1 由 TH1 和 TH0 构成。

T0、T1 是 16 位加法计数器，分别由两个 8 位专用寄存器组成：T0 由 TH0（8CH）和 TL0（8AH）构成，T1 由 TH1（8DH）和 TL1（8BH）构成，每个定时器中的寄存器均可单独访问。T0、T1 用于存放定时或计数的初始设定值。

TMOD（89H）控制定时器的工作方式，TCON（88H）控制定时器的启动和停止计数，同时管理定时器的溢出标志等。CPU 与 TMOD、TCON 与 T0、T1 之间通过内部总线及逻辑电路连接。

(2) 定时器/计数器的工作原理

每个定时器都可以由软件编程设置为定时方式或计数方式。设置为定时方式时，对内部机器周期脉冲计数，每经过一个机器周期脉冲，计数器加 1，直至计数器由全 1 再加 1 而变为全 0 计满溢出为止，即对机器周期数进行统计。由此可见，计数器每加 1 代表 1 个机器周期的时间长短，因此，定时器的定时时间与机器周期有关。一个机器周期由 12 个振荡周期组成，

则机器周期 T_c 为

$$T_c = 12 \times (1/f_{osc}) = 12/f_{osc} \tag{2-1}$$

若单片机系统晶振为 12MHz，则机器周期 $T_c = 1\mu s$。对于计数值为 1 的定时时间而言，就是最短的定时时间。随着计数值 C 增加，定时时间 t 也以机器周期为单位成倍增加，定时时间 t 等于计数值 C 乘以机器周期 T_c，即

$$t = C \times T_c \tag{2-2}$$

定时器工作前预置在加 1 计数器的值称为计数初值 C_0，又称为时间常数。而定时器中的加 1 计数器实际所计的脉冲个数称为计数值 C，两者以计数器的模 M 为互补，即

$$C = M - C_0 \tag{2-3}$$

显然，预置的计数初值越小，计数值 C 就越大，则定时时间 t 也越大。综合上面三个式子，可得定时时间 t 为

$$t = (M - C_0) \times T_c = (M - C_0) \times 12/f_{osc} \tag{2-4}$$

定时器设置为计数工作方式时，计数器对来自输入引脚 T0（P3.4）和 T1（P3.5）的外部脉冲信号计数，每输入一个脉冲下降沿，加法计数器加 1。在每个机器周期的 S5P2 期间采样引脚输入电平，若前一个机器周期采样值为 1，后一个机器周期采样值为 0，则计数器加 1。新的计数值是在检测到输入引脚电平发生 1 到 0 的负跳变后，于下一个机器周期的 S3P1 期间装入计数器中的。可见，检测一个由 1 到 0 的负跳变需要两个机器周期。所以，最高检测频率为振荡频率的 1/24。计数器对外部输入信号的占空比没有特别的限制，但必须保证输入信号的高电平与低电平的持续时间在一个机器周期以上。

当设置了定时器工作方式并启动定时器工作后，定时器将按被设定的工作方式独立工作，不再占用 CPU 的时间，只有在计数器计满溢出时，才可能中断 CPU 当前的操作。

(3) 定时器/计数器的工作方式寄存器和控制寄存器

1) 工作方式寄存器 TMOD

定时器的工作方式寄存器 TMOD 为 8 位寄存器，通过用户编程写入方式控制字来控制定时器的工作方式。TMOD 的格式如下：

TMOD	D7	D6	D5	D4	D3	D2	D1	D0
(89H)	GATE	C/$\overline{T}$	M1	M0	GATE	C/$\overline{T}$	M1	M0
	定时器1				定时器0			

TMOD 不能位寻址，只能用字节指令设置定时器工作方式，高 4 位定义 T1，低 4 位定义 T0，对应位的含义是相同的，下面就以 T0 的参数来说明。

① M1 和 M0：工作方式控制位。其二进制的 4 个组合可以确定定时器的 4 种工作模式，具体如表 2-5 所示。

表2-5 定时器工作方式选择

M1 M0	工作方式	功能说明
00	方式 0	13 位定时器/计数器
01	方式 1	16 位定时器/计数器
10	方式 2	8 位自动重装载定时器/计数器
11	方式 3	T0 分成两个 8 位定时器/计数器，T1 停止计数

② C/T：功能选择位。C/T = 0 时，设置为定时器工作方式；C/T = 1 时，设置为计数器工作方式。

③ GATE：门控位。当 GATE = 0 时，只要 TCON 中的 TR0 置 1 即可启动定时器；当 GATE = 1 时，只有使 TCON 中的 TR0 置 1 且外部中断 INT0（P3.2）引脚输入高电平时，才能启动定时器 T0。一般使用时 GATE = 0 即可。

2）控制寄存器 TCON

TCON 作用是控制定时器的工作启停和溢出标志位。TCON 可位寻址，其格式如下：

TCON (88H)	8FH	8EH	8DH	8CH	8BH	8AH	89H	88H
	TF1	TR1	TF0	TR0	IE1	IT1	IE0	IT0

TCON 中的低 4 位用于控制外部中断，与定时器/计数器无关，在中断系统章节中详细介绍过，这里不再赘述。高 4 位分别用于 T1 和 T0 的运行控制，对应位的含义是相同的，下面以 T0 的参数来说明。

① TR0：T0 启/停控制位。由软件置 1 或清 0 控制 T0 的启动或停止。当 GATE = 1，且 INT0 为高电平时，TR0 置 1 启动 T0；当 GATE = 0，TR0 置 1 即可启动 T0；

② TF0：T0 溢出标志位。定时器 T0 启动计数后，从初值开始进行加 1 计数，计数溢出后由内部硬件自动对 TF0 置 1，同时向 CPU 发出中断请求；当 CPU 响应中断后，由内部硬件自动对 TF0 清零。T0 工作时，CPU 可随时查询 TF0 的状态，所以，采用查询方式时，TF0 可用作查询测试位。TF0 也可用软件置 1 或清零。

3）定时器/计数器的初始化

由于定时器/计数器的功能是由软件编程确定的，所以，一般在使用定时器/计数器前都要对其进行初始化。初始化步骤如下：

① 确定定时器/计数器的工作方式——确定方式控制字，并写入 TMOD 寄存器。

② 预置计数初值——根据定时时间 t 或计数个数 C，计算计数初值 C_0，并将其写入 TH0、TL0 或 TH1、TL1。

计数初值 C_0 可按式（2-3）、式（2-4）推得

计数方式：

$$C_0 = M - C = 2^k - C \tag{2-5}$$

定时方式：

$$C_0 = M - C = M - t/T_c = 2^k - tf_{osc}/12 \tag{2-6}$$

其中，k 为计数器的位数，不同工作方式下 k 与计数器的模 M 的关系如表 2-6 所示。

表 2-6 不同工作方式下的计数器位数与模值

工作方式	计数器位数 k	计数器的模 M	计数器的十六进制模
方式 0	13	$2^{13} = 8192$	2000H
方式 1	16	$2^{16} = 65536$	10000H
方式 2	8	$2^8 = 256$	0100H
方式 3	8	$2^8 = 256$	0100H

③ 根据需要开启定时器/计数器中断——直接中断允许寄存器 IE 赋值。
④ 启动定时器/计数器工作——将 TR0 或 TR1 置 "1"。GATE = 0 时，直接由软件置位启动；GATE = 1 时，除软件置位外，还须在外中断引脚处加相应电平值才能启动。

2.2.2 定时器/计数器的工作方式

定时器/计数器不管是工作在定时方式还是计数方式，都可由 TMOD 的 M1、M0 设定 4 种工作方式。对于方式 0～方式 2，T0 和 T1 的功能是相同的，下面以 T0 为例来说明这 3 种方式，对于方式 3，因两个定时器的工作情况不同，将分别予以说明。

（1）方式 0

当 M1M0 为 00 时，定时器工作于方式 0，由 TL0 的低 5 位（高 3 位未用）和 TH0 高 8 位构成 13 位的计数器，方式 0 时的逻辑结构图如图 2-6 所示。

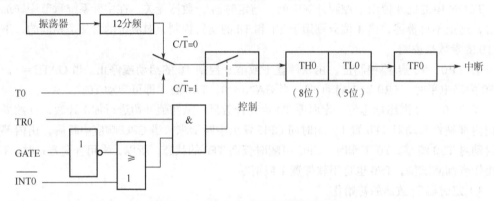

图 2-6　T0 方式 0 时的逻辑结构图

T0 启动后，计数器立即作加 1 计数，TL0 的低 5 位溢出时向 TH0 进位；TH0 溢出时，13 位加法计数器为 0，使中断溢出标志 TF0 置 1，表示定时时间到或计数次数到。若此时 T0 中断是开放的，即 EA = 1 且 ET = 1，将向 CPU 发出中断请求；当 CPU 响应中断后，将转向以 000BH 为入口地址的中断服务程序，硬件将自动使 TF0 = 0。

13 位计数器的模为 2^{13}，将 $M = 2^{13}$ 代入式（2-4），得到方式 0 的定时时间为

$$t = (M-C_0) \times T_c = (2^{13}-C_0) \times 12/f_{osc} \tag{2-7}$$

例【2】若单片机系统晶振频率为 12MHz，要求定时时间为 5ms，试解答：
① 计算 T0 在方式 0 下的 TH0 和 TL0 的计数初值。
② 计算 T0 在方式 0 下的最小定时时间和最大定时时间。

解：①计数初值
已知晶振频率 $f_{osc} = 12\text{MHz}$，定时时间 $t = 5\text{ms} = 5000\mu\text{s}$，则机器周期为：

$$T_c = 12/f_{osc} = 12/(12 \times 10^6) = 1\mu\text{s}$$

计数值为

$$C = t/T_c = 5000\mu\text{s}/1\mu\text{s} = 5000 = 1388\text{H}$$

方式 0 时，计数初值 $C_0 = M-C = 2000\text{H}-1388\text{H} = \text{C78H} = 01100011\ 11000\text{B}$（不足 13 位，高位补 0），将高 8 位写入 TH0，低 5 位写入 TL0，TL0 的高三位补 0，则有 TH0 = 63H，

TL0 = 18H

② 最小定时时间 t_{min} 和最大定时时间 t_{max}

最小定时时间对应最小计数值 $C=1$，则 $t_{min} = C \times T_c = 1 \times 1\mu s = 1\mu s$

最大定时时间对应定时器的最大计数值 $C=M$，即 $t_{max} = 2^{13} \times 1\mu s = 8192\mu s = 8.192ms$

（2）方式1

当 M1M0 为 01 时，定时器工作于方式 1，由 TL0 和 TH0 构成 16 位的计数器，方式 1 时的逻辑结构图如图 2-7 所示。

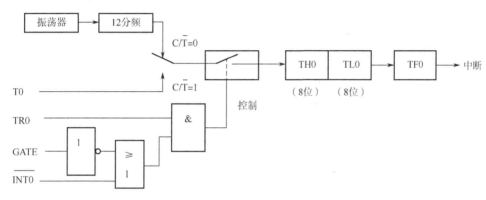

图 2-7　T0 方式 1 时的逻辑结构图

方式 1 与方式 0 的差别在于计数器的位数不同，工作过程基本类似，在此不再赘述。

16 位计数器的模为 2^{16}，将 $M = 2^{16}$ 代入式（2-4），得到方式 1 的定时时间为：

$$t = (M - C_0) \times T_c = (2^{16} - C_0) \times 12/f_{osc} \quad （2-8）$$

（3）方式2

当 M1M0 为 10 时，定时器工作于方式 2，是一个能自动装入初值的 8 位加 1 计数器，方式 2 时的逻辑结构图如图 2-8 所示。

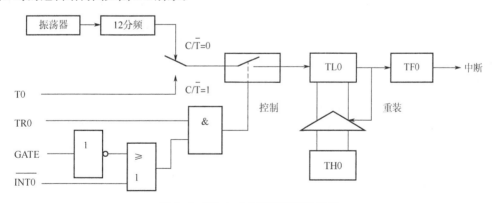

图 2-8　T0 方式 2 时的逻辑结构图

TH0 和 TL0 成为两个相互独立的 8 位计数器，TH0 用于存放计数的初值，此初值需要在初始化编程中预置，在计数过程中将保持不变。TL0 成为一个可以自动重装载初值的 8 位计数器，TL0 计数溢出时，置位溢出标志 TF0，并向 CPU 发出中断请求，而且自动将 TH0 中的初值重新装载到 TL0 中。TL0 从初值开始重新作加 1 计数，如此重复工作，直至 TR0 = 0 才会停止。

定时器工作于方式 2 时，用户程序中无须用指令重装计数初值，所以适用于较精确的定时场合。8 位计数器的模 $M=2^8$，则方式 2 的定时时间为：

$$t=(M-C_0)\times T_c = (2^8-C_0)\times 12/f_{osc} \tag{2-9}$$

（4）方式 3

当 M1M0 为 11 时，定时器工作于方式 3。方式 3 对 T0 和 T1 是不相同的。

T0 工作于方式 3 时，TH0 和 TL0 将成为两个相互独立的 8 位加 1 计数器。其逻辑结构图如图 2-9 所示。

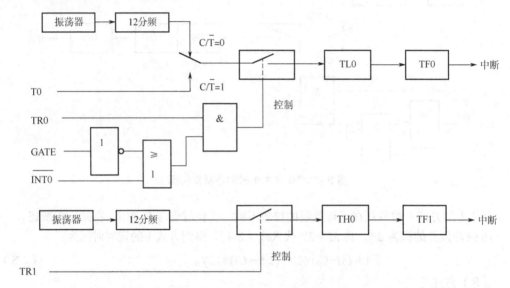

图 2-9 T0 方式 3 时的逻辑结构图

此时，TL0 利用本身的全部控制位，即 C/T、GATE、TR0、TF0 和 T0（P3.4）引脚、INT0（P3.2）引脚。其工作过程与方式 0 类同，可参看方式 0 中的描述，只是作为一个 8 位计数器而有所不同。而 TH0 固定为定时器方式，对机器周期进行计数，运行控制位和溢出标志位借用了 T1 的控制位 TR1 和 TF1，即定时器的启停受 TR1 控制，计数溢出将使 TF1 置 1。方式 3 的定时时间为：

$$t=(M-C_0)\times T_c = (2^8-C_0)\times 12/f_{osc} \tag{2-10}$$

T0 工作于方式 3 时，由于 T1 的 TR1、TF1 被 T0 占用，此时，T1 通常用作串行口波特率发生器，以方式 2 工作。

例【3】单片机系统晶振频率 $f_{osc}=12\text{MHz}$，采用定时器 T1 工作方式 1 实现 1s 延时，试编写 1s 延时程序。

解：晶振频率 $f_{osc}=12\text{MHz}$，T1 工作方式 1 是 16 位计数器，其最大定时时间

$$t_{max}=2^{16}\times 12/f_{osc}=65536\mu s=65.536\text{ms}$$

可以选择 50ms 的定时时间，采用定时器 T1 作为中断源，每隔 50ms 的定时时间产生一个定时器中断请求，20 次定时中断即可得到 1s 延时。

1）TMOD 方式控制字
根据定时器 T1，工作方式 1 可以确定方式控制字为 10H。
2）计数初值
根据分析，选择 50ms 的定时时间，得到计数初值

$$C_0 = M-C = M-t/T_c = 2^{16}-tf_{osc}/12 = 65536-50\text{ms}/1\mu\text{s} = 15536 = 3\text{CB0H}$$

则 TH0 = 3CH，TL0 = 0B0H

小知识

初值的具体计算有时会带来一点小负担，有没有方便一点的方法呢，在汇编语言中可以用"HIGH"和"LOW"来表达高位字节和低位字节，本例的初值就可以写成
"# HIGH(65536-50000)"和"# LOW(65536-50000)"。

3）C程序代码
采用中断方式，1s计时程序如下（其中sec变量则是记录秒的变量）：

```
void main()
{
        TMOD = 0x01;
        TH0 = (65536-50000)/256;
        TL0 = (65536-50000)%256;
            EA = 1;
            ET0 = 1;
            TR0 = 1;
            While(1);
}

void timer0()interrupt 1
{
        TH0 = (65536-50000)/256;
        TL0 = (65536-50000)%256;
        t0++;
        if(t0 == 20)
            {
                t0 = 0;
                sec++;
            }
}
```

任务2.3 点亮一个数码管

2.3.1 7段LED数码管显示器

LED 显示器由8个发光二极管构成,其中7个发光二极管做成七段横竖笔画的字段,组成一个8字,第8个做成小数点的形状,其外形结构如图2-10(a)所示。由图可知,通过不同的组合可用来显示数字0-9、字母A-F及小数点等字符。

根据内部发光二极管极性的接法不同分为共阴极和共阳极两种结构,分别如图2-10(b)和图2-10(c)所示。共阴极LED显示器的8个LED的阴极并接在一起,通常公共阴极接低电平(一般接地),每个阳极串联电阻后,用高电平驱动;共阳极LED显示器的8个LED的阳极并接在一起,通常公共阳极接高电平(一般接+5V电源),每个阴极串联电阻后,用低电平来驱动。为了不损坏LED显示器中的发光二极管段,给每段加限流电阻,使流过每段的电流控制在10~30mA为宜。

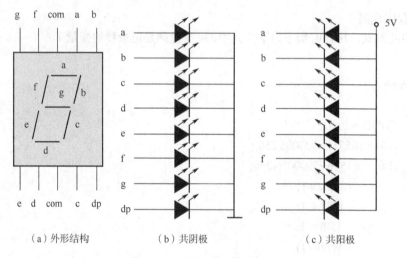

(a)外形结构　　(b)共阴极　　(c)共阳极

图2-10 LED显示器结构图

要使LED显示器显示出相应的数字或字符必须使相应字段点亮,这种驱动相应字段点亮的字形数据称为七段码(或称为字形码)。下面以共阳极LED显示器为例说明字形与七段码的关系。七段码用一个8位二进制数来表示,对照图2-10(a),字型码各位定义如下:数据线D0与a字段对应,D1字段与b字段对应……,依此类推。数据为0表示相应字段亮,数据为1表示相应字段灭。如显示数字"0",只有dp和g段不亮,其余字段均点亮,对应的七段码为11000000(即C0H),如显示字母"F",对应的a、e、f、g段点亮,其余字段均不亮,对应的七段码为10001110(即8EH)。以此类推得到LED显示器七段码如表2-7所示。

表2-7 LED显示器的七段码表

显示字符	D7 dp	D6 g	D5 f	D4 e	D3 d	D2 c	D1 b	D0 a	共阴七段码	共阳七段码
0	0	0	1	1	1	1	1	1	3FH	C0H

续表

显示字符	D7 dp	D6 g	D5 f	D4 e	D3 d	D2 c	D1 b	D0 a	共阴七段码	共阳七段码
1	0	0	0	0	0	1	1	0	06H	F9H
2	0	1	0	1	1	0	1	1	5BH	A4H
3	0	1	0	0	1	1	1	1	4FH	B0H
4	0	1	1	0	0	1	1	0	66H	99H
5	0	1	1	0	1	1	0	1	6DH	92H
6	0	1	1	1	1	1	0	1	7DH	82H
7	0	0	0	0	0	1	1	1	07H	F8H
8	0	1	1	1	1	1	1	1	7FH	80H
9	0	1	1	0	1	1	1	1	6FH	90H
A	0	1	1	1	0	1	1	1	77H	88H
b	0	1	1	1	1	1	0	0	7CH	83H
C	0	0	1	1	1	0	0	1	39H	C6H
d	0	1	0	1	1	1	1	0	5EH	A1H
E	0	1	1	1	1	0	0	1	79H	86H
F	0	1	1	1	0	0	0	1	71H	8EH

2.3.2 数码管的静态显示

LED显示器有静态显示和动态显示两种方式，下面先谈一谈静态显示。

静态显示方式

LED显示器在静态显示方式下显示某一个字符时，相应的段恒定导通或恒定截止。8个段选端分别与一个8位I/O口地址相连，I/O口只要有段码输出，始终显示该字符，直到I/O口输出新的段码。例如显示字符"8"时，LED显示器的a、b、c段恒定导通，其余段恒定截止。

LED显示器工作于静态显示方式时，com端固定接地（共阴极）或接电源（共阳极）。每位的段选端可以直接接一个有锁存功能的8位并行I/O口，LED显示器中的各位相互独立，而且显示字符一经确定，相应锁存的输出将维持不变，此时较小的电流即可获得较高的亮度。这种显示方式编程容易，使用简单，但占用的单片机I/O口资源较多。图2-11所示为单片机的P0端口驱动1位LED显示器静态显示的电路图。

例【4】1位LED显示器的静态显示采用图2-11所示电路结构，在数码管上循环显示0~9数字。其中LED显示器为共阴极。

解：题意分析

可以将要显示的0~9预置在显示缓冲区中，通过查表法获取要显示数的七段码。

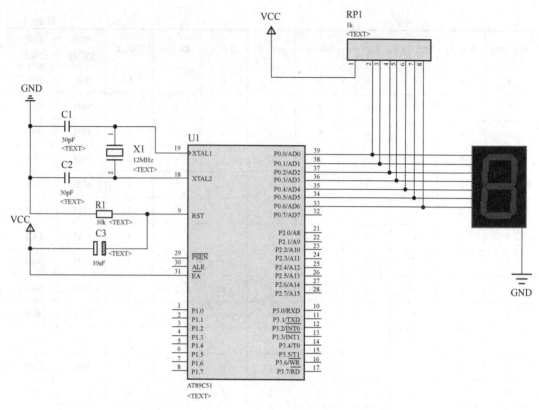

图 2-11 1 位 LED 显示器静态显示的接口电路

C 程序代码

```
#include<reg51.h>
#define uchar unsigned char
#define uint unsigned int

uchar code SMG[] = {0x3F,0x06,0x5B,0x4F,0x66,0x6D,0x7D,0x07,0x7F,0x6F};
void delayxms(uint x);
void delayxms(uint x)
{
    uint i,j;
    for(i = 0;i<x;i++)
        for(j = 0;j<100;j++);
}

void main()
{
    int k,i = 1000;
    while(1)
    {
```

```
            for(k = 0;k< = 9;k++)
            {
                P0 = SMG[k];
                delayxms(i);
            }
        }
    }
```

任务2.4　点亮多位数码管

当 LED 显示器显示的位数较多时,为简化电路,降低成本,通常采用动态显示方式。将多个 LED 显示器的 8 个段选端并联在一起,由一个 8 位的 I/O 口控制,而每个 LED 显示器的 com 端由各自独立的 I/O 口控制。图 2-12 所示是八位共阴极 LED 动态显示接口电路。8 个 LED 显示器的所有段选线都并接在一起,接到 CPU 的 D0~D7 数据端,8 个位控制端分别为 C0~C7,由位控制端决定哪一个 LED 显示器被点亮。

动态方式显示时,各 LED 显示器分时轮流选通,要使其稳定显示必须采用扫描方式,即在某一时刻只选通一个 LED 显示器,并送出相应的段码,在另一时刻选通另一个 LED 显示器,并送出相应的段码,依此规律循环,即可使各个 LED 显示器显示所需要的字符。虽然某一时刻只有一个 LED 显示器工作,但是只要每秒扫描次数大于 24,由于人眼的视觉惯性以及发光二极管的余辉效应,直观上感觉却是连续点亮,而感觉不到闪烁现象。

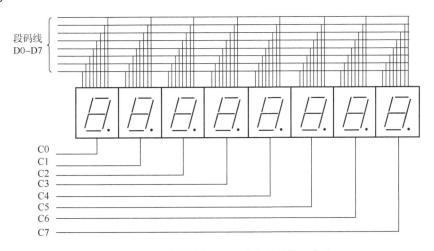

图 2-12　八位共阴极 LED 动态显示接口电路

MCS-51 单片机构建 LED 动态显示系统的典型应用见例【5】。

例【5】试编写图 2-13 所示的六位共阳极 LED 动态扫描显示程序,显示 123456。

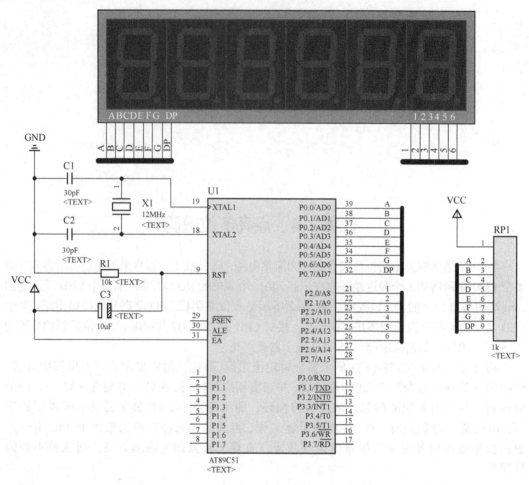

图 2-13 六位共阳极 LED 动态显示电路

解：题意分析

段码连接在单片机的 P0 口，位选通信号连接 P2 口的 0～5 引脚，利用位选通信号的快速移位，将字形码送入对应的数码管上显示，利用人眼的滞留时间，将 6 位数字同时显示出来。

C 程序代码

```c
#include<reg51.h>
#define uchar unsigned char
#define uint unsigned int
sbit wei1 = P2^0;
sbit wei2 = P2^1;
sbit wei3 = P2^2;
sbit wei4 = P2^3;
sbit wei5 = P2^4;
sbit wei6 = P2^5;
uchar code SMG[] = {0x3F,0x06,0x5B,0x4F,0x66,0x6D,0x7D,0x07,0x7F,0x6F};
```

```c
void delayxms(uint x);          //函数声明
void delayxms(uint x)
{
    uint i, j;
    for(i = 0;i<x;i++)
        for(j = 0;j<100;j++);
}
void main()
{
    int i = 5;
    while(1)
    {
        P0 = SMG[1];
        wei1 = 0;
        delayxms(i);
        wei1 = 1;
        P0 = SMG[2];
        wei2 = 0;
        delayxms(i);
        wei2 = 1;
        P0 = SMG[3];
        wei3 = 0;
        delayxms(i);
        wei3 = 1;
        P0 = SMG[4];
        wei4 = 0;
        delayxms(i);
        wei4 = 1;
        P0 = SMG[5];
        wei5 = 0;
        delayxms(i);
        wei5 = 1;
        P0 = SMG[6];
        wei6 = 0;
        delayxms(i);
        wei6 = 1;
    }
}
```

仿真运行显示:

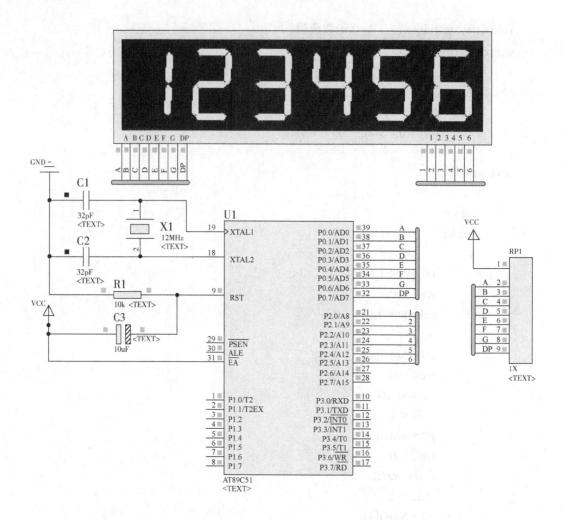

任务2.5 简易秒表的设计与实现

2.5.1 任务与计划

设计电子钟的任务要求：制作简易秒表，用三个按键分别实现秒表的启动、停止与复位，利用两位共阴极的数码管显示时间。

简易秒表的设计与实现

工作计划：首先分析任务，然后进行硬件电路设计，再进行软件程序分析编写，经编译调试后生成 hex 文件，将 hex 文件加载到仿真电路，对简易秒表进行仿真演示。

2.5.2 硬件电路与软件程序设计

（1）硬件电路设计

1）数码管显示部分

采用两位共阴极的数码管，在 P0 口通过上拉电阻增加驱动电流，公共端低电平扫描。

2）按键电路部分

按键的连接方法很简单，如图 2-14 所示，按键一侧的端口与单片机的任一 I/O 口相连。

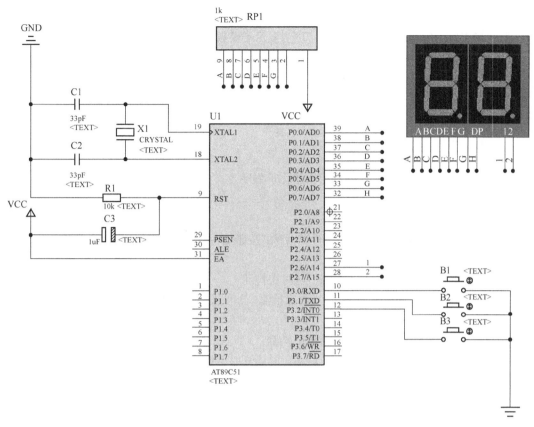

图 2-14 简易秒表仿真图

（2）软件程序设计

```
#include<reg52.h>
#define uint unsigned int
#define uchar unsigned char

sbit key1 = P3^0;           //定义"启动"按钮
sbit key2 = P3^1;           //定义"停止"按钮
sbit key3 = P3^2;           //定义"复位"按钮
sbit wei1 = P2^6;           //定义位选
sbit wei2 = P2^7;

uchar temp,aa,shi,ge;
uchar code table[] = {
0x3f,0x06,0x5b,0x4f,
0x66,0x6d,0x7d,0x07,
0x7f,0x6f,0x77,0x7c,
0x39,0x5e,0x79,0x71};       //共阴极数码管编码
```

```c
void display(uchar shi,uchar ge);    //声明显示子函数
void delay(uint z);                  //声明延时子函数
void init();                         //声明初始化函数


void main()
{
    init();                //调用初始化子程序
    while(1)
    {
        if(key1 == 0)              //检测"启动"按钮是否按下
        {
            delay(5);              //延时去抖动
            if(key1 == 0)          //再次检测"启动"按钮是否按下
            {
                while(!key1);      //松手检测
                TR0 = 1;           //启动定时器开始工作
            }
        }
        if(key2 == 0)              //检测"停止"按钮是否按下
        {
            delay(5);
            if(key2 == 0)
            {
                while(!key2);
                TR0 = 0;           //关闭定时器
            }
        }
        if(key3 == 0)              //检测"复位"按钮是否按下
        {
            delay(5);
            if(key3 == 0)
            {
                while(!key3);
                temp = 0;          //将变量 temp 的值清零
                shi = 0;           //将十位清零
                ge = 0;            //将个位清零
                TR0 = 0;           //关闭定时器
            }
        }
```

```c
        display(shi,ge);              //调用显示子函数
}

void delay(uint z)                    //延时子函数
{
    uint x,y;
    for(x = z;x>0;x--)
    for(y = 110;y>0;y--);
}

void display(uchar shi,uchar ge)      //显示子程序
{
    P0 = table[shi];
    wei1 = 0;
    delay(1);
    wei1 = 1;
    P0 = table[ge];
    wei2 = 0;
    delay(1);                         //使用动态扫描的方法实现数码管显示
    wei2 = 1;
}

void init()                           //初始化子程序
{
    temp = 0;
    TMOD = 0x01;                      //使用定时器 T0 的方式 1
    TH0 = (65536-50000)/256;
    TL0 = (65536-50000)%256;          //定时 50ms 中断一次
    EA = 1;                           //中断总允许
    ET0 = 1;                          //允许定时器 T0 中断
}

void timer0() interrupt 1
{
    TH0 = (65536-50000)/256;//重新赋初值
    TL0 = (65536-50000)%256;
    aa++;                             //中断一次变量 aa 的值加 1
    if(aa == 20)//中断 20 次后，定时时间为 20*50ms = 1000ms = 1s，将变量 temp 的值加 1
    {
        aa = 0;
```

```
            temp++;
            if(temp == 60)            //秒表到达 60s 后回零
            {
                temp = 0;
            }
            shi = temp%100/10;
            ge = temp%10;             //分离个位和十位
        }
    }
```

2.5.3 调试与仿真运行

加载目标代码文件，双击编辑窗口的 AT89C51 器件，在弹出属性编辑对话框 Program File 一栏中单击打开按钮 ，出现文件浏览对话框，找到 hex 文件，单击"打开"按钮，完成添加文件。单击按钮 ，启动仿真，仿真运行片段如图 2-15 所示。

按下"启动"按钮后，秒表开始计时。

按下"停止"按钮，秒表停止计时。

按下"复位"按钮，秒表回到最初始的状态。

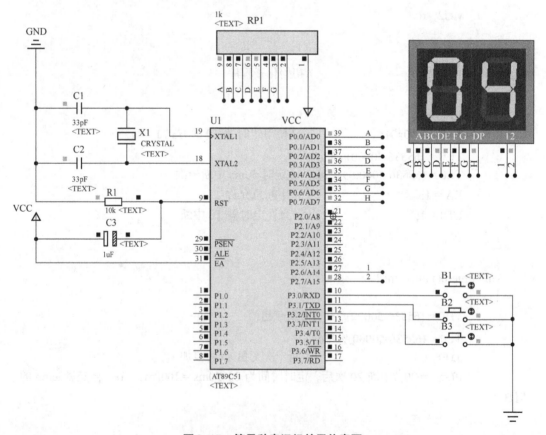

图 2-15　简易秒表运行效果仿真图

任务 2.6 电子钟的设计与实现

2.6.1 任务与计划

电子钟的设计与实现

设计电子钟的任务要求：制作一个具有闹钟功能的 24 小时的电子钟，利用按键可以调整时间。利用 8 位数码管分别显示小时、分钟、秒。三个按键分别为"功能键"、"加键"、"减键"，"功能键"用来选择要调整小时、分钟还是秒钟，按下一次可以调节秒钟，第一个 LED 灯点亮；按下两次可以调节分钟，第二个 LED 灯点亮；按下三次可以调节小时，第三个 LED 灯点亮。第四次按下时回到正常走时状态。选好要调整的是哪一位后，按一次"加键"数码管的值加 1，按一次"减键"数码管的值减 1。

工作计划：首先分析任务，然后进行硬件电路设计，再进行软件源程序分析编写，经编译调试后生成 hex 文件，将 hex 文件加载到仿真电路，对 24 小时电子钟进行仿真演示。

2.6.2 硬件电路与软件程序设计

1）数码管显示部分

采用八位共阴极的数码管，使用共阴极的数码管，在 P0 口通过上拉电阻增加驱动电流，公共端低电平扫描。

2）LED 灯指示部分

如图 2-16 所示，LED 的阴极接 I/O 口，阳极通过限流电阻和电源相连。发光二极管（LED）具有单向导电性，通过 5mA 左右的电流即可以发光，电流越大，其亮度越强，但若电流过大，会烧毁二极管，一般将电流控制在 3~20mA 之间。在这里，给发光二极管串联一个电阻是为了限制通过发光二极管的电流不要太大，因此这个电阻又称为"限流电阻"。

当发光二极管发光时，测量它两端的电压约为 1.7V，这个电压叫作发光二极管的"导通压降"。关于"限流电阻"大小的选择：欧姆定律是大家熟悉的：$U = IR$，当发光二极管正常导通时，其两端的电压为 1.7V，发光二极管的阴极为低电平，即 0V，阳极串接一电阻，电阻的另一端为 VCC，为 5V，因此电阻两端的电压为 5V − 1.7V = 3.3V，通过发光二极管的电流限制在 3~20mA 之间，那么限流电阻的范围在 165~1000Ω 之间。如图 2-16 的仿真采用 330Ω 的电阻。

3）按键电路部分

按键的连接方法很简单，如图 2-16 所示，按键一侧的端口与单片机的任一 I/O 口相连。

4）流程图

根据工作任务要求和电子钟的功能要求，在方案设计和电路设计的基础上，绘制电子钟的流程图，流程如图 2-17 所示。

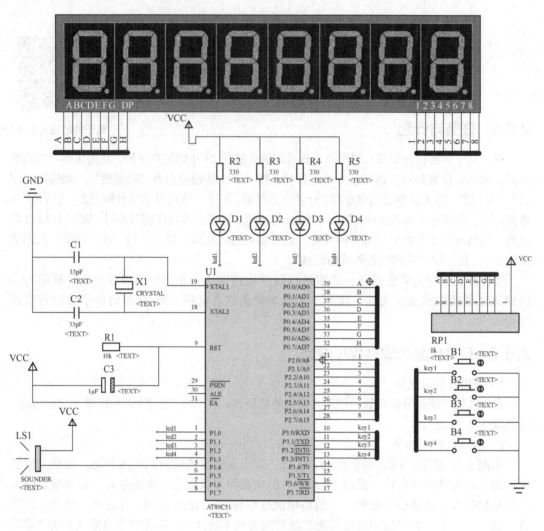

图2-16 电子钟仿真图

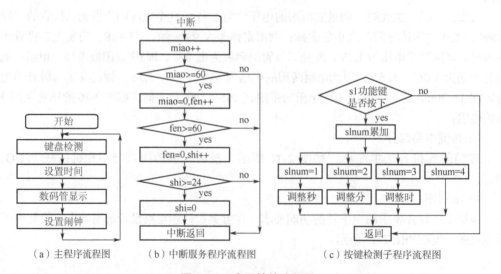

（a）主程序流程图　　（b）中断服务程序流程图　　（c）按键检测子程序流程图

图2-17 电子钟的流程图

5）C程序代码

```c
#include<reg52.h>

#define uint unsigned int
#define uchar unsigned char

char miao,fen,shi;
bit flag,flag_time;
char set_miao = 0,set_fen = 0,set_shi = 12;//闹钟初值设置
uchar s1num;

sbit s1 = P3^0; //功能键，选择调节时钟位
sbit s2 = P3^1; //加键
sbit s3 = P3^2; //减键
sbit s4 = P3^3; //闹钟设置键
sbit led1 = P1^0;   //调整秒钟的指示灯
sbit led2 = P1^1;   //调整分钟的指示灯
sbit led3 = P1^2;   //调整小时的指示灯
sbit led4 = P1^3;   //闹钟设置指示灯
sbit BUZZ = P1^4;   //报警

sbit wei0 = P2^0;   //定义八个数码管的位选
sbit wei1 = P2^1;
sbit wei2 = P2^2;
sbit wei3 = P2^3;
sbit wei4 = P2^4;
sbit wei5 = P2^5;
sbit wei6 = P2^6;
sbit wei7 = P2^7;

uchar code table[] = {
0x3f,0x06,0x5b,0x4f,
0x66,0x6d,0x7d,0x07,
0x7f,0x6f,0x77,0x7c,
0x39,0x5e,0x79,0x71,0x40};          //共阴极数码管编码

void delay(uint z)      //延时函数
{
    uint x,y;
    for(x = z;x>0;x--)
```

```c
        for(y = 110;y>0;y--);
}

void start()      //定时器初始化
{
    TMOD = 0x11;       //设置定时器 0 和定时器 1 都工作于方式 1
    TH0 = (65536-50000)/256;     //定时器 0 实现 1 秒的定时控制
    TL0 = (65536-50000)%256;
    TH1 = (65536-5000)/256;      //定时器 1 控制蜂鸣器的发声时间
    TL1 = (65536-5000)%256;
    EA = 1;
    ET0 = 1;
    ET1 = 1;
    TR0 = 1;//启动定时器 0 开始工作
    TR1 = 0;//关定时器 1
}

void display(char miao,char fen,char shi)   //显示子程序,分别显示秒、分、小时
{
    P0 = table[miao%10];
    wei7 = 0;
    delay(1);
    wei7 = 1;
    P0 = 0xff;

    P0 = table[miao/10];
    wei6 = 0;
    delay(1);
    wei6 = 1;
    P0 = 0xff;

    P0 = table[16];
    wei5 = 0;
    delay(1);
    wei5 = 1;
    P0 = 0xff;

    P0 = table[fen%10];
    wei4 = 0;
    delay(1);
    wei4 = 1;
```

```
        P0 = 0xff;

        P0 = table[fen/10];
        wei3 = 0;
        delay(1);
        wei3 = 1;
        P0 = 0xff;

        P0 = table[16];
        wei2 = 0;
        delay(1);
        wei2 = 1;
        P0 = 0xff;

        P0 = table[shi%10];
        wei1 = 0;
        delay(1);
        wei1 = 1;
        P0 = 0xff;

        P0 = table[shi/10];
        wei0 = 0;
        delay(1);
        wei0 = 1;
        P0 = 0xff;
}

Void    keyscan()
{
        if(s1 == 0)//功能键
        {
                delay(5);
                if(s1 == 0)      //确认功能键被按下
                {
                        while(!s1);
                        s1num++;        //功能键按下次数记录
                        if(s1num == 1)    //功能键第一次按下调整"秒钟"
                        {
                                if(flag)
                                TR0 = 1;    //在设置闹钟中定时器 0 一直工作
                                else
```

```
                    TR0 = 0;      //否则定时器被关闭
                    led1 = 0;     //点亮第一个指示灯
                }
                if(s1num == 2)    //功能键第二次按下调整"分钟"
                {
                    led2 = 0;     //点亮第二个指示灯
                    led1 = 1;     //关闭第一个指示灯
                }
                if(s1num == 3)    //功能键第三次按下调整"小时"
                {
                    led3 = 0;     //点亮第三个指示灯
                    led1 = 1;     //关闭第一个指示灯
                    led2 = 1;     //关闭第二个指示灯
                }
                if(s1num == 4)    //功能键第四次按下
                {
                    led1 = 1;
                    led2 = 1;
                    led3 = 1;
                    s1num = 0;    //功能键按下次数清零
                    TR0 = 1;      //启动定时器 0
                }
            }
        }
    }
}

Void  time()
{
    if(s1num! = 0)    //只有功能键被按下后,增大和减小键才有效
    {
        if(s2 == 0)//加键
        {
            delay(5);
            if(s2 == 0) //确认加键被按下
            {
                while(!s2);  //释放确认
                switch(s1num)
                {
                    case 1:        //若功能键第一次被按下
                        miao++;    //则调整秒加 1
                        if(miao == 60)   //若满 60 后清零
```

```c
                    miao = 0;
                break;
                case 2:         //若功能键第二次被按下
                    fen++;   //则调整分钟加1
                    if(fen == 60) //若满60后清零
                    fen = 0;
                break;
                case 3:         //若功能键第三次被按下
                    shi++; //则调整小时加1
                    if(shi == 24) //若满24后清零
                        shi = 0;
                break;
            }
        }
    }
    if(s3 == 0)//减键
    {
        delay(5);
        if(s3 == 0)   //确认减键被按下
        {
            while(!s3); //释放确认
            switch(s1num)
            {
                case 1:     //若功能键第一次被按下
                    miao--;   //则调整秒减1
                    if(miao<0) //若减到负数则将其重新设置为59
                    miao = 59;
                break;
                case 2:         //若功能键第二次被按下
                    fen--; //则调整分减1
                    if(fen<0)   //若减到负数则将其重新设置为59
                    fen = 59;
                break;
                case 3:         //若功能键第三次被按下
                    shi--;   //则调整小时减1
                    if(shi<0) //若减到负数则将其重新设置为23
                    shi = 23;
                break;
            }
        }
    }
}
```

```c
        }
}
void set_time()         //设置闹钟的子程序
{
     if(s1num == 0) //只有功能键没有按下才可以设置闹钟
     {
          if(s4 == 0)
          {
               delay(5);
               if(s4 == 0)
               {
                    while(!s4);
                    led4 = ~led4;       //设置闹钟的指示灯点亮
                    flag = ~flag;       //设置一个标志位,标志闹钟键按下
               }
          }
     }

     if(flag)      //判断 flag 是否为 1,进入设置闹钟状态
     {
          if(s1num! = 0)    //只有功能键被按下后,增大和减小键才有效
          {
               if(s2 == 0)//加键
               {
                    delay(5);
                    if(s2 == 0) //确认加键被按下
                    {
                         while(!s2);  //释放确认

                         switch(s1num)
                         {
                              case 1:          //若功能键第一次被按下
                                   set_miao++;  //则调整秒加 1
                                   if(set_miao == 60)   //若满 60 后清零
                                        set_miao = 0;
                                   break;
                              case 2:          //若功能键第二次被按下
                                   set_fen++;   //则调整分钟加 1
                                   if(set_fen == 60) //若满 60 后清零
                                        set_fen = 0;
```

```c
                    break;
                case 3:         //若功能键第三次被按下
                    set_shi++;  //则调整小时加 1
                    if(set_shi == 24) //若满 24 后清零
                        set_shi = 0;
                    break;
                }
            }
        }
        if(s3 == 0)//减键
        {
            delay(5);
            if(s3 == 0)   //确认减键被按下
            {
                while(!s3); //释放确认
                switch(s1num)
                {
                case 1:         //若功能键第一次被按下
                    set_miao--;     //则调整秒减 1
                    if(set_miao<0) //若减到负数则将其重新设置为 59
                        set_miao = 59;
                    break;
                case 2:         //若功能键第二次被按下
                    set_fen--;  //则调整分减 1
                    if(set_fen<0)   //若减到负数则将其重新设置为 59
                        set_fen = 59;
                    break;
                case 3:         //若功能键第三次被按下
                    set_shi--;      //则调整小时减 1
                    if(set_shi<0) //若减到负数则将其重新设置为 23
                        set_shi = 23;
                    break;
                }
            }
        }
    }
}

void main()
```

```c
    {
            start();     //调用初始化函数
            while(1)     //进入主程序大循环
            {
                    keyscan();       //调用按键扫描程序
                    time();          //调用调整时间子程序
                    if(!flag)  //flag = 0 时钟正常走时
                    {
                            display(miao,fen,shi);    //调用数码管显示子程序
                    }
                    else //flag = 1 显示闹钟设置时间
                    {
                            display(set_miao,set_fen,set_shi);//闹钟设置时间显示
                    }
                    if(miao == set_miao&&fen == set_fen&&shi == set_shi)
                    {
                            TR1 = 1;//启动定时器 1，蜂鸣器报警
                    }
                    if(flag_time)    //标志蜂鸣器发声时间到
                    {
                            TR1 = 0;      //关闭定时器 1
                            BUZZ = 1;
                            flag_time = 0;
                    }
                    set_time();        //调用设置闹钟子程序

            }
    }

void time_0() interrupt 1      //中断服务程序
{
    uchar aa;
    TH0 = (65536-50000)/256;     //重新装定时器初值
    TL0 = (65536-50000)%256;
    aa++;    //中断累加次数
    if(aa == 20)    //20 次 50ms 为 1 秒
    {
            aa = 0;
            miao++;
            if(miao>= 60) //秒加到 60 则进位分钟
            {
```

```
                miao = 0;          //同时秒数清零
                fen++;
                if(fen> = 60)      //分钟加到 60 则进位小时
                {
                    fen = 0;
                    shi++;
                    if(shi> = 24)  //小时加到 24 则清零
                    {
                        shi = 0;
                    }
                }
            }
        }
    }
}


void time_1() interrupt 3
{
    uchar bz_time;
    TH1 = (65536-50000)/256;     //重新装定时器初值
    TL1 = (65536-50000)%256;
    bz_time++;
    if(bz_time == 200) //控制蜂鸣器的发声时间
    {
        bz_time = 0;
        flag_time = 1;   //标志蜂鸣器发声时间到
    }
    BUZZ = ~BUZZ;
}
```

2.6.3 调试与仿真运行

第一次按下"功能键"。调整秒钟的指示灯亮,按下"加键"和"减键"可以调整秒表的时间。如图 2-18 所示。

第二次按下"功能键"。调整分钟的指示灯亮,按下"加键"和"减键"可以调整分钟的时间。如图所示。

第三次按下"功能键"可以调整小时。

第四次按下后正常走时。

按下"闹钟"键后,再按下功能键,可以设置闹钟时间,设置的方法同上。关闭"闹钟"键后正常走时。

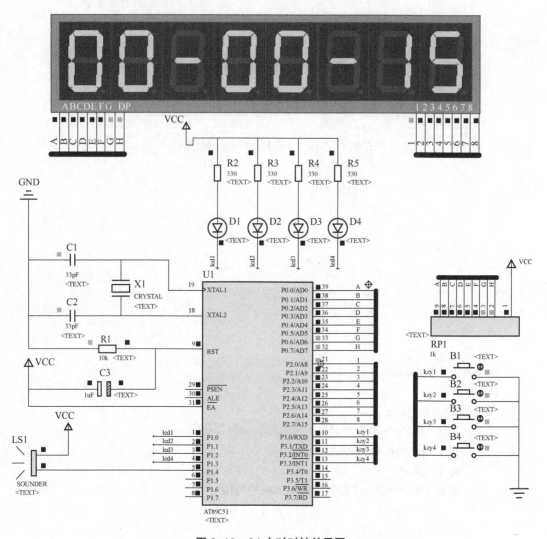

图 2-18 24 小时时钟效果图

2.6.4 电子钟实物制作

使用实验室开发的单片机开发板 DPJ-2，完成电子钟的制作。八位数码管从左至右分别显示小时、分钟、秒钟。图 2-19 显示正常走时状态，图 2-20 显示调整时间的过程，图 2-21 显示设置闹钟的过程。

图 2-19 正常走时状态

图 2-20 按下功能键之后可以调整时间　　　　图 2-21 设置闹钟

拓展任务

交通灯系统的设计与应用

交通灯系统的
设计与应用

根据本章节所学知识，利用单片机中断系统和数码管等外部硬件设备设计一款十字路口的简易交通灯。

（1）任务与计划

简易交通灯工作任务要求：采用单片机控制方式，设计制作交通灯，4 个路口各有红黄绿三色交通信号灯和倒计时显示器一组，南北方向的交通灯状态一致，东西方向的交通灯状态一致，倒计时分别显示南北和东西方向的绿灯通行时间，采用定时器中断定时，首先是南北红灯、东西绿灯各亮 8s，然后是黄灯闪烁 2s，第三状态是南北绿灯、东西红灯各亮 5s，第四状态又是黄灯闪烁 2s，四个状态不断循环形成路口交通灯指示。

工作计划：首先进行工作任务分析，根据任务要求，学习单片机控制交通灯的相关知识，收集单片机交通灯相关资料，进行简易交通灯方案设计，然后进行硬件电路设计、流程图设计和软件程序编写，在完成程序的调试和编译后，进行简易交通灯的仿真运行，综合电路和程序进行系统调试纠错，运行正常后进行演示评价。在完成全部仿真后，进行简易交通灯实物电路的装配、制作和调试。

（2）硬件电路与软件程序设计

① 方案框图：根据任务要求，单片机交通灯主控制芯片为 8051 单片机，控制 LED 数码管进行倒计时显示，控制三色彩灯交通灯进行四个路口的通行控制，简易交通灯方案框图如图 2-22 所示。

② 硬件电路图：根据任务和方案框图，选择 LED 数码管和交通灯等器件的型号和参数，确定硬件电路图，简易交通灯电路图如图 2-23 所示。

③ 流程图：根据工作任务要求和简易交通灯的功能要求，在方案设计和电路设计的基础上，绘制交通灯流程图，主程序流程如图 2-24 所示，中断程序流程图如图 2-25 所示。

④ 源程序编写：根据单片机串行通信的编写步骤，首先是编写定时器和串口的初始化程序：定时器 T0 工作于方式 1，TMOD = 0x01，将中断定时设置为 50ms，在中断程序中确定。交通灯运行的四个工作状态，状态变量 num 通过时间来划分，设定黄灯闪烁标志状态，主程

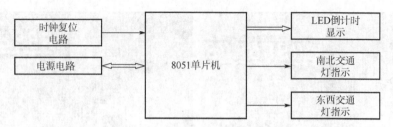

图 2-22 简易交通灯方案框图

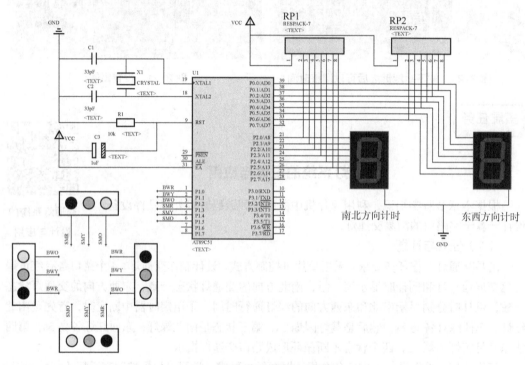

图 2-23 简易交通灯电路图

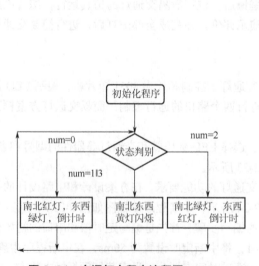

图 2-24 交通灯主程序流程图

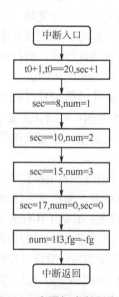

图 2-25 交通灯中断程序流程图

序在各个状态分别点亮不同的交通灯,显示倒计时 LED 数码管,源程序如下:

```c
#include <AT89X51.H>
#define uchar unsigned char
#define uint unsigned int uint num = 0,sec,t0,t1;
bit   fg;
uchar code table[] = {0x3f,0x06,0x5b,0x4f,0x66, 0x6d,0x7d,0x07,0x7f,0x6f};

sbit EWR = P1^0; //东 西 红 灯
sbit EWY = P1^1; //东 西 黄 灯
sbit EWG = P1^2; //东 西 绿 灯
sbit SNR = P1^3; //南 北 红 灯
sbit SNY = P1^4; //南 北 黄 灯
sbit SNG = P1^5; //南 北 绿 灯
void main()
{
    TMOD = 0x01;
    TH0 = (65536-50000)/256; //定时 50ms TL0 = (65536-50000)%256;
    EA = 1; ET0 = 1; TR0 = 1; P1 = 0x00;
    while(1)
    {
        if(num == 0)   //第一状态
        {
            P0 = table[8-sec]; //东西绿灯 8 秒倒计时 P2 = table[0];
            SNR = 1;     //南北红灯 SNG = 0;
            SNY = 0; EWR = 0;
            EWG = 1;    //东西绿灯 EWY = 0;
        }
        if(num == 1||num == 3)   //第二和第四状态同是黄灯闪烁
        {
            P0 = table[0]; P2 = table[0];
            if(fg == 0)
            {
                SNR = 0; SNG = 0;
                SNY = 1; //南北黄灯亮 EWR = 0;
                EWG = 0;
                EWY = 1; //东西黄灯亮
            }
            if(fg == 1)
            {
```

```c
                    SNR = 0; SNG = 0;
                    SNY = 0; //黄灯熄灭 EWR = 0;
                    EWG = 0;
                    EWY = 0; //黄灯熄灭
            }
        }
        if(num == 2)    //第三状态
        {
                    P2 = table[15-sec];//南北绿灯倒计时 P0 = table[0];
                    SNR = 0;
                    SNG = 1;    //南北绿灯亮 SNY = 0;
                    EWR = 1;    //东西红火亮 EWG = 0;
                    EWY = 0;
        }
    }
}
void timer0()interrupt 1  //T0 中断
{
        TH0 = (65536-50000)/256;
        TL0 = (65536-50000)%256;
        t0++;       //中断计次
        if(t0 == 20) //20 次中断，定时 1 秒到
        {
                t0 = 0;
                sec++;
                if(sec == 8)    //8 秒后，进入第二状态
                {
                        num = 1;
                }
                if(sec == 10)   //10 秒后，进入第三状态
                {
                        num = 2;
                }
                if(sec == 15)   //15 秒后，进入第四状态
                {
                        num = 3;
                }
                if(sec == 17)   //17 秒后，又进入第一状态
                {
                        sec = 0; num = 0;
                }
```

```
        }
        if(num == 1||num == 3) //黄灯闪烁标志位
        {
                t1++;
                if(t1 == 4)
                {
                        t1 = 0;
                        fg = ~fg;
                }
        }
}
```

（3）调试与仿真运行

首先在 Keil 中进行源程序的输入编辑，然后编译生成 hex 文件，将 hex 文件加载到 Proteus 仿真电路中的单片机中，在仿真环境中按 ▶ 键，进入仿真运行状态，可以看到交通灯和倒计时显示按四个状态循环显示，如图 2-26 所示。

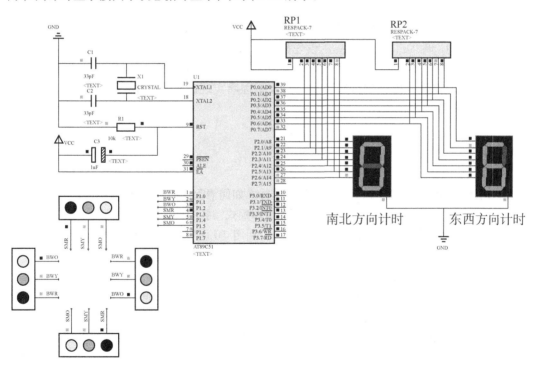

图 2-26　简易交通灯仿真图

总结

单片机中断系统、定时系统是单片机的重要内容。

单片机的中断系统能有效地解决慢速工作的外围设备与快速工作的 CPU 之间的矛盾，可以提高工作效率，提高实时处理功能，以便对随机发生的事件做出快速响应。中断的过程包括：中断请求、中断响应、中断服务及中断返回。单片机对中断的处理主要通过中断寄存器 TCON、SCON、IE、IP 实现。

MCS-51 芯片中有定时器/计数器电路，它可以实现定时控制、延时、脉冲计数、频率测量、信号发生等功能。单片机有 2 个定时器/计数器，主要由 TCON、TMOD 实现编程控制。定时器/计数器有 4 种工作方式，即方式 0、方式 1、方式 2 和方式 3，这 4 种模式的区别在于是否能自动重装初值、计数位数不同等。方式 1 和方式 2 是较常用的两种，在方式 1 下，定时器/计数器实质是一个 16 位的加 1 计数器，计数容量为 65536。在方式 2 下，定时器/计数器实质是一个 8 位的加 1 计数器，计数容量为 256，但它可以自动重装初值。

使用定时器实现 1 秒钟的定时控制，使用功能键、加键、减键、闹钟键实现时间的调整和闹钟的设定，显示的时间运用了数码管的动态扫描，就能制作成可以调整时间和设置闹钟的 24 小时时钟。

拓展思考

在很多电子设备中，通常会进行一些与时间有关的控制，如果用系统的定时器设计时间，偶然的掉电或晶振的误差都会造成时间的错乱，各种各样的实时时钟芯片比如常用的 DS1302，DS12C887 等可以自动产生年、月、日、时、分、秒等时间信息。请查找相关的数据手册，并编写程序实现走时更精确、并具有掉电保护功能的时钟。

1．简述外部中断有几种触发方式？如何选择？如何清除这些中断标志？

2．8051 单片机的定时器/计数器有哪几种工作模式？各有什么特点？

3．已知 8051 单片机的时钟频率为 6MHz，利用 T0 作定时器，在 P1.0 输出方波，周期 8ms，选择定时器模式 1 编程实现。

4．8 个发光管间隔 200ms 由上至下，再由下至上逐个点亮（单个灯点亮 200ms，然后下一个灯点亮），此过程重复两次；然后全部熄灭 1s，接着以 300ms 间隔全部闪烁 5 次。重复此过程。

5．用按键控制两位数码管，按下一次按键数码管加 1，让两位数码管从 00 加到 13 后回零。

6．用按键控制两位数码管，按下按键 S1，数码管显示 01，按下按键 S2，数码管显示 02，按下按键 S3，数码管显示 03，按下按键 S4，点亮一个 LED 灯。

7．让两位数码管从 00 开始，间隔 2s 加 1，加到 15 后回到 00 状态。（要求：定时 20ms 中断一次）。

8．让两位数码管从 00 开始，间隔 1.6s 加 1，加到 15 后回到 00 状态。（要求：定时 40ms 中断一次）。

9．让两位数码管从 00 开始，间隔 1.5s 加 1，加到 15 后回到 00 状态。（要求：使用定时器 1 定时，定时 30ms 中断一次）。

10. 用定时器 T0 控制流水灯间隔 1s 逐个点亮。（要求：使用定时器 0 定时，定时 20ms 中断一次）。

用定时器 T1 控制单只 LED 闪烁发光。LED 亮 1s，灭 1s。（LED 亮 1.5s，灭 1s）

11. 写 10s 的秒表程序，用三个按键分别控制秒表启动、停止、清零。（要求：使用定时器 0 定时，定时 20ms 中断一次）

12. 写 10s 的秒表程序，用一个按键分别控制秒表启动、停止、清零。（要求：使用定时器 1 定时，定时 20ms 中断一次）

项目 3
串口控制终端的设计与实现

项目任务描述

通信是信息的传输与交换。对于单片机来说，通信则与传感器、存储芯片、外围控制芯片等技术紧密结合，是整个单片机系统的"神经中枢"。没有通信，单片机所实现的功能仅仅局限于单片机本身，就无法通过其它设备获得有用信息，也无法将自己产生的信息告诉其它设备。如果单片机通信没处理好，它和外围器件的合作程度就受到限制，最终整个系统也无法实现强大的功能，由此可见单片机通信技术的重要性。UART（Universal Asynchronous Receiver/Transmitter，即通用异步收发器）串行通信是单片机最常用的一种通信技术，通常用于单片机和电脑之间以及单片机和单片机之间的通信。

在实际应用中，单片机串口和计算机的上位机软件之间往往需要信息交互，从而实现上位机发送指令，单片机通过串口接收指令并做出应答，然后执行相应的操作，这就要求通信双方具有一个合理的通信机制和逻辑关系。

本项目的工作任务是采用单片机来设计一个串口控制终端，单片机通过串行口与PC相连，当收到来自PC的控制指令后，可以控制LED灯以及数码管的数字显示。从认识串行通信与串行口开始本学习情境的学习和工作，通过单片机双机通信及单片机与PC机通信任务的学习与工作，学会单片机串行通信的基本使用方法，能够实现把一台单片机的数据传送到另一台单片机，能实现单片机和PC机之间的数据通信，可以通过数据交换实现对设备的控制，在收集串口控制终端的相关资讯的基础上，进行单片机串口控制终端的任务分析和计划制定、硬件电路和软件程序的设计，完成单片机串口控制终端的制作调试和运行演示，并完成工作任务的评价。

学习目标

① 掌握MCS-51单片机串行口的基本应用；
② 掌握MCS-51单片机利用定时器实现电子音乐的基本应用；

③ 了解串行通信标准与通信协议；
④ 能进行简易的单片机串行通信产品电路设计；
⑤ 能进行单片机串行通信程序设计；
⑥ 能按照设计任务书要求，完成单片机串口控制终端的设计调试和制作。

学习与工作内容

本项目要求根据工作任务书的要求，工作任务书如表3-1所示，学习单片机的串行通信及电子音乐相关知识，查阅收集资料，制定工作方案和计划，完成串口控制终端的设计与实现，需要完成以下学习与工作任务。

① 认识了解单片机的串行通信与串行口，学习单片机串行口的结构与控制，学习串行口的工作方式及应用；
② 划分工作小组，以小组为单位开展串口控制终端设计与实现的工作；
③ 根据设计任务书的要求，查阅收集相关资料，制定完成任务的方案和计划；
④ 根据设计任务书的要求，设计出串口控制终端的硬件电路图；
⑤ 根据任务要求和电路图，整理出所需要的器件和工具仪器清单；
⑥ 根据串口控制终端功能要求和硬件电路原理图，绘制程序流程图；
⑦ 根据串口控制终端功能要求和程序流程图，编写软件源程序并进行编译调试；
⑧ 进行软硬件的调试和仿真运行，电路的安装制作，演示汇报；
⑨ 进行工作任务的学业评价，完成工作任务的设计制作报告。

表3-1　串口控制终端设计制作任务书

设计制作任务	采用单片机串口控制方式，设计制作串口控制终端，能够通过串行口对LED灯以及数码管进行控制
串口控制终端功能要求	单片机串口控制终端，能实现单片机和PC机之间的通信，能通过PC机向单片机发送数据指令，实现对LED灯的亮灭以及数码管的数字显示控制，并将PC机所发送指令显示出来，若指令不符合要求，则发送报错信息
工具	（1）单片机开发和电路设计仿真软件： Keil uVision，Proteus （2）PC机及软件程序，示波器，万用表， 电烙铁，装配工具
材料	元器件（套），焊料，焊剂

学业评价

本项目学业评价根据工作任务的工作过程进行考核评价，注重学习和工作过程的考核评价，依据完成任务中实际的学习和工作过程分为9个评分项目，根据各项主要完成主体的不同，分别对个人和小组进行考核评价，考核评价表如表3-2所示。

表3-2 项目3 考核评价表

组别		第一组			第二组			第三组		
项目名称	分值	学生A	学生B	学生C	学生D	学生E	学生F	学生G	学生H	学生I
单片机串行通信学习	5									
单片机双机通信学习工作	10									
单片机与PC通信学习工作	10									
串口控制终端硬件电路设计	10									
串口控制终端软件程序设计	15									
调试仿真	10									
安装制作	10									
设计制作报告	15									
团队及合作能力	10									

任务3.1 认识串行通信与串行口

3.1.1 串行通信的概念

在实际的计算机系统中,计算机的 CPU 与外部设备之间常常要进行信息交换;计算机与计算机之间、计算机与外部设备之间的信息交换称为数据通信,数据通信方式有两种,即并行数据通信和串行数据通信。

认识串行通信与串行口

如果有 8 个人要通过一座小桥,他们可以采用两种方式通过这座桥:一种方式是 8 个人依次顺序过桥,即一个人跟着一个人过桥,还有一种方式是 8 个人一起并排通过小桥,可以看出,第一种方式通过的慢,但对桥的宽度要求低,只要一个人能过就行,第二种方式通过的速度快,但对桥的宽度有要求,必须能同时通过 8 个人,这两种方式就好像是通信中的串行通信和并行通信一样,并行数据通信中,数据的各位同时传送,其优点是传递速度快;缺点是数据有多少位,就需要多少根传送线,图 3-1(a)所示为 8051 单片机与外设间 8 位数据并行通信的连接方法。

串行通信中,数据字节一位一位串行地顺序传送,通过串行接口实现。它的优点是只需一对传送线,这样就大大降低了传送成本,特别适用于远距离通信,其缺点是传送速度较低。图 3-1(b)所示为串行数据通信方式的连接方法。

按照串行数据的时钟控制方式,串行通信分为异步通信和同步通信两类。

（1）异步通信

在异步通信中,数据是以字符为单位组成字符帧传送的。发送端和接收端由各自独立的时钟来控制数据的发送和接收,这两个时钟彼此独立,互不同步。每一字符帧的数据格式如图 3-2 所示。

在帧格式中,一个字符由四个部分组成:起始位、数据位、奇偶校验位和停止位。

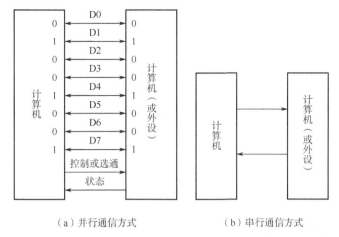

图 3-1 两种通信方式的示意图

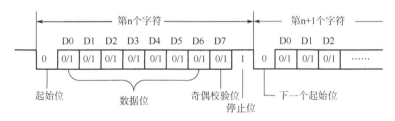

图 3-2 异步通信一帧数据格式

① 起始位：位于字符帧开头，仅占一位，为逻辑低电平"0"，用来通知接收设备，发送端开始发送数据。线路上在不传送字符时应保持为"1"。接收端不断检测线路的状态，若连续为"1"以后又测到一个"0"，就知道发来一个新字符，应马上准备接收。

② 数据位：数据位（D0～D7）紧接在起始位后面，通常为5～8位，低位在前，高位在后，顺序依次传送。

③ 奇偶校验位：奇偶校验位只占一位，紧接在数据位后面，用来表征串行通信中采用奇校验还是偶校验，也可用这一位来确定这一帧中的字符所代表信息的性质（地址/数据等）。

④ 停止位：位于字符帧的最后，表征字符的结束，为逻辑"1"高电位。停止位可以是1位、1.5 位或 2 位。接收端收到停止位后，知道上一字符已传送完毕，同时也为接收下一字符作好准备。

（2）同步通信

同步通信时，字符与字符之间没有间隙，也不用起始位和停止位，仅在数据块开始时用同步字符 SYNC 来指示，然后是连续的数据块。同步字符的插入可以是单同步字符方式或双同步字符方式，如图 3-3 所示；同步字符可以由用户约定，也可以采用 ASCII 码中规定的 SYN 代码，即 16H。通信时先发送同步字符，接收方检测到同步字符后，即准备接收数据。

在同步传输时，要求用时钟来实现发送端与接收端之间的同步。为了保证接收无误，发送方除了传送数据外，还要把时钟信号同时传送。

同步通信方式由于不必加起始位和停止位，传送效率较高，但实现起来比较复杂。

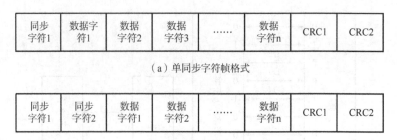

(a)单同步字符帧格式

(b)双同步字符帧格式

图 3-3 同步传送的数据格式

(3)波特率

波特率,即数据传送速率,表示每秒钟传送二进制代码的位数,它的单位是位/秒(b/s),常用 bps 表示。波特率是异步通信的重要指标,表征数据传输的速度,波特率越高,数据传输速度越快。在数据传送方式确定后,以多大的速率发送/接收数据,是实现串行通信必须解决的问题。

在串行传输中,发送时,在发送时钟作用下将发送移位寄存器的数据串行移位输出;接收时,在接收时钟的作用下将通信线上传来的数据串行移入移位寄存器。发送时钟和接收时钟也可称为移位时钟,产生移位时钟的电路称为波特率发生器。在串行通信中,收、发双方必须按照同样的速率进行串行通信,收发双方采用相同的波特率。

假设数据传送的速率是 120 字符/s,每个字符格式包含 10 个代码位(1 个起始位、1 个停止位、8 个数据位),则通信波特率为:

$$120 字符/s \times 10 位/字符 = 1200b/s = 1200 波特$$

(4)串行通信的方向制式

在串行通信中按照数据传送方向,串行通信可分为单工、半双工和全双工三种制式。如图 3-4 所示。

1)单工制式

在单工制式中,只允许数据向一个方向传送,通信的一端为发送器,另一端为接收器。

2)半双工制式

在半双工制式中,系统每个通信设备都由一个发送器和一个接收器组成,允许数据向两个方向中的任一方向传送,但每次只能有一个设备发送,即在同一时刻,只能进行一个方向传送,不能双向同时传输。

3)全双工制式

在全双工制式中,数据传送方式是双向配置,允许同时双向传送数据。

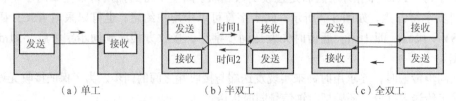

(a)单工   (b)半双工   (c)全双工

图 3-4 串行通信方向示意图

3.1.2 单片机串行口的结构与控制寄存器

MCS-51 单片机内部有一个可编程全双工串行接口,具有 UART(通用异步接收和发送器)的全部功能,通过单片机的引脚 RXD(P3.0)、TXD(P3.1)同时接收、发送数据,构成双机或多机通信系统,也可以作为移位寄存器使用。

（1）MCS-51 单片机串行口的结构

MCS-51 单片机串行口的内部结构如图 3-5 所示。与 MCS-51 串行口有关的特殊功能寄存器有 SBUF、SCON 和 PCON。

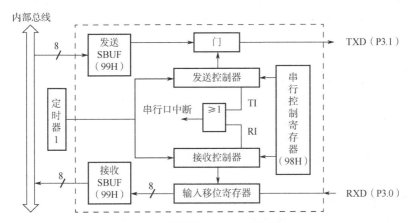

图 3-5 单片机串行口结构框图

1）串行口数据缓冲器 SBUF

SBUF 是一个特殊功能寄存器,有两个在物理上独立的接收缓冲器与发送缓冲器。发送缓冲器只能写入不能读出,写入 SBUF 的数据存储在发送缓冲器,用于串行发送;接收缓冲器只能读出不能写入。两个缓冲器共用一个地址 99H,通过对 SBUF 的读、写指令来区别是对接收缓冲器还是发送缓冲器进行操作。

2）串行口控制寄存器 SCON

SCON 用来控制串行口的工作方式和状态,字节地址为 98H,可以位寻址。SCON 的格式如下所示：

| SM0 | SM1 | SM2 | REN | TB8 | RB8 | TI | RI | SCON（98H） |

各位功能说明如下。

SM0、SM1：串行口工作方式选择位,其定义如表 3-3 所示。

表 3-3 串行口工作方式设定

SM0	SM1	工作方式	功能说明
0	0	0	同步移位寄存器输入/输出,波特率为 $f_{osc}/12$
0	1	1	10 位 UART,波特率可变（TI 溢出率/n, n=16 或 32）
1	0	2	11 位 UART,波特率为 f_{osc}/n, n=32 或 64）
1	1	3	11 位 UART,波特率可变（TI 溢出率/n, n=16 或 32）

SM2：多机通信控制位，用于方式 2 和方式 3 中。在方式 2 和方式 3 处于接收方式时，若 SM2＝1，表示置多机通信功能。如果接收到的第 9 位数据 RB8 为 1，则将数据装入 SBUF，并置 RI 为 1，向 CPU 申请中断；如果接收到的第 9 位数据 RB8 为 0，则不接收数据，RI 仍为 0，不向 CPU 申请中断。若 SM2＝0，不论接收到的第 9 位 RB8 为 0 还是为 1，TI、RI 都以正常方式被激活，接收到的数据装入 SBUF。在方式 1，若 SM2＝1，则只有收到有效的停止位后，RI 置 1。在方式 0 中，SM2 应为 0。

REN：允许串行接收位。REN＝1 时，允许接收；REN＝0 时，禁止接收。

TB8：发送数据的第 9 位。在方式 2 和方式 3 中，TB8 是第 9 位发送数据，可做奇偶校验位。在多机通信中，可作为区别地址帧或数据帧的标识位，一般约定发送地址帧时，TB8 为 1，发送数据帧时，TB8 为 0。

RB8：接收数据的第 9 位。在方式 2 和方式 3 中，RB8 是第 9 位接收数据。

TI：发送中断标志位。在方式 0 中，发送完 8 位数据后，由硬件置位；在其它方式，在发送停止位时由硬件置位。因此，TI 是发送完一帧数据的标志，当 TI＝1 时，向 CPU 申请串行中断，响应中断后，必须由软件清除 TI。

RI：接收中断标志位。在方式 0 中，接收完 8 位数据后，由硬件置位；在其它方式中在接收停止位的中间点由硬件置位。接收完一帧数据 RI＝1，向 CPU 申请中断，响应中断后，必须由软件清除 RI。

3）电源及波特率选择寄存器 PCON

PCON 主要是为 CHMOS 型单片机的电源控制而设置的专用寄存器，字节地址为 87H。在 HMOS 的 8051 单片机中，PCON 只有最高位被定义，其它位都是虚设的。

SMOD	（SMOD0）	（LVDF）	（LVDF）	（POF）	GF10	PGF0	PDL	IDL

PCON 的最高位 SMOD 为串行口波特率的倍增位。在方式 1、2 和 3 时，串行通信的波特率与 SMOD 有关。当 SMOD＝1 时，通信波特率加倍，当 SMOD＝0 时，波特率不变。其它各位为掉电方式控制位，PCON 不能位寻址。

3.1.3 单片机串行口的工作方式

MCS-51 单片机的串行口有 4 种工作方式，通过 SCON 中的 SM1、SM0 位来决定，如表 3-2 所示。

（1）工作方式 0

在方式 0 下，串行口作同步移位寄存器用，其波特率固定为 $f_{osc}/12$。串行数据从 RXD(P3.0)端输入或输出，同步移位脉冲由 TXD(P3.1)送出。移位数据的发送和接收以 8 位为一帧，无需起始位和停止位。这种方式常用于扩展 I/O 口。

（2）工作方式 1

方式 1 为波特率可调的 10 位通用异步通信接口。发送或接收一帧信息为 10 位，分别为起始位 0，8 位数据位和 1 位停止位 1。数据帧格式如下所示。

0	D0	D1	D2	D3	D4	D5	D6	D7	1
起始位	8 位数据								停止位

1）数据发送

发送时，数据从 TXD 端输出。数据被写入发送缓冲器 SBUF，启动发送器发送。当发送完一帧数据后，置中断标志 TI 为 1。

2）数据接收

接收时，数据从 RXD 端输入。当允许接收控制位 REN 为 1 后，串行口采样 RXD，当采样到由 1 到 0 跳变时，确认是起始位"0"，启动接收器开始接收一帧数据。当 RI = 0 且接收到停止位为 1（或 SM2 = 0）时，将停止位送入 RB8，8 位数据送入接收缓冲器 SBUF，同时置中断标志 RI = 1。所以，方式 1 接收时，应先用软件清除 RI 或 SM2 标志。

（3）工作方式2、方式3

在工作方式 2、方式 3 下，串行口为 11 位异步通信接口，发送、接收一帧信息为 11 位：即 1 位起始位（0）、8 位数据位、1 位可编程位和 1 位停止位（1）。传送波特率与 SMOD 有关。其数据帧格式如下所示。

0	D0	D1	D2	D3	D4	D5	D6	D7	0/1	1
起始位			8位数据						奇偶校验	停止位

1）数据发送

串行口工作于方式 2、方式 3 进行数据发送时，数据由 TXD 端输出，附加的第 9 位数据为 SCON 中的 RB8（由软件设置）。用指令将要发送的数据写入 SBUF，即可启动发送器。送完一帧信息时，TI 由硬件置 1。

2）数据接收

当 REN = 1 时，允许接收。接收到的第 9 位数据送入 RB8 中，当同时满足 RI = 0，SM2 = 0 或接收到第 9 位数据为 1 这两个条件时，将 8 位数据送入 SBUF 中，置 RI = 1，否则收到的信息丢弃。

3.1.4 串行口的波特率

在串行通信中，收发双方必须采用相同的数据传输速度，即采用相同的波特率。MCS-51 单片机的串行口有 4 种工作方式，其中方式 0 和方式 2 的波特率是固定的，方式 1 和方式 3 的波特率是可变的，由定时器 T1 的溢出率决定。

（1）方式0和方式2

在方式 0 中，波特率为时钟频率的 1/12，即 $f_{osc}/12$，固定不变。

在方式 2 中，波特率取决于 PCON 中的 SMOD 值，当 SMOD = 0 时，波特率为 $f_{osc}/64$；当 SMOD = 1 时，波特率为 $f_{osc}/32$，即波特率 = $2^{SMOD} \times f_{osc}/64$。

（2）方式1和方式3

在方式 1 和方式 3 下，波特率由定时器 T1 的溢出率和 SMOD 决定：

$$波特率 = 2^{SMOD}/32 \times n$$

式中 n 为定时器 T1 的溢出率。定时器 T1 的溢出率取决于定时器 T1 的预置值。通常定时器选用工作模式 2，即自动重装载的 8 位定时器，此时 TL1 作计数用，自动重装载值存在 TH1 内。设定时器的预置值（初始值）为 X，那么每过 256 − X 个机器周期，定时器溢出一次，溢出周期为：

$$12/f_{osc} \times (256-X)$$

溢出率为溢出周期的倒数，所以波特率为：

$$波特率 = \frac{2^{SMOD}}{32} \cdot \frac{f_{osc}}{12(256-X)}$$

实际使用时，常常是先确定波特率，再计算 T1 的计数初值，然后进行定时器的初始化设置，根据上述公式，可以得出计数初值的计算公式为：

$$X = 256 - \frac{f_{osc} \times (2^{smod})}{384 \times 波特率}$$

例如：通信波特率为 9600bps，f_{osc} = 11.0592MHz，T1 工作在模式 2，其 SMOD = 0，计算 T1 的初值 X，编写初始化程序。

在 f_{osc} = 11.0592MHz 时，初值的计算公式为：

$$X = 256 - \frac{28800 \times (2^{smod})}{波特率}$$

可以计算出，X = 253 = 0xfd，相应的初始化程序为：
TMOD = 0X20;   //定时器 T1 工作于方式 2
    TH1 = 0xfd;   //装入计数初值
    TL1 = 0xfd;
    PCON = 0x00;   //SMOD = 0
    TR1 = 1;

小知识

为什么会使用 11.0592MHz 的时钟频率：
在实际的通信协议中，波特率常用的值有 1200、2400、9600、19200 等，这时如果采用 12MHz 的时钟频率，计算出的定时计数初值就不是整数，就会出现波特率误差，而采用 11.0592MHz 的时钟频率后，就能得到准确的定时计数初值了。

MCS-51 单片机串行口不同工作方式下常用波特率和定时初值如表 3-4 所示。

表3-4　串行口不同工作方式下常用波特率与定时初值

工作方式	波特率/bps	f_{osc}/MHz	定时器 T1			
			SMOD	C/$\overline{T}$	模式	定时器初值
方式0	1M	12	×	×	×	×
方式2	375K	12	1	×	×	×
	187.5K	12	0	×	×	×
方式1 方式3	62.5K	12	1	0	2	FFH
	19.2K	11.059	1	0	2	FDH
	9.6K	11.059	0	0	2	FDH
	4.8K	11.059	0	0	2	FAH
	2.4K	11.059	0	0	2	F4H
	1.2K	11.059	0	0	2	E8H
	137.5	11.059	0	0	2	1DH

任务3.2 单片机的双机通信

3.2.1 任务与计划

单片机双机通信任务要求：用两片单片机进行双机串行通信，采用串口工作方式1，波特率为9600，A机向B机传送数据，B机接收到数据后，在B机的P0口输出并显示出来，如图3-6所示。

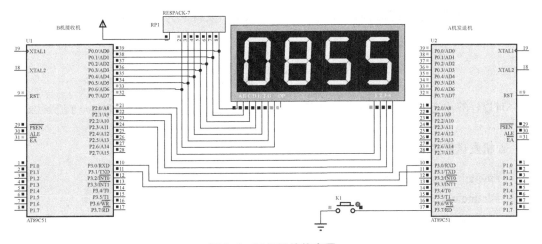

图3-6 双机通信仿真图

案例是采用LED静态显示，任务制作时要求采用多位LED动态显示数据和自己的学号后两位。

工作计划：首先分析任务，然后进行硬件电路设计，再进行软件源程序分析编写，经编译调试后生成hex文件，将hex文件加载到仿真电路，对单片机双机通信进行仿真演示。

3.2.2 案例硬件电路与软件程序设计

（1）硬件电路设计

根据任务要求，将A机发送的数据选为1~9，在A机P3_7接一按钮，每按下一次，发送的数据加1，到10后再从0开始。B机的P0端口接数码显示管，B机将接收到的数字在数码管上显示出来。

（2）软件程序编写

工作于方式1的单片机双机通信的程序编写，分为发送机程序和接收机程序的编写，单片机通信程序可以采用查询方式和中断方式，为提高工作效率，接收方一般采用中断方式，发送方采用查询方式，本程序A机发送采用查询方式，B机接收采用中断方式，编写的基本方法如下。

发送机程序编写步骤：

① 根据波特率，对定时器T1进行初始化；

② 设置控制寄存器SCON，选择串口方式1；
③ 清除TI标志；
④ 将数据送入缓冲器SBUF，当SBUF中的数据发送完毕，硬件电路自动将TI置1；
⑤ 如果还有数据要发送，重复③~④。

接收机程序编写步骤：
① 根据波特率，对定时器T1进行初始化；
② 设置控制寄存器SCON，选择串口方式1，并令REN=1；
③ 清除RI标志；
④ 当串行口收到一帧数据后，RI置1，判断到标志后，CPU从SBUF中读取数据；
⑤ 如果还有数据要接收，重复③~④。

根据任务要求，选择时钟频率f_{osc}=11.0592MHz，波特率为9600，根据T1计数初值的公式：

$$X=256-\frac{28800\times(2^{smod})}{波特率}$$

可以计算出初值，也可以通过查表得到，X = 0xfd，T1 工作于模式 2，TH1 = TL1 = 0xfd。

A 机发送程序如下：

```
#include <reg51.h>
#define uint unsigned int
#define uchar unsigned char
sbit K1 = P3^7;
uchar num ;
void main()
{
    SCON = 0x50;      //串口工作方式 1
    TMOD = 0x20;      // T1 工作方式 2
    PCON = 0x00;      //SMOD = 0
    TH1 = 0xfd;       //装入初值，波特率 9600
    TL1 = 0xfd;
    TI = 0;           //标志位初始化
    RI = 0;
    TR1 = 1;          //启动定时器 T1
    while(1)
    {
        if(K1 == 0)    //等待 K1 按下
        {
            while(K1 == 0);    //等待 K1 释放
            num++;
            if(num == 10)
            {
```

```c
            num = 0;
        }
        SBUF = num;              //发送数据
        while(TI == 0);          //等待发送完成
        TI = 0;
    }
}
```

B机接收程序如下：

```c
#include <reg51.h>
#define uint unsigned int
#define uchar unsigned char
uchar code zftab[] = {0x3f,0x06,0x5b,0x4f,0x66,0x6d,0x7d,0x07,0x7f,0x6f};
void main()
{
    P0 = zftab[0];       //初始显示
    SCON = 0x50;         //串口工作方式1，允许接收
    TMOD = 0x20;         //T1工作方式2
    PCON = 0x00;         //SMOD = 0
    TH1 = 0xfd;          //装入初值，波特率9600
    TL1 = 0xfd;
    TI = 0;              //标志位初始化
    RI = 0;
    TR1 = 1;             //启动定时器T1
    EA = 1;              //CPU开中断
    ES = 1;              //开串口中断

    while(1);
}
void Serial() interrupt 4    //串口中断
{
    if(RI == 1)              //等待接收数据
    {
        RI = 0;
        P0 = zftab[SBUF];    //显示接收到的数据
    }
}
```

3.2.3 调试与仿真运行

在程序的调试过程中排除输入和编辑过程中出现的错误,将 Keil 的输出设置为生成 hex 文件,源程序通过编译后,将两份 hex 文件分别加载到 Proteus 仿真电路中的发送和接收单片机中,在仿真环境中按下 ▶ 键,进入仿真运行状态,这时接收机(B机)P0端口的数码管显示数字0,这是初始显示数字,然后一次次地按下发送机(A机)的K1按钮,每按下并释放一次,K1按钮的输入端 P3_7 显示电位的颜色会从蓝色变为红色,显示输入端 P3_7 从低电平变为高电平,每变化一次,A机发送给B机的数字加1,B机接收到数字后送到P0端口显示,数码管显示的数字就加1,加到9后再从0开始计数,如图3-7所示。

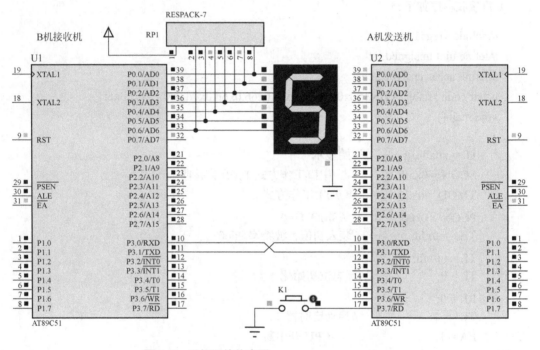

图 3-7 双机通信仿真图

任务3.3 单片机与PC串行通信

单片机与PC串行通信

3.3.1 任务与计划

单片机与PC串行通信任务要求:用一片单片机与PC进行串行通信,采用串口工作方式1,波特率为9600,单片机接收来自PC的数据,能识别其中的控制数码,能将接收到的数据显示出来,将接收到的控制数码的次数及学号用LED数码管动态显示出来,如图3-8所示。

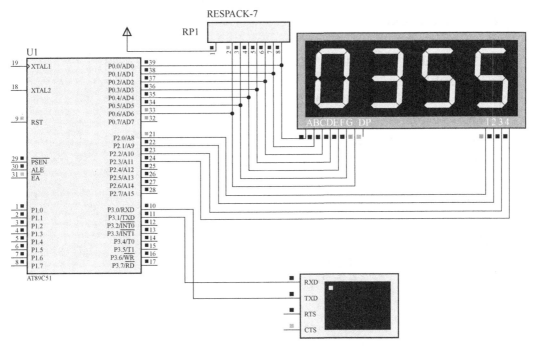

图 3-8 单片机与 PC 通信仿真

案例是采用 LED 静态显示，任务制作时要求采用多位 LED 动态显示数据和自己的学号后两位。

工作计划：首先分析任务，然后进行硬件电路设计，再进行软件源程序分析编写，源程序经调试编译后生成 hex 文件，将 hex 文件加载到仿真电路，对数据通信进行仿真运行，观察并验证终端显示的数据和数码管显示的控制数码计数的正确性。

3.3.2 案例硬件电路与软件程序设计

（1）硬件电路设计

根据任务要求，在仿真的环境下，单片机和 PC 的联系通过虚拟终端实现，在 Proteus 仿真环境中，采用虚拟终端 VIRTUAL TERMINAL 来模拟 PC 的作用，设数字 1 是控制数码，将接收到的控制数码 1 的次数计数相加，计数到 10 后再从 0 开始，计数值输出到 P0 端口，用一位数码管显示。将单片机接收到的所有数码再发送出去，在虚拟终端上显示。

（2）软件程序编写

根据单片机串行通信的编写步骤，首先是编写定时器 T1 和串口的初始化程序：

串口工作于方式 1，允许接收数据：SCON=0x50；

定时器 T1 工作于方式 2：TMOD=0x20；

波特率为 9600，时钟频率 f_{osc}=11.0592MHz，定时器初值为 0xfd：TH1=TL1=0xfd；

初始化清标志和开中断：RI=0，TI=0，EA=1，ES=1。

单片机和 PC 的通信采用中断方式，当单片机接收到来自 PC（虚拟终端）的一帧数据后，判别其中的控制数码，将控制数码计数后送数码管显示，然后将收到的全部数码再发送给虚拟终端显示出来。源程序如下：

#include<reg51.h>

```c
#define uchar unsigned char
uchar dat,num;
uchar code zftab[] = {0x3f,0x06,0x5b,0x4f,0x66,0x6d,0x7d,0x07,0x7f,0x6f};
void init_serial(void)
{ SCON = 0x50;         //串口工作方式1，允许接收
  TMOD = 0x20;         //定时器T1工作于方式2
  PCON = 0x00;    //SMOD = 0
  TH1 = 0xfd;          //装入时间常数，波特率为9600
  TL1 = 0xfd;
  RI = 0;
  TI = 0;
  TR1 = 1;             //启动定时器T1
  EA = 1;              //开中断
  ES = 1;              //允许串行口中断
  P0 = zftab[0] ;
}
void serial(void) interrupt 4
{
  if(RI == 1)          //等待接收数据
    { RI = 0;          //清除接收标志
      dat = SBUF;      //读取数据
      if(dat == 0x31)  //判别是否是控制数码1
      {
       num++;          //将收到的控制数码计数
       if(num == 10)
       {
        num = 0;
       }
      }
      SBUF = dat;      //将数据转发出去
    }
  else if(TI == 1)     //如果数据已发送完
    TI = 0;            //清除发送标志
}
void main(void)
  {
    init_serial();     //初始化程序
    while(1)
    {
     P0 = zftable[num] ; //显示控制数码计数值
    }
```

}

3.3.3 调试与仿真运行

在程序的调试过程中排除输入和编辑过程中出现的错误,将 Keil 的输出设置为生成 hex 文件,源程序通过编译后,将 hex 文件加载到 Proteus 仿真电路中的单片机中,在仿真环境中按下 ▶ 键,进入仿真运行状态,如果虚拟终端工作不正常显示,单片机和虚拟终端不能正常通信,可能有两处要作设置,一是对虚拟终端的波特率进行设置,二是对单片机的时钟频率进行设置,设置方法如下:打开虚拟终端属性对话框,如图 3-9 所示,将虚拟终端的波特率设置为和单片机同样的 9600,然后打开单片机的属性对话框,如图 3-10 所示,将单片机的时钟频率设置为 11.0592MHz。

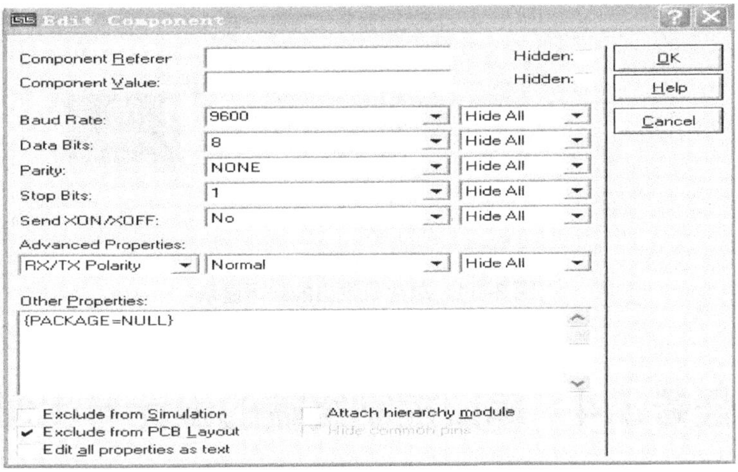

图 3-9 虚拟终端波特率设置

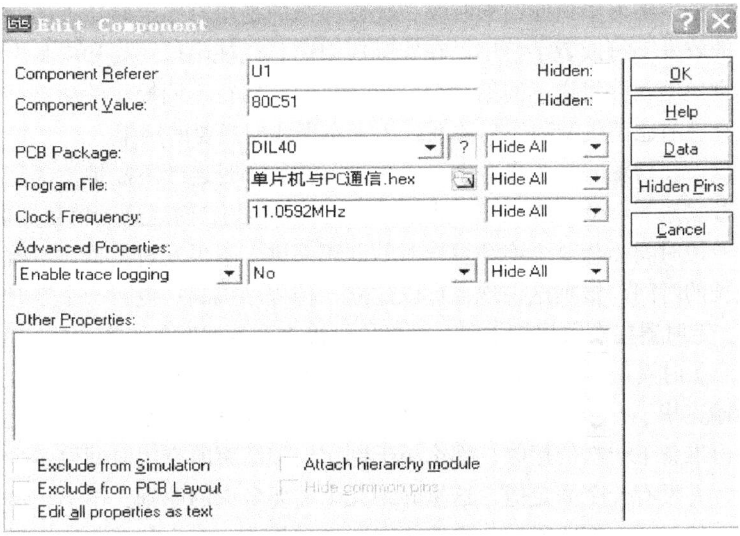

图 3-10 单片机时钟频率设置

在仿真状态下，将光标指向虚拟终端显示屏，从PC的键盘输入一串数码，单片机就会从串行口接收到这一串数码，然后再从串行口将这一串数码发送给虚拟终端显示出来，其中输入的1是约定的控制数码，输入的1的次数被计数后输出到P0端口，在LED数码管上显示出来，如图3-11所示。

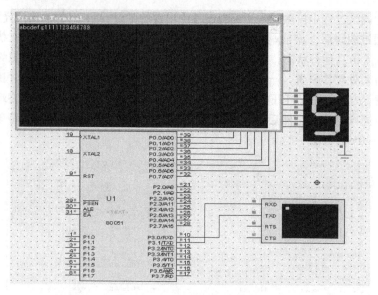

图 3-11　单片机发出的数据显示

任务 3.4　串口控制终端的设计与实现

3.4.1　任务与计划

在前三个任务中学习串口通信的时候，比较注重的是串口底层时序上的操作过程，所以例程都是简单的收发字符或者字符串。在实际应用中，往往串口还要和电脑上的上位机软件进行交互，实现电脑软件发送不同的指令，单片机对应执行不同操作的功能，这就要求我们组织一个比较合理的通信机制和逻辑关系，用来实现我们想要的结果。

在实际通信中，传输一帧（多个字节）数据时往往都是连续不断地发送，即发送完一个字节后会紧接着发送下一个字节，期间没有间隔或间隔很短，而当这一帧数据都发送完毕后，就会间隔很长一段时间（相对于连续发送时的间隔来讲）不再发送数据，也就是通信总线上会空闲一段较长的时间。根据这种现象可以建立一种程序机制：设置一个定时器用来计算总线的空闲时间。定时器在有数据传输时（即单片机接收到数据时）清零，而在总线空闲时（没有接收到数据时）时累加，当它累加到一定时间（例程里是30ms）后，就可以认定一帧完整的数据已经传输完毕了，于是告诉其它程序可以来处理数据了，本次的数据处理完后就恢复到初始状态，再准备下一次的接收。那么用于判定一帧结束的空闲时间取多少合适呢？它取决于多个条件，并没有一个固定值，这里介绍几个需要考虑的原则：第一，这个时间必须大于传输一个字节的时间，很明显单片机接收中断产生是在一个字节接收完毕后，也就是一个时刻点，而其接收过程程序是无从知晓的，因此在至少一个字节传输时间内绝不能认为空闲已经时间达到了。第二，要考虑发送方的系统延时，因为不是所有的发送方都能让数据严格无间隔的发送，因为软件响应、关中断、系统临界区等等操作都会引起延时，所以还得再附加几个到十几个 ms 的时间。选取的 30ms 是一个折中的经验值，它能适应大部分的波特率（大于 1200）和大部分的系统延时（PC 机或其它单片机系统）情况。

利用这种程序机制，上位机可以通过串口向单片机发送指令，进而控制相应的模块，这个在实际项目中是非常有意义的。本节设计一个基于计算机串口调试助手发送相应指令到单片机的串口控制终端，实现对项目一二中的 LED 亮灭与数码管显示的控制。

工作计划：首先分析任务，然后进行硬件电路设计，再进行软件源程序分析编写，源程序经调试编译后生成 hex 文件，将 hex 文件加载到仿真电路，对数据通信进行仿真运行，观察并验证终端显示的数据和数码管显示的控制数码计数的正确性。

3.4.2 案例硬件电路与软件程序设计

（1）硬件电路设计

根据任务要求，在仿真的环境下，单片机和 PC 的联系通过虚拟终端实现，在 Proteus 仿真环境中，采用虚拟终端 VIRTUAL TERMINAL 来模拟 PC 的作用。单片机会根据表 3-5 的控制指令，对 LED 的亮灭以及数码管的显示进行控制，并会将执行的结果通过串口反馈给 PC，硬件电路如图 3-12 所示。

表 3-5 控制指令

控制指令	功能说明
LED_ON x（x 表示 0-7）	打开第 x 个 LED
LED_OFF x（x 表示 0-7）	关闭第 x 个 LED
SEG7_SHOW x（x 表示 0-9）	数码管显示数字 x
SEG_OFF	数码管关闭显示

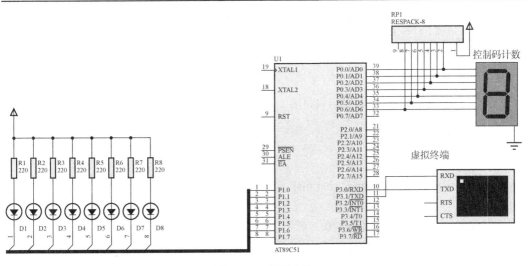

图 3-12 硬件电路

（2）软件程序编写

首先，对串口进行初始化，串口工作于方式 1，允许接收数据，波特率为 9600；接着对定时器 0 进行初始化，定时器工作于模式 1，且每 1ms 中断一次。单片机和 PC 的通信采用中断方式，当单片机接收到来自 PC（虚拟终端）的一帧数据后，判别其中的控制指令，控制相应 LED 的亮灭或者数码管的数码显示，然后将收到的指令回应再发送给虚拟终端显示出来。源程序如下：

```
#include <reg52.h>
#include <intrins.h>
#include "UART.h"

#define uint unsigned int
#define uchar unsigned char

uchar code seg7_table[] = {0x3f,0x06,0x5b,0x4f,0x66,0x6d,0x7d,0x07,0x7f,0x6f};

unsigned char T0RH = 0;    //T0 重载值的高字节
unsigned char T0RL = 0;    //T0 重载值的低字节
bit flagFrame = 0;

void ConfigTimer0(unsigned int ms);
void UartDriver();

void main()
{
    ConfigUART(9600);        //配置波特率为 9600
    ConfigTimer0(1);         //配置 T0 定时 1ms
    EA = 1;                  //开总中断
    while(1)
    {
        UartDriver();//调用串口驱动
    }
}

void UartRxMonitor(unsigned char ms)
{
    static unsigned char cntbkp = 0;
    static unsigned char idletmr = 0;

    if (cntRxd > 0)    //接收计数器大于零时，监控总线空闲时间
    {
        if (cntbkp != cntRxd)    //接收计数器改变，即刚接收到数据时，清零空闲计时
```

```
            {
                cntbkp = cntRxd;
                idletmr = 0;
            }
            else                        //接收计数器未改变, 即总线空闲时, 累积空闲时间
            {
                if (idletmr < 100)  //空闲计时小于100ms时, 持续累加
                {
                    idletmr + = ms;
                    if (idletmr > = 100)   //空闲时间达到100ms时, 即判定为一帧接收完毕
                    {
                        flagFrame = 1;    //设置帧接收完成标志
                    }
                }
            }
        }
        else
        {
            cntbkp = 0;
        }
    }
}
/* T0 中断服务函数, 执行串口接收监控和蜂鸣器驱动*/
void InterruptTimer0() interrupt 1
{
    TH0 = T0RH;     //重新加载重载值
    TL0 = T0RL;
    UartRxMonitor(1);   //串口接收监控
}
/*配置并启动 T0, ms-T0 定时时间*/
void ConfigTimer0(unsigned int ms)
{
    unsigned long tmp;    //临时变量

    tmp = 11059200 / 12;        //定时器计数频率
    tmp = (tmp * ms) / 1000;    //计算所需的计数值
    tmp = 65536 - tmp;          //计算定时器重载值
    tmp = tmp + 33;             //补偿中断响应延时造成的误差
    T0RH = (unsigned char)(tmp>>8);    //定时器重载值拆分为高低字节
    T0RL = (unsigned char)tmp;
    TMOD & = 0xF0;       //清零 T0 的控制位
    TMOD | = 0x01;       //配置 T0 为模式 1
```

```c
    TH0 = T0RH;        //加载 T0 重载值
    TL0 = T0RL;
    ET0 = 1;           //使能 T0 中断
    TR0 = 1;           //启动 T0
}

/*内存比较函数,比较两个指针所指向的内存数据是否相同,
   ptr1-待比较指针 1,ptr2-待比较指针 2,len-待比较长度
   返回值-两段内存数据完全相同时返回 1,不同返回 0 */
bit CmpMemory(unsigned char *ptr1, unsigned char *ptr2, unsigned char len)
{
    while (len--)
    {
        if (*ptr1++ != *ptr2++)    //遇到不相等数据时即刻返回 0
        {
            return 0;
        }
    }
    return 1;    //比较完全部长度数据都相等则返回 1
}
void ClrMemory(unsigned char *ptr1, unsigned char len)
{
    while (len--)
    {
        *ptr1++ = 0;
    }
    cntRxd = 0;
}
/* LED 状态的响应函数*/
void LED_Ation(char *buf, int len, bit LED_Actin_Type)
{
    int num = 0;
    while ((*buf == ' ') && (len > 0))  //清除缓冲区开头的空格符
    {
        buf++;
        len--;
    }
    while (len > 0) //后续字符转换为整型数
    {
        if ((*buf < '0') || (*buf > '9'))
        {
```

```c
                break;
        }
        num *= 10;
        num += *buf - '0';
        buf++;
        len--;
    }
    num--;
    if ((num >= 0) && (num <= 7))
    {
            if (LED_Actin_Type == 1)
            {
                P1 &= ~(0x01 << num);
            }
            else
            {
                P1 |= (0x01 << num);
            }

    }
}
/*数码管的响应函数*/
void SEG7_Ation(char *buf, int len)
{
    int num = 0;
    while ((*buf == ' ') && (len > 0))  //清除缓冲区开头的空格符
    {
        buf++;
        len--;
    }
while (len > 0)  //后续字符转换为整型数
{
    if ((*buf < '0') || (*buf > '9'))
    {
        break;
    }
    num *= 10;
    num += *buf - '0';
    buf++;
    len--;
}
```

```c
    if ((num >= 0) && (num <= 9))
    {
            P0 = seg7_table[num];
    }
}
/*数码管关闭函数*/
void SEG7_OFF(void)
{
    P0 = 0x00;
}
/*串口驱动函数,监测数据帧的接收,调度功能函数,需在主循环中调用*/

/*串口动作函数,根据接收到的命令帧执行响应的动作
   buf-接收到的命令帧指针,len-命令帧长度*/
void UartAction(unsigned char *buf, unsigned char len)
{
    unsigned char i;
    unsigned char code cmd0[] = "LED_ON";      //开 LED 命令
    unsigned char code cmd1[] = "LED_OFF";     //关 LED 命令
    unsigned char code cmd2[] = "SEG7_OFF";    //数码管显示数字命令
    unsigned char code cmd3[] = "SEG7_SHOW";   //数码管关闭命令

    unsigned char code cmdLen[] = {            //命令长度汇总表
        sizeof(cmd0)-1, sizeof(cmd1)-1, sizeof(cmd2)-1, sizeof(cmd3)-1,
    };
    unsigned char code *cmdPtr[] = {           //命令指针汇总表
        &cmd0[0],  &cmd1[0],  &cmd2[0], &cmd3[0]
    };
    for (i = 0; i<sizeof(cmdLen); i++)   //遍历命令列表,查找相同命令
    {
        if (len >= cmdLen[i])   //首先接收到的数据长度要不小于命令长度
        {
            if (CmpMemory(buf, cmdPtr[i], cmdLen[i]))   //比较相同时退出循环
            {
                break;
            }
        }
    }
    switch (i)   //循环退出时 i 的值即是当前命令的索引值
    {
        case 0:
```

```c
                LED_Ation(&buf[cmdLen[0]], len - cmdLen[0], 1);
                    break;
                case 1:
                    LED_Ation(&buf[cmdLen[1]], len - cmdLen[1], 0);
                    break;
                case 2:
                    SEG7_OFF();
                    break;
                case 3:
                    SEG7_Ation(&buf[cmdLen[3]], len - cmdLen[3]);   //为接收到的字符串//添加结束符
                    break;
                default:    //未找到相符命令时,给上机发送"错误命令"的提示
                    UARTSendString("bad command.\r\n");
                    return;
        }
        buf[len++] = '\r';   //有效命令被执行后,在原命令帧之后添加
        buf[len++] = '\n';   //回车换行符后返回给上位机,表示已执行
        UARTSendString(buf);
        UARTSendString("DONE\r\n");
}
void UartDriver()
{
    unsigned char len, i;
    unsigned char buf[40] = {0};

    if (flagFrame) //有命令到达时,读取处理该命令
    {
        flagFrame = 0;
        len = cntRxd;
        for (i = 0; i < len; i++)    //拷贝接收到的数据到接收指针上
        {
            buf[i] = UART_Buffer[i];
        }
        ClrMemory(UART_Buffer, cntRxd);
        UartAction(buf, len);   //传递数据帧,调用动作执行函数
    }
}
```

3.4.3 调试与仿真运行

在程序的调试过程中排除输入和编辑过程中出现的错误,将 Keil 的输出设置为生成 hex 文件,源程序通过编译后,将 hex 文件加载到 Proteus 仿真电路中。在仿真环境中按下 ▶ 键,进入仿真运行状态。在虚拟终端中分别输入 LED_ON 1、SEG7_SHOW 7,观察 LED 灯和数码管的状态。仿真运行效果如图 3-13、图 3-14 所示。

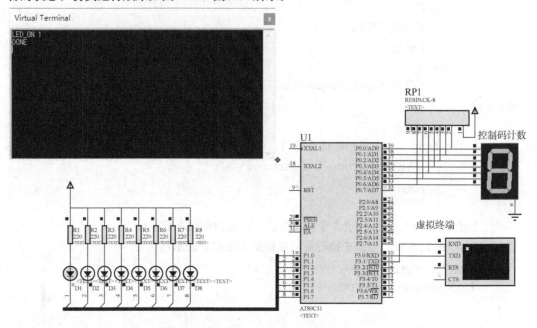

图 3-13 仿真运行效果图

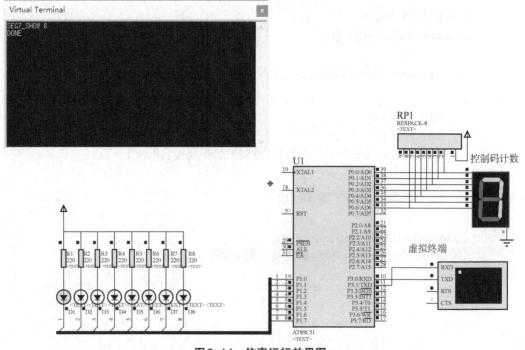

图 3-14 仿真运行效果图

串行通信接口与 MODBUS 通信协议

☆ 串行通信接口

在进行串行通信接口设计时，必须根据需要确定选择标准接口、传输介质及电平转换等问题。常用的串行通信接口标准总线有：RS-232C，RS-422、RS-485 等。

（1）RS-232C 接口

RS-232C 是使用广泛的一种异步串行通信总线标准。它由美国电子工业协会（Electronic Industries Association）于 1962 年公布。RS-232C 主要用来定义计算机系统的一些数据终端设备（DTE）和数据通信设备（DCE）之间接口的电气特性，广泛用于计算机与终端或外设之间的近端连接，适合于短距离或带调制解调器的通信场合。

1）RS-232C 的电气特性

RS-232C 标准早于 TTL 电路的产生，与 TTL 逻辑电平规定不同。该标准采用负逻辑：低电平表示逻辑 1，电平值为 -3 ~ -15V；高电平表示逻辑 0，电平值为 +3 ~ +15V。因此，RS-232C 不能直接与 TTL 电路连接，使用时必须加上适当的电平转换电路，否则将使 TTL 电路烧毁。

2）RS-232C 的信号

RS-232C 信号分为两类，一类是 DTE 与 DCE 交换的信息，另一类是为了正确无误地传输上述信息而设计的握手联络信号，RS-232C 9 芯连接器引脚图如图 3-15 所示，下面介绍这两类信号。

① 基本的数据传送端

TXD：数据输出端，串行数据由此发出。

RXD：数据输入端，串行数据由此输入。

GND：信号地线。

在串行通信中，最简单的通信只需要连接这 3 根线，在单片机与 PC 之间、PC 与 PC 之间的数据通信常常采用这种连接方式。

② 握手信号

RTS：请求发送信号，输出。

CTS：等待传送，是对 RTS 的响应信号，输入。

DSR：数据通信准备就绪，输入。

DTR：数据终端就绪，表明计算机已做好接收准备，输出。

DCD：数据载波检测，输入。

RI：振铃指示。

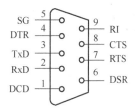

图 3-15 RS-232C 引脚图

当一台 PC 机与调制解调器相连，要向远方发送数据时，如果 PC 机作好了发送准备，就用 RTS 信号通知调制解调器；当调制解调器也作好发送数据的准备，就向 PC 机发出 CTS 信号，RTS 和 CTS 这对握手信号沟通后，就可以进行串行数据发送了。

当 PC 机要从远方接收数据时，如果 PC 机作好了接受准备，就发出 DTR 信号通知调制解调器；当调制解调器也做好接收数据的准备就向 PC 机发出 DSR 信号，DTR 和 DSR 这对握手信号沟通后，就可以进行串行数据接收了。

3）RS-232C 与单片机的连接

RS-232C 接口与单片机联接时需要进行电平转换，常用的电平转换芯片有 MC1488、MC1489 和 MAX232。

MAX232 系列芯片由 MAXIM 公司生产，内含两路接收器和驱动器。其内部的电源电压变换器可以把输入的 +5V 电源电压变换成 RS-232C 输出所需的 ±10V 电压。图 3-16 为该芯片引脚图。

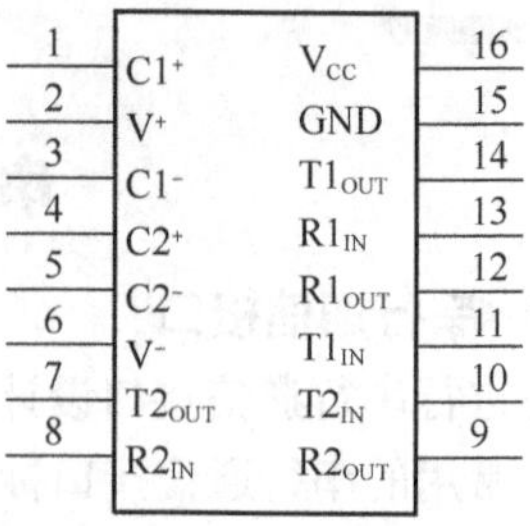

图 3-16 MAX232 芯片引脚图

（2）RS-485 接口

RS232 标准是诞生于 RS485 之前的，但是 RS232 有几处不足的地方。

① 接口的信号电平值较高，达到十几伏，使用不当容易损坏接口芯片，电平标准也与 TTL 电平不兼容。

② 传输速率有局限，不可以过高，一般到一两百千比特每秒（Kb/s）就到极限了。

③ 接口使用信号线和 GND 与其它设备形成共地模式的通信，这种共地模式传输容易产生干扰，并且抗干扰性能也比较弱。

④ 传输距离有限，最多只能通信几十米。

⑤ 通信的时候只能两点之间进行通信，不能够实现多机联网通信。

针对 RS232 接口的不足，就不断出现了一些新的接口标准，RS485 就是其中之一，它具备以下的特点。

① 采用差分信号。我们在讲 A/D 的时候，讲过差分信号输入的概念，同时也介绍了差分输入的好处，最大的优势是可以抑制共模干扰。尤其当工业现场环境比较复杂，干扰比较多时，采用差分方式可以有效提高通信可靠性。RS485 采用两根通信线，通常用 A 和 B 或者 D+ 和 D- 来表示。逻辑"1"以两线之间的电压差为 +（0.2~6）V 表示，逻辑"0"以两线间的电压差为 -（0.2~6）V 来表示，是一种典型的差分通信。

② RS485 通信速率快，最大传输速度可以达到 10Mb/s 以上。

③ RS485 内部的物理结构，采用的是平衡驱动器和差分接收器的组合，抗干扰能力也大大增加。

④ 传输距离最远可以达到 1200 米左右，但是它的传输速率和传输距离是成反比的，只有在 100Kb/s 以下的传输速度，才能达到最大的通信距离，如果需要传输更远距离可以使用中继。

⑤ 可以在总线上进行联网实现多机通信，总线上允许挂多个收发器，从现有的 RS485 芯片来看，有可以挂 32、64、128、256 等不同设备的驱动器。

⑥ RS485 的接口非常简单，与 RS232 所使用的 MAX232 是类似的，只需要一个 RS485 转换器，就可以直接与单片机的 UART 串口连接起来，并且使用完全相同的异步串行通信协议。但是由于 RS485 是差分通信，因此接收数据和发送数据是不能同时进行的，也就是说它是一种半双工通信。

如图 3-17 所示，MAX485 是美信（Maxim）推出的一款常用 RS485 转换器。其中 5 脚和 8 脚是电源引脚；6 脚和 7 脚就是 RS485 通信中的 A 和 B 两个引脚；1 脚和 4 脚分别接到单片机的 RXD 和 TXD 引脚上，直接使用单片机 UART 进行数据接收和发送；2 脚和 3 脚是方向引脚，其中 2 脚是低电平使能接收器，3 脚是高电平使能输出驱动器，我们把这两个引脚连到一起，平时不发送数据的时候，保持这两个引脚是低电平，让MAX485处于接收状态，当需要发送数据的时候，把这个引脚拉高，发送数据，发送完毕后再拉低这个引脚就可以了。为了提高RS485的抗干扰能力，需要在靠近MAX485的A和B引脚之间并接一个电阻，这个电阻阻值从100Ω到1kΩ都是可以的。

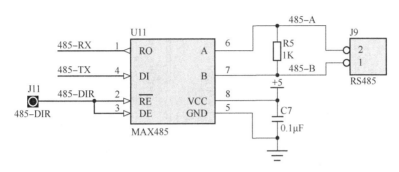

图 3-17　MAX485 硬件接口

☆ **Modbus通信协议介绍**

前边学习UART这些通信协议，都是最底层的协议，是"位"级别的协议。而在学习串口通信程序的时候，通过串口发给单片机三条指令，让单片机做了三件不同的事情，分别是"buzz on"、"buzz off"和"showstr"。随着系统复杂性的增加，希望可以实现更多的指令。而指令越来越多带来的后果就是非常杂乱无章，尤其是这个人喜欢写成"buzz on"、"buzz off"，而另外一个人喜欢写成"on buzz"、"off buzz"。导致不同开发人员写出来的程序代码不兼容，不同厂家的产品不能挂到一条总线上通信。

随着这种矛盾的日益严重，就会有聪明人提出更合理的解决方案，提出一些标准来，今后我们的编程必须按照这个标准来，这种标准也是一种通信协议，但是和UART、I2C、SPI通信协议不同的是，这种通信协议是字节级别的，叫作应用层通信协议。在1979年由Modicon（现为施耐德电气公司的一个品牌）提出了全球第一个真正用于工业现场总线的协议，就是Modbus协议。

（1）Modbus协议特点

Modbus协议是应用于电子控制器上的一种通用语言。通过此协议，控制器相互之间、控制器经由网络（例如以太网）和其他设备之间可以通信，已经成为一种工业标准。有了它，不同厂商生产的控制设备可以连成工业网络，进行集中监控。这种协议定义了一种控制器能够认识使用的数据结构，而不管它们是经过何种网络进行通信的。它描述了控制器请求访问其它设备的过程，如何回应来自其它设备的请求，以及怎样侦测错误记录，它制定了通信数据的格局和内容的公共格式。

在进行多机通信的时候，Modbus协议规定每个控制器必须要知道它们的设备地址，识别按照地址发送过来的数据，决定是否要产生动作，产生何种动作，如果要回应，控制器将生成的反馈信息用Modbus协议发出。

Modbus协议允许在各种网络体系结构内进行简单通信，每种设备（PLC、人机界面、控制面板、驱动程序、输入输出设备等）都能使用Modbus协议来启动远程操作，一些网关允许在几种使用Modbus协议的总线或网络之间的通信，如图3-18所示。

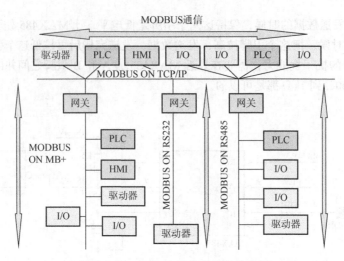

图 3-18 Modbus 网络体系结构实例

Modbus 协议的整体架构和格式比较复杂和庞大，在这里重点介绍数据帧结构和数据通信控制方式作为一个入门级别的了解。如果大家要详细了解，或者使用 Modbus 开发相关设备，可以查阅相关的国标文件再进行深入学习。

（2）Modbus RTU

Modbus 有两种通信传输方式，一种是 ASCII 模式，另一种是 RTU 模式。由于 ASCII 模式的数据字节是 7bit 数据位，51 单片机无法实现，而且实际应用的也比较少，所以这里只用 RTU 模式。两种模式相似，会用一种另外一种也会用了。一条典型的 RTU 数据帧如表 3-6 所示。

表 3-6 RTU 数据帧表

起始位	设备地址	功能代码	数据	CRC 校验位	结束符
T1-T2-T3-T4	8 Bit	8 Bit	n个 8 Bit	16 Bit	T1-T2-T3-T4

与之前实用串口通信程序时用的原理相同，一次发送的数据帧必须是作为一个连续的数据流进行传输。在实用串口通信程序中采用的方法是定义 30ms，如果数据接收时超过了 30ms 还没有接收到下一个字节，就认为这次的数据结束。而 Modbus 的 RTU 模式规定不同数据帧之间的间隔是 3.5 个字节通信时间以上。如果在一帧数据完成之前有超过 3.5 个字节时间的停顿，接收设备将刷新当前的消息并假定下一个字节是一个新的数据帧的开始。同样的，如果一个新消息在小于 3.5 个字节时间内接着前边一个数据开始，接收设备将会认为它是前一帧数据的延续。这将会导致一个错误，因此大家看 RTU 数据帧最后还有 16bit 的 CRC 校验。

起始位和结束符：表 3-5 上代表的是一个数据帧，前后都至少有 3.5 个字节的时间间隔，起始位和结束符实际上没有任何数据，T1-T2-T3-T4 代表的是时间间隔 3.5 个字节以上的时间，而真正有意义的第一个字节是设备地址。

设备地址：很多同学不理解，在多机通信的时候，数据那么多，我们依靠什么判断这个数据帧是哪个设备的呢？没错，就是依靠这个设备地址字节。每个设备都有一个自己的地址，当设备接收到一帧数据后，程序首先对设备地址字节进行判断比较，如果与自己的地址不同，则对这帧数据直接不予理会,如果与自己的地址相同,就要对这帧数据进行解析,按照之后的功能码执行相应的功能。如果地址是 0x00,则认为是一个广播命令,就是所有的从机设备都要执行的指令。

功能代码:在第二个字节功能代码字节中,Modbus 规定了部分功能代码,此外也保留了一部分功能代码作为备用或者用户自定义,这些功能码大家不需要去记忆,甚至都不用去看,直到你用到的那天再过来查这个表格即可,如表 3-7 所示。

表 3-7 Modbus 功能码

功能码	名称	作用
01	读取线圈状态	取得一组逻辑线圈的当前状态(ON/OFF)
02	读取输入状态	取得一组开关输入的当前状态(ON/OFF)
03	读取保持寄存器	在一个或多个保持寄存器中取得当前的二进制值
04	读取输入寄存器	在一个或多个输入寄存器中取得当前的二进制值
05	强置单线圈	强置一个逻辑线圈的通断状态
06	预置单寄存器	把具体二进制装入一个保持寄存器
07	读取异常状态	取得 8 个内部线圈的通断状态,这 8 个线圈的地址由控制器决定,用户逻辑可以将这些线圈定义,以说明从机状态,短报文适宜于迅速读取状态
08	回送诊断校验	把诊断校验报文送从机,以对通信处理进行评鉴
09	编程(只用于 484)	使主机模拟编程器作用,修改 PC 从机逻辑
10	控询(只用于 484)	可使主机与一台正在执行长程序任务从机通信,探询该从机是否已完成其操作任务,仅在含有功能码 9 的报文发送后,本功能码才发送
11	读取事件计数	可使主机发出单询问,并随即判定操作是否成功,尤其是该命令或其它应答产生通信错误时
12	读取通信事件记录	可使主机检索每台从机的 ModBus 事务处理通信事件记录。如果某项事务处理完成,记录会给出有关错误
13	编程(184/384 484 584)	可使主机模拟编程器功能修改 PC 从机逻辑
14	探询(184/384 484 584)	可使主机与正在执行任务的从机通信,定期控询该从机是否已完成其程序操作,仅在含有功能 13 的报文发送后,本功能码才得发送
15	强置多线圈	强置一串连续逻辑线圈的通断
16	预置多寄存器	把具体的二进制值装入一串连续的保持寄存器
17	报告从机标识	可使主机判断编址从机的类型及该从机运行指示灯的状态
18	884 和 MICRO 84	可使主机模拟编程功能,修改 PC 状态逻辑
19	重置通信链路	发生非可修改错误后,是从机复位于已知状态,可重置顺序字节
20	读取通用参数(584L)	显示扩展存储器文件中的数据信息
21	写入通用参数(584L)	把通用参数写入扩展存储文件,或修改
22~64	保留作扩展功能备用	

续表

功能码	名称	作用
65~72	保留以备用户功能所用	留作用户功能的扩展编码
73~119	非法功能	
120~127	保留	留作内部作用
128~255	保留	用于异常应答

程序对功能码的处理就是来检测这个字节的数值，然后根据其数值来做相应的功能处理。

数据：跟在功能代码后边的是 n 个 8bit 的数据。这个 n 值到底是多少，是功能代码来确定的，不同的功能代码后边跟的数据数量不同。举个例子，如果功能码是 0x03，也就是读保持寄存器，那么主机发送数据 n 的组成部分就是：2 个字节的寄存器起始地址，加 2 个字节的寄存器数量 N。从机数据 n 的组成部分是：1 个字节的字节数，因为我们回复的寄存器的值是 2 个字节，所以这个字节数也就是 2N 个，再加上 2N 个寄存器的值，如图 3-19 所示。

请求		
功能码	1个字节	0x03
起始地址	2个字节	0x0000至0xFFFF
寄存器数量	2个字节	1至125（0x7D）

响应		
功能码	1个字节	0x03
字节数	1个字节	2×N*
寄存器值	N*×2个字节	

*N=寄存器的数量

图 3-19 读保持寄存器数据结构

CRC 校验：CRC 校验是一种数据算法，是用来校验数据对错的。CRC 校验函数把一帧数据除最后两个字节外，前边所有的字节进行特定的算法计算，计算完后生成了一个 16bit 的数据，作为 CRC 校验码，添加在一帧数据的最后。接收方接收到数据后，同样会把前边的字节进行 CRC 计算，计算完了再和发过来的 16bit 的 CRC 数据进行比较，如果相同则认为数据正常，没有出错，如果比较不相同，则说明数据在传输中发生了错误，这帧数据将被丢弃，就像没收到一样，而发送方会在得不到回应后做相应的处理错误处理。

RTU 模式的每个字节的位是这样分布的：1 个起始位、8 个数据位，最小有效位先发送、1 个奇偶校验位（如果无校验则没有这一位）、1 位停止位（有校验位时）或者 2 个停止位（无校验位时）。

总结

MCS-51 单片机内部有一个全双工的异步串行通信端口，有 4 种工作方式，方式 0 和方式 2 的数据通信波特率是固定的。方式 1 和方式 3 的波特率是可变的，由定时器

1的溢出率决定，方式0是8位的移位寄存器方式，常用于扩展I/O端口，方式1是10位的异步通信方式，常用于两机通信，方式2和方式3是11位的异步通信方式，常用于多机通信。单片机串行通信程序常用的方法有中断方式和查询方式，单片机串行通信的重点是单片机串行口的工作方式和波特率设置，单片机之间的通信及单片机与PC之间的通信。

交通灯控制器的设计首先是交通指示灯状态的划分和功能确定，主要有红绿灯指示时间和倒计时显示，黄灯的闪烁状态和倒计时显示，根据系统时间来确定各个功能状态。

单片机通过产生和各音符相同频率的方波信号，就能发出电子音乐的声音，根据各音符频率数值，可以得到单片机要产生这些频率信号的计数初值，称为对应音符的T值或时间常数，根据T值定时中断生成的方波经过喇叭就能听到各音符的音乐声音，将输入键盘的各键对应不同的音符音，就能制作成简易的能演奏的电子琴。

单片机播放音乐时，可以将乐谱分解为简谱码的组合，每个简谱码用一个字节来表达，字节的高4位表示音符的音阶，即音的频率，低4位表示这个音符的节拍，将一首乐谱转为一组简谱码，将简谱码按乐谱的顺序进行播放，就能听到一首完整的音乐。

拓展思考

① 设计制作具有远程控制功能的单片机交通灯控制器，通过PC和单片机的串行通信实现远程控制。

② 设计制作具有选播功能的单片机音乐播放器，单片机内置三首电子音乐，能通过按键选播其中的一首音乐。

1. 什么是串行异步通信？它有哪些作用？并简述串行口接收和发送数据的过程。
2. 8051单片机的串行口由哪些功能部件组成?各有什么作用？
3. 8051串行口有几种工作方式?有几种帧格式？
4. 8051单片机四种工作方式的波特率应如何确定？
5. 某异步通信接口，其帧格式由1个起始位（0），7个数据位，1个偶校验和1个停止位（1）组成。当该接口每分钟传送1800个字符时，试计算出传送波特率。
6. 定时器1做串口波特率发生器时，为什么常常采用工作方式2？设时钟频率f_{osc} = 11.0592MHz，波特率为1200，试计算出定时器初值。
7. 设A、B两台单片机采用方式1通信，波特率为2400，时钟频率f_{osc}=11.0592MHz，A机接有一按钮，A机依次向B机发送按键按下的次数，最大次数为10+学号，B机P0口接LED数码管，B机接收到数据后，将收到的数据及自己的学号后两位在LED数码管上动态显示出来。
8. 用一片单片机与PC进行串行通信，采用串口工作方式1，波特率为9600，单片机接收来自PC的数据，能识别其中的控制数码，将接收到的数据在虚拟终端上显示出来，将接收到的控制数码的次数及自己的学号后两位通过LED数码管动态显示出来。
9. 设计制作一电子琴，电子琴具有16只音乐键盘输入，能通过PC机向单片机发送数据指令，实现对键盘所对应的高低音调整，将PC机所发送全部数据在虚拟终端显示出来，通过LED数码管动态显示琴键号、上下调音次数及学号。根据学号顺序设置键盘调音的上调和下调指令码，分别为a～z和A～Z。

项目 4
数字电压表的设计与实现

项目任务描述

数字电压表在电子产品的测量、检验和日常生活都中有着广泛的应用,本学习情境的工作任务是采用单片机来设计一个简易数字电压表。电压表实现的基本思路是利用单片机作为控制器,选择A/D转换芯片对模拟电压进行通道选择、电压转换等,最终通过LCD1602显示出来。从认识单片机基本扩展开始本项目的学习和工作,通过LCD1602基本操作的学习、A/D、D/A转换器芯片的硬件接口、软件编程等任务的学习与工作,学会LCD1602的基本使用方法,能够实现对电压表的基本测量功能的实现。在收集单片机电压表的相关资料的基础上,进行单片机电压表的任务分析和计划制定、硬件电路和软件程序的设计,完成单片机电压表的制作调试和运行演示,并完成工作任务的评价。

学习目标

① 掌握LCD1602液晶显示屏的基本读写时序及常用操作命令;
② 掌握DS18B20控制程序的编写;
③ 掌握直流电机基本结构,熟悉常用直流电机驱动电路;
④ 掌握直流电机PWM波调速编程;
⑤ 能按照任务书进行数字温度控制器的设计调试和制作;
⑥ 掌握建立自己的函数库的能力,以LCD1602相关驱动函数为例。

学习与工作内容

本学习情境要求根据工作任务书的要求,工作任务书见表4-1,学习LCD1602液晶显示屏的应用及A/D、D/A转换等相关知识,查阅收集资料,制定工作方案和计划,完成简易电压表的设计与制作,需要完成以下的学习工作任务。

① 熟悉数字温度传感器DS18B20主要性能指标,掌握DS18B20读写操作时序、命令字、

工作流程,编写控制程序读取温度信息;

② 熟悉2行*16字符液晶模块LCD1602功能,掌握1602读写操作时序、控制字,编写控制程序显示系统工作状态;

③ 熟悉直流电机基本结构、驱动电路、PWM波调速控制,根据温度传感器提供的温度信息调节PWM波占空比,控制直流电机转速;

④ 划分工作小组,以小组为单位开展数字温度控制器设计与制作的工作;

⑤ 根据设计任务书的要求,查阅收集相关资料,制定完成任务的方案和计划;

⑥ 根据设计任务书的要求,设计出数字温度控制器的硬件电路图;

⑦ 根据任务要求和电路图,整理出所需要的器件和工具仪器清单;

⑧ 根据数字温度控制器功能要求和硬件电路原理图,绘制程序流程图;

⑨ 根据数字温度控制器功能要求和程序流程图,编写软件源程序并进行编译调试;

⑩ 进行软硬件的调试和仿真运行,电路的安装制作,演示汇报;

⑪ 进行工作任务的学业评价,完成工作任务的设计制作报告。

表4-1 简易电压表设计制作任务书

设计制作任务	简易电压表
功能要求	利用单片机AT89C52和ADC0809设计一个数字电压表,能够测量0~5V之间的电压值,用LCD1602液晶显示器显示。
工具	① 单片机开发和电路设计仿真软件: Keil uVision, Proteus ② PC机及软件程序,示波器,万用表, 电烙铁,装配工具
材料	元器件(套)、焊料、焊剂

学业评价

本学习情境学业评价根据工作任务的完成情况进行考核评价,注重学习和工作过程的阶段考核,依据任务中实际的学习和工作过程分为10个评分项目,根据各项目主要完成主体的不同,分别对个人和小组进行考核评价,考核评价表如表4-2所示。

表4-2 项目4考核评价表

组别		第一组			第二组			第三组		
项目名称	分值	学生A	学生B	学生C	学生D	学生E	学生F	学生G	学生H	学生I
LCD1602驱动程序编写	10									
单片机A/D转换学习	10									
单片机D/A转换学习	10									
电压表硬件电路设计	10									
电压表软件程序设计	10									

续表

组别		第一组			第二组			第三组		
项目名称	分值	学生A	学生B	学生C	学生D	学生E	学生F	学生G	学生H	学生I
调试仿真	10									
安装制作	10									
设计制作报告	10									
团队及合作能力	10									

任务4.1 认识LCD1602液晶显示屏

4.1.1 LCD1602液晶显示模块简介

认识LCD1602液晶显示器

常用液晶模块分为字符型和点阵型两类：
① 字符型显示模块通常只能显示ASCII码表中的数字、字母等符号；
② 点阵型显示模块除了可以显示ASCII字符，还能显示汉字、绘制图形。

我们主要学习字符型LCD1602液晶模块的使用，LCD1602液晶模块内带标准字库，内部的字符发生存储器（CGROM）已经存储了192个5×7点阵字符，可显示2行×16共32个ASCII码点阵字符，LCD1602液晶显示模块的外形图及引脚如图4-1所示。

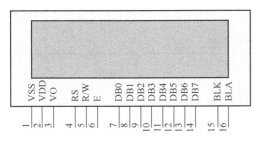
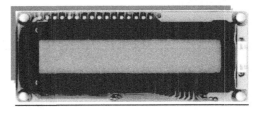

图4-1 LCD1602液晶显示模块引脚及外形图

首先来了解LCD1602液晶显示模块的引脚功能及时序。
第1脚：VSS为地电源
第2脚：VDD接正5V电源
第3脚：V0为液晶显示器对比度调整端
第4脚：RS为寄存器选择
第5脚：RW为读写信号线
第6脚：E端为使能端
第7~14脚：D0~D7为8位双向数据线
第15~16脚：背光源

液晶显示模块应用中最常用到的是RS、R/W、E和8位双向数据线DB0-DB7。
RS：寄存器选择，高电平时选择数据寄存器、低电平时选择指令寄存器。
R/W：读写信号线，高电平时进行读操作，低电平时进行写操作。
E：使能控制信号，当该引脚由高电平跳变成低电平时，液晶模块执行命令。

DB0~DB7：8位双向数据线。

以读写操作为例,了解液晶模块的操作时序及参数。LCD1602读写操作时序图如图4-2所示,读是指单片机读液晶模块的内容,写指的是单片机向液晶模块写入数据内容。

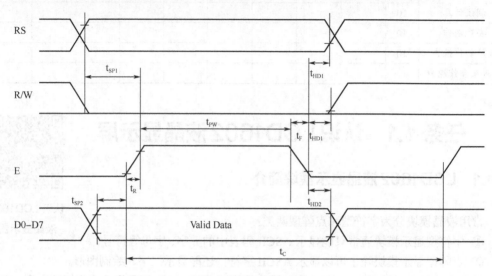

图4-2　读写时序图

液晶显示模块的操作时序参数如表4-3所示,操作的时序单位为ns级,可以看出,操作的响应是很快的。

表4-3　时序参数表

时序参数	符号	极限值			单位	对应引脚
		最小值	典型值	最大值		
E信号周期	t_C	400	—	—	ns	引脚E
E脉冲宽度	t_{PW}	150	—	—	ns	
E上升沿/下降沿时间	t_R, t_F	—	—	25	ns	
地址建立时间	t_{SP1}	30	—	—	ns	引脚E、RS、R/W
地址保持时间	t_{HD1}	10	—	—	ns	
地址建立时间（读操作）	t_D	—	—	100	ns	引脚DB0~DB7
地址保持时间（读操作）	t_{HD2}	20	—	—	ns	
地址建立时间（写操作）	t_{SP2}	40	—	—	ns	
地址保持时间（写操作）	t_{HD2}	10	—	—	ns	

4.1.2　LCD1602液晶显示模块的显示方法

液晶显示屏幕上的每个字符位置与内部数据存储器（DDRAM）之间有着一一对应关系,这种对应关系如图4-3所示。

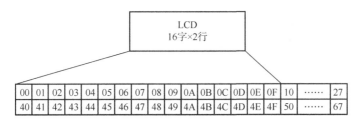

图4-3 液晶字符显示位置与内部地址对应关系图

为了将字符显示到液晶显示模块的屏幕指定位置，必须先用指令设置液晶模块的数据存储器地址，即指令表中第8条指令，由于本指令的最高位是1，是已经固定了，所以每一行置地址时，首位显示地址是0x80，第二行首地址是0xc0，例如：为了能在第二行第5列（数据存储器地址为0x45）显示字符，必须首先置数据存储器地址为0x45，相应的命令字为1000 0000B + 0100 0101B = 1100 0101B（0xC5）。

为了将字符显示到屏幕指定位置，必须先用命令语句，设置液晶模块的数据存储器地址，这是使用LCD1602液晶显示模块的关键一步，LCD1602液晶模块内部的控制器共有11条控制指令，单片机对液晶显示模块的控制都是通过指令编程来实现的，11条指令内容如表4-4所示。

表4-4 LCD1602液晶模块指令表

序号	指令功能	RS	R/W	D7	D6	D5	D4	D3	D2	D1	D0
1	清除显示	0	0	0	0	0	0	0	0	0	1
2	光标返回	0	0	0	0	0	0	0	0	1	*
3	输入模式设定	0	0	0	0	0	0	0	1	I/D	S
4	显示开、关设定	0	0	0	0	0	0	1	D	C	B
5	光标、字符移位设定	0	0	0	0	0	1	S/C	R/L	*	*
6	功能设定	0	0	0	0	1	DL	N	F	*	*
7	自定义字符地址	0	0	0	1	RAM地址（通用寄存器）					
8	置数据存储地址	0	0	1	显示数据存储器地址（显示内容寄存器）						
9	读忙标志和地址	0	1	BF	计数地址						
10	写数据到RAM	1	0	待写的数据							
11	读RAM数据	1	1	读出的数据							

注：*为0或1。

清除显示指令（01H）：清除LCD1602数据RAM中的数据；
光标返回指令（02H或03H）：将光标和显示屏返回到原始位置；
输入模式设定指令：设定当读、写数据时，地址指针增加/减小及光标、显示屏左移右移；
当I/D = 1时：当读、写一个字符后，地址指针加1，且光标加1；
当I/D = 0时：当读、写一个字符后，地址指针减1，且光标减1；
当S = 1：当写一个字符后，整屏显示左移（I/D = 1）或右移（I/D = 0）；
当S = 0：当写一个字符后，显示屏不移动。
显示开、关设定指令：设定显示屏是否显示数据RAM内容、光标以及光标是否闪烁；
　　D = 1：开显示　　D = 0：关显示；
　　C = 1：显示光标　C = 0：不显示光标；

B=1：光标闪烁 B=0：光标不闪烁；

光标、字符移位设定指令：不改变数据 RAM 内容，只移动光标和显示屏，功能定义如表 4-5 所示。

表 4-5 光标、字符移位指令功能定义

S/C	R/L	功能描述	地址指针 AC
0	0	光标左移	AC=AC−1
0	1	光标右移	AC=AC+1
1	0	显示屏左移，光标跟随显示左移	AC=AC
1	1	显示屏右移，光标跟随显示右移	AC=AC

功能设定指令：

DL：数据接口位数控制位

DL=1：数据以 8 位长度传送；

DL=0：数据以 4 位长度传送，用两次完成数据传送；

N：显示行数控制位

N=0：1 行显示模式；

N=1：2 行显示模式；

F：字符点阵数控制位

仅在 1 行显示模式下有效，2 行显示模式下每个字符固定以 5*8 点阵显示。

F=0：5*8 点阵

F=1：5*10 点阵

字符 RAM 地址设定指令：设定将要被读、写的字符 RAM 的地址。D5~D0 变化范围为 00H~3FH，加上 D7D6 的状态 01，实际地址为 40H~7FH。

数据 RAM 地址设定指令：设定将要被读、写的数据 RAM 的地址到数据指针。

1 行显示模式：D6~D0 变化范围为 00H~4FH，加上 D7 的状态 1，实际地址为 80H~CFH；

2 行显示模式：

第 1 行地址中 D6~D0 变化范围为 00H~27H，加上 D7 的状态 1，实际地址为 80H~A7H；

第 2 行地址中 D6~D0 变化范围为 40H~67H，加上 D7 的状态 1，实际地址为 C0H~E7H；

注：不管是 1 行显示模式还是 2 行显示模式，只有前 16 个地址的内容能正常显示在显示屏上，后面地址的内容必须通过移动显示屏才能显示出来。

读忙标志和地址指令：

检测数据线最高位 D7，即 1602LCD 忙标志位 BF。如果 BF=1，说明 1602LCD 正忙，此时 1602LCD 不会作任何响应，直到 BF=0；

写数据到 RAM 指令：按照写时序进行操作；

读 RAM 数据指令：按照读时序进行操作；

4.1.3 单片机控制 LCD1602 液晶显示模块的电路图设计

单片机控制 LCD1602 液晶显示模块电路主要由单片机、液晶显示模块及上拉排阻等器件，电路图如图 4-4 所示，单片机的 I/O 口线和液晶显示器的相应端口相连，常用 P0 口作为

8位数据线,和液晶显示模块的数据口相连接,上拉排阻连接在单片机P0口输出端,用P2.0、P2.1、P2.2分别控制LCD1602液晶显示器的RS、R/W及E引脚,单片机这三个端口产生相应的控制时序信号。

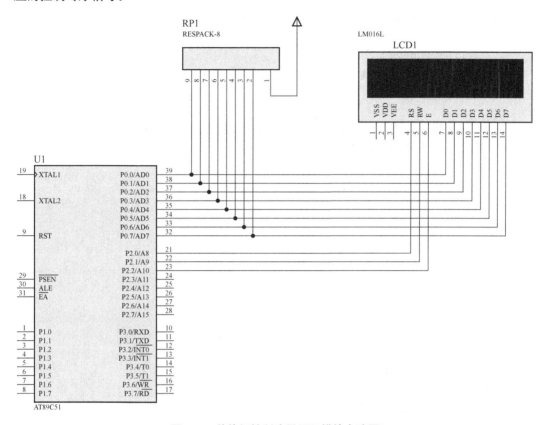

图4-4 单片机控制液晶显示模块电路图

4.1.4 单片机控制液晶显示模块程序编写

在完成电路的设计后进行程序的编写,编写显示两行内容,一行是学校的网址,另一行显示自己的姓名班级学号信息,首先是头文件、宏定义及三个控制端变量的声明。

```
#include <reg51.h>
#define uchar unsigned char
#define uint unsigned int
#define LcdData P0
sbit RS = P2^0;
sbit RW = P2^1;
sbit E = P2^2;
```

然后是两个数组的声明,一个用来显示学校的网址,另一个用来显示自己的班级姓名学号等信息。

```
uchar code Institute[] = {"www.ypi.edu.cn"};
uchar code Number[] = {"2005 lm 55"};
```

本程序用到三个子函数,三个子函数的声明写在主函数的前面。

```
void delay(uint x);
void WriteLcd(uchar Dat,bit x);
void InitLcd();
```

主函数的主要功能为:在 LCD1602 液晶显示模块上显示内容。其实现方式为:首先设置显示对应的地址,然后写出对应的数据。

```
void main()
{
    uchar y;
    InitLcd();
    delay(1);
    WriteLcd(0x80,0);
    for(y = 0; y<16; y++)
        WriteLcd(Institute[y],1);

    WriteLcd(0xc3,0);
    for(y = 0; y<10; y++)
        WriteLcd(Number[y],1);
    while(1);
}
```

在主函数后,分别写出三个子函数的内容,最重要的是写液晶子函数,函数名为 WriteLcd,有两个参数,分别是写入的内容及数据指令的选择。

```
void WriteLcd(uchar Dat,bit x)//写指令时 x=0,写数据时 x=1
{
    E = 0;
    LcdData = Dat;
    RS = x;
    RW = 0;
    E = 1;
    delay(1);
    E = 0;
}
```

还有两个函数分别是液晶初始化函数和延时函数。

```
void InitLcd(void)                              // 液晶初始化函数
{
    WriteLcd(0x38,0);//功能设定（38H）
    WriteLcd(0x0C,0);//显示开、关设定（0CH）
    WriteLcd(0x06,0);//输入模式设定（06H）
}
void delay(uint x)//ms 延时函数
{
    uint i,j;
    for(i = x; i>0; i--)
        for(j = 110; j>0; j--);
}
```

4.1.5 液晶显示模块运行效果

在 Proteus 软件中完成电路图的设计绘制，在 Keil 软件中建立项目后进行程序设计编写，并进行编译，对出现的错误进行修改，最终完成编译并生成 hex 文件，如图 4-5 所示。

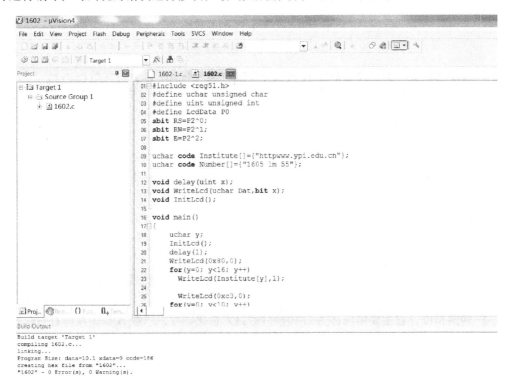

图 4-5　液晶显示程序编译图

将编译生成的 hex 文件加入到单片机中，可以观察到液晶显示的运行效果图，如图 4-6 所示，第一行显示学校的网址，第二行显示姓名班级学号信息。

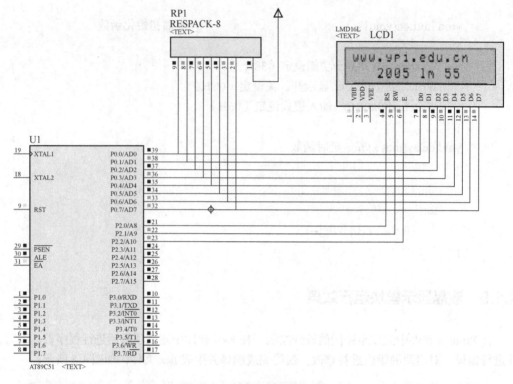

图4-6 液晶显示运行效果图

任务4.2 认识A/D转换器芯片ADC0809

4.2.1 A/D转换相关概念

A/D转换器即将模拟量转换为数字量，所以需要对模拟量进行等时间间隔取样，然后对采样值进行数字量的转换工作。通常A/D转换需要通过采样、保持、量化及编码四个步骤进行。

A/D转换器的指标如下。

① 分辨率，它表示A/D转换器对输入信号的分辨能力。如A/D转换器输出为8位二进制数，输入信号电压最大值为5V，则其能分辨的最小电压为：$5V \times 1/2^8 = 19.5mV$。输出位数愈多，分辨率愈高。

② 转换误差，它表示A/D转换器实际输出的数字量与理论输出数字量之差。一般用最低有效位表示，如相对误差为≤1/2LSB。

③ 转换精度，它主要体现在A/D转换时的最大量化误差。一般A/D转换器在量化过程中采用四舍五入的方法，因此最大量化误差为分辨率的一半。转换时间，它表示A/D转换器从开始转换到输出端得到稳定输出之间的时间。转换时间愈小，其转换速度愈快，实时性愈好。

4.2.2 了解ADC0809芯片的功能以及使用方法

① 功能：ADC0809芯片为8通道模/数转换器，可以和单片机直接接口，IN0～IN7任何一通道输入的模拟电压转换成八位二进制数。

② 使用方法：28 脚双列直插式封装如图 4-7 所示，各引脚功能如下。

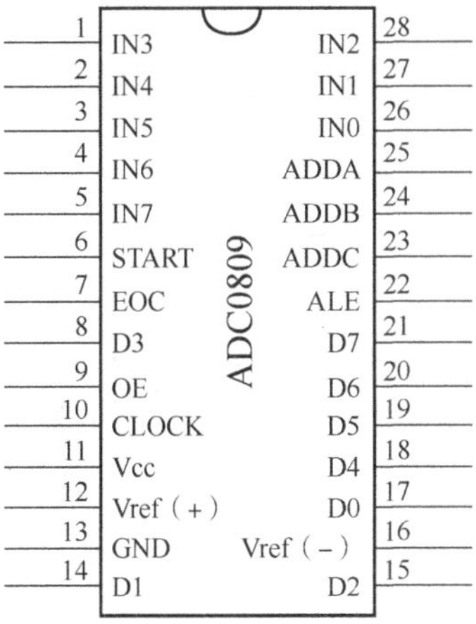

图 4-7　ADC0809 引脚图

IN0～IN7：8 个通道的模拟量输入端。可输入 0～5V 待转换的模拟电压。本实例中采用 IN0 通道。

ADDA、ADDB、ADDC：为地址输入线，用于选通 IN0～IN7 上的一路模拟量输入，通道选择表如表 4-5 所示。在本实例中直接将 ADDA、ADDB、ADDC 接地，选通 IN0 通道。

CLK：外部时钟信号输入端。ADC0809 的典型时钟频率为 640kHz，转换时间约为 100μs。本实例中产生时钟信号的方法由软件来提供。

START：启动转换信号输入端。在 START 上升沿时，所有的内部寄存器清零，在下降沿时，开始进行 A/D 转换；A/D 转换期间，START 应保持低电平。

D0～D7：8 位转换结果输出端。三态输出，D7 是最高位，D0 是最低位。

EOC：ADC0809 自动发出的转换状态端，EOC = 0，表示正在进行转换；EOC = 1，表示转换结束；

OE：转换数据允许输出控制端。OE = 0，表示禁止输出；OE = 1，表示允许输出。

REF（-）、REF（+）：参考电压输入端。ADC0809 的参考电压为 +5V。

ALE：为高电平时，通道地址输入到地址锁存器中，下降沿将地址锁存，并译码。所以本实例中将 ALE 与 START 相连。由于 ALE 和 START 连在一起，因此 ADC0809 启动转换同时也在锁存通道地址。输入通道地址见表 4-6。

表 4-6　ADC0809 输入通道地址

地址码			输入通道
ADDC	ADDB	ADDA	
0	0	0	IN0
0	0	1	IN1
0	1	0	IN2
0	1	1	IN3
1	0	0	IN4
1	0	1	IN5
1	1	0	IN6
1	1	1	IN7

任务4.3 数字电压表的设计与实现

数字电压表的设计与实现

4.3.1 任务与计划

（1）工作任务

① 用keil、Proteus仿真软件作开发工具；用AT89C51单片机作控制，ADC0809作A/D转换器；
② 调节电位器控制输入电压幅度；并用数码管显示器作显示。
③ 输入电压可幅度调节。

（2）设计步骤

① 拟定总体设计制作方案；
② 拟定硬件电路原理图；
③ 绘制软件流程图及设计相应源程序；
④ 仿真、调试波形发生器；
⑤ 修改、完善、运行、固化程序。

4.3.2 硬件电路与软件程序设计

利用AT89C51单片机作控制，ADC0809作A/D转换器实现数字电压表的功能，通过调节电位器调整输入电压幅度，并用数码管显示实际电压值。

按照ADC0808/ADC0809转换芯片工作步骤，硬件设计时首先将待测量模拟电压值送入ADC0809的输入通道IN0～IN7通道中的任一通道，该通道由表4-5中三位地址码ADDA、ADDB、ADDC决定，如图4-10所示，待检测电压连接输入通道IN0。当ALE为高电平时，通道地址输入到地址锁存器中，下降沿将地址锁存并译码。当START信号为一正脉冲时，开始启动A/D转换。EOC为ADC0809转换结束自动发出的转换状态标志。OE信号为输出信号允许，当它为高电平时，允许输出数据并送显示。CLK为A/D转换时钟信号。硬件设计将ALE信号、OE信号、START信号、CLK时钟信号分别与单片机AT89C51相应I/O口引脚相连，如图4-9中这些信号分别连接P3.0、P3.1、P3.2、P3.4等。A/D转换的数据经P1口输出，作为四位数码管的段码显示，四位数码管的位选码由P2口P2.0～P2.3引脚信号提供。编写程序时首先定义启动信号、输出允许信号、输入地址锁存信号、A/D转换结束信号及CLK时钟信号变量。利用AT89C51中定时器T0，使其工作在方式2产生CLK信号，在ALE信号的上升沿锁存输入信号通道，ST信号的上升沿开始A/D转换，先将转换数据值分别求出千位、百位、十位、个位，再选通相应位的数码管分别显示数值。

① 选取元器件 单片机：AT89C51；4位共阴极的数码管：7SEG-MPX4-CC；A/D转换芯片：ADC0808（代替0809）；电位器：POT-LOG；晶振：CRYSTAL 12MHz；电阻、电容等。

② 放置元器件、放置电源和地、连线、元器件属性设置数字电压表的原理图如图4-9所示，整个电路设计操作都在ISIS平台中进行。

③ ADC0809与单片机的接口电路图4-9所示。在本实例中直接将ADDA、ADDB、ADDC接地，选通IN0通道。CLK：CLK与P3.4口相连，单片机通过软件的方法输出时钟信号供

ADC0809 使用。START：START 与 P3.0 口相连。D0~D7：8 位转换结果输出端。与 P1 口相连，从 P1 口读出转换结果。EOC：ADC0809 自动发出的转换状态端，EOC 与 P3.3 口相连。OE：转换数据允许输出控制端，OE 与 P3.1 口相连。

④ 源程序设计与目标代码文件生成。

ADC0808/ADC0809 转换芯片工作步骤如下：

① 设置 ADD C/B/A 地址，选择通道 IN0~IN7，如要转换 IN0，则 CBA 为 000；
② 转换的模拟信号准备好（接到步骤①中选中的 IN0~IN7 端）；
③ OE=0（刚开始转换，不允许输出）；
④ 将 ALE 脚从 0 变化到 1；
⑤ 将 START 脚从 0 变化到 1；
⑥ 将 ALE 和 START 脚变化到 0；
⑦ 等待 EOC 变成 1；（变成 1 说明转换结束）；
⑧ OE=1（转换结束了，允许输出，等待读取转换结果）
⑨ 读取转换结果对应控制引脚常用赋值语句值如下：Oe=0；输出允许信号清零。OE=1；输出数据允许。ALE=0；ALE=1；ALE=0；地址锁存信号为一正脉冲。ST=0；ST=1；ST=0；启动信号为一正脉冲。While(eoc==0)；转换未结束时等待。valu=P1；转换数据取值。

⑤ 流程图　根据工作任务要求和电压表的功能要求，在方案设计和电路设计的基础上，绘制电压表流程图，主程序及中断参考流图如图 4-8 所示。

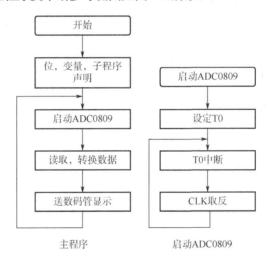

图 4-8　程序流程图

⑥ 源程序设计。

编写程序思路：如程序流程图 4-8 所示，首先定义启动信号、输出允许信号、输入地址锁存信号、A/D 转换结束信号及 CLK 时钟信号变量。利用 AT89C51 中定时器 T0，使其工作在方式 2 产生 CLK 信号，在 ALE 信号的上升沿锁存输入信号通道，ST 信号的上升沿开始启动 A/D 转换，待 A/D 转换结束，EOC 信号为高电平，并且 OE 信号输出允许时，将转换数据值分别求出千位、百位、十位、个位，再选通相应位的数码管分别显示数值。

电压表显示及测量程序如下：

```c
#include <reg51.h>//头文件
#define uint unsigned int
#define uchar unsigned char
sbit st=P3^0;//定义启动信号
sbit oe=P3^1;//定义输出允许信号
sbit ale=P3^2;//定义输入地址锁存信号
sbit eoc=P3^3;//定义A/D转换结束信号
sbit clk=P3^4;//位变量定义
//共阴数码管显示码，不带小数点
uchar code table[]={0x3f,0x06,0x5b,0x4f,0x66,0x6d,0x7d,0x07,0x7f,0x6f};
//共阴数码管显示码，带小数点
uchar code tabledp[]={0xbf,0x86,0xdb,0xcf,0xe6,0xed,0xfd,0x87,0xff,0xef};
//变量定义：q千、b百、s十、g个位（第一位、第二位、第三位、第四位）数码管显示值，valu:装adc0808转换结果
uchar q,b,s,g,valu;
//temp为由valu换算成真实电压值的1000倍（为了便于显示）
uint temp;
void delay(uint);//延时子函数
void display();//显示子函数
void main()//主函数
{
    //用T0方式2产生一定频率的方波，供adc0808的CLK
    EA=1;
    ET0=1;
    TMOD=0x02;//T0工作在方式2
    TH0=50;
    TL0=50;
    TR0=1;
    while(1)
    {
        //开启adc0808，具体看ADC0808的数据手册
        oe=0;
        ale=0;
        st=0;
        ale=1;//ale产生一正脉冲
        st=1;// st产生一正脉冲
        ale=0;
        st=0;
        //等待转换结束
        while(eoc==0);
```

```c
        //打开输出有效
        oe=1;
        //把结果取到valu中
        valu=P1;
        //关闭输出有效
        oe=0;
        //将valu转换成真实电压值并放大一千倍
        temp=valu*1.0*5/255*1000;
        //求各显示位值
        q=temp/1000;//千位
        b=temp%1000/100;//百位
        s=temp%100/10;//十位
        g=temp%10;//个位
        //调用显示函数
        display();
    }
}

void t0() interrupt 1
{
    clk=~clk;//定时时间到,取反CLK,产生CLK方波
}

//带参数的延时函数
void delay(uint xms)//延时子函数
{
    uint i,j;
    for(i=xms;i>0;i--)
        for(j=110;j>0;j--);
}

void display()
{
    P2=0xfe;
    P0=tabledp[q];//带小数点的千位(其实为电压值的个位)
    delay(10);
    P2=0xff;

    P2=0xfd;
    P0=table[b];//不带小数点的百位(其实为电压值的0.1位)
```

```
        delay(10);
        P2=0xff;


        P2=0xfb;
        P0=table[s];//不带小数点的十位（其实为电压值的0.01位）
        delay(10);
        P2=0xff;


        P2=0xf7;
        P0=table[g];//不带小数点的个位（其实为电压值的0.001位）
        delay(10);
        P2=0xff;
    }
```

4.3.3 调试与仿真运行

在Keil工作界面中，建立一个工程项目，选择ATMEL公司的CPU，型号为AT89C51。输入源程序并编译程序直到输出窗口中出现"0 errors，0 warnning"并生成可执行代码hex文件。运用PROTEUS进行仿真，加载目标代码文件，双击编辑窗口的AT89C51器件，在弹出属性编辑对话框Program File一栏中单击打开按钮，出现文件浏览对话框，找到0808.hex文件，单击"打开"按钮，完成添加文件。单击按钮，启动仿真，仿真运行的效果见图4-9、图4-10所示。

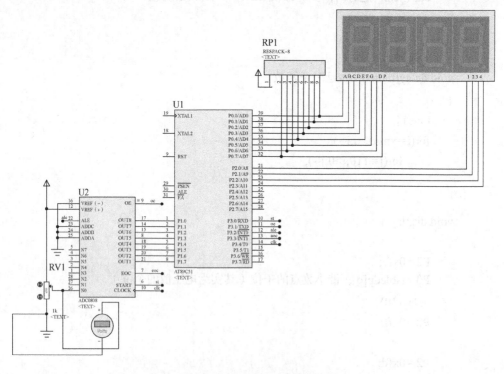

图4-9 电压表电路原理图

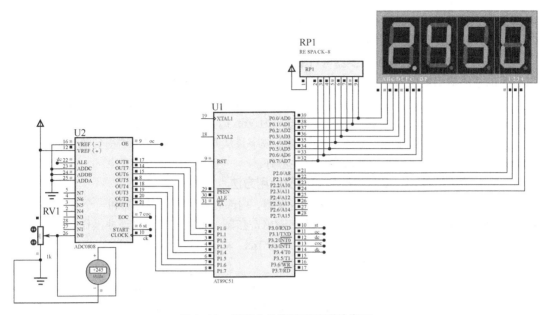

图 4-10 调节电位器后采集到的电压

图 4-9 中，电位器调节到最上端，为最高电压。图中电压探针和电压表实时显示此电压值。调节电位器，IN0 通道获得的模拟量都可以在数码管上实时显示。如图 4-10 所示，将电位器调节至中间位置左右，数码管显示值为 2.45V。

4.3.4 实物制作调试

待测电压经过 ADC0809 的输入通道 0 进行输入，通道 0 的电压数值送入单片机 P0 口。经处理后由 P1 口输出实时电压数据段码进行显示，由 P2 口选择数码管显示位，采用四位数码管实现电压显示，根据电路原理图制作电路板，电路板制作好后，将程序下载到单片机中，调节输入电压电位器，LED 数码管显示电压值，实物效果图 4-11 所示。

图 4-11 数字电压表实物装调显示

> 拓展任务

基于 DA0832 的简易信号发生器的设计与应用

☆认识 D/A 转换器芯片 DAC0832

D/A 转换器即将数字量转换为模拟量，所以需要对每一位代码按

基于 DA0832 的简易信号发生器的设计与应用

其权值大小转换成相应的模拟量,然后对模拟量进行相加,从而实现数/模转换。

(1) D/A 转换器的指标

① 分辨率,它表示 D/A 转换器可对输出电压的分辨能力。如 D/A 转换器为 8 位转换器,其分辨的最小输出电压为: $1/(2^8-1)$。输入位数愈多,分辨率愈高。

② 转换误差,它表示 D/A 转换器实际输出的模拟量与理论输出模拟量之差。如相对误差为 ≤1/2LSB,当 D/A 为 8 位转换器、参考电压为 Vref 时,1/2LSB = 1/256Vref。

③ 转换建立时间,它表示 D/A 转换器输入数字量从开始变化到输出端得到稳定输出之间的时间。转换建立时间愈小,其转换实时性愈好。

(2) 了解 DAC0832 芯片的功能以及使用方法

① 功能:DAC0832 芯片为 8 位数/模转换器,内部有两个 8 位寄存器和一个 8 位 D/A 转换器组成。采用两级寄存器(输入寄存器和输出寄存器)可以实现两级缓冲操作,可以单缓冲、双缓冲或直通方式工作。转换时间短,约为 1μs。输出可以为电流形式或电压形式(由外接运放进行转换),可由单电源+5~+15V 供电。

② DAC0832 芯片 20 脚双列直插式封装如图 4-12 所示,各引脚功能如下。

D0~D7:数据输入线;$\overline{CS}$:片选信号线;IOUT1、IOUT2:输出端信号,其中 IOUT2 与 IOUT1 两端电流之和为一常数;$\overline{WR1}$、$\overline{WR2}$:写选通信号线;ILE:锁存信号控制线;$\overline{XFER}$:转换控制信号线;VREF:参考基准电压端;Rfb:内部反馈电阻引出端。AGND、DGND 分别为模拟地和数字地,VCC 为电源端。

(3) 工作方式

DAC0832 芯片内部结构图见图 4-13 所示,它有两个 8 位寄存器和一个 8 位 D/A 转换器。可以单缓冲、双缓冲或直通方式工作。

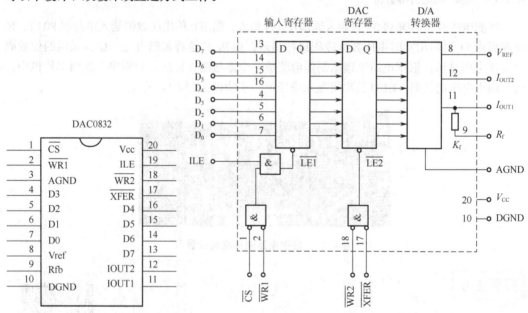

图 4-12 DAC0832 芯片直插式封装图　　图 4-13 DAC0832 芯片内部结构图

工作方式见表 4-6 所示:当 $\overline{CS}$ 为低电平,$\overline{WR1}$ 为下降沿,ILE 为高电平,$\overline{WR2}$ 任意信号时,此时 LE1 为脉冲下降沿,将待传换数据 D0~D7 存入输入寄存器;当 $\overline{CS}$ 为低电平,$\overline{WR2}$ 为下降沿,ILE 为高电平,$\overline{XFER}$ 为低电平时,此时 LE2 为脉冲下降沿,将输入寄存器内容存入 DAC 寄存器；当 $\overline{CS}$ 为低电平，$\overline{WR1}$、$\overline{WR2}$ 为低电平，ILE 为高电平，$\overline{XFER}$ 为低电平时，此时 LE1、LE2 为低电平，DAC0832 处于直通工作方式。

☆**任务与计划**

（1）工作任务

① 用 keil、Proteus 仿真软件作开发工具；用 AT89C51 单片机作为控制器，DAC0832 作为 D/A 转换器；

② 由按键操作控制，能用按键控制输出方波、三角波等波形信号；

③ 输出信号幅度稳定、频率可调。

（2）设计步骤

① 拟定总体设计制作方案；

② 拟定硬件电路原理图；

③ 绘制软件流程图及设计相应源程序；

④ 仿真、调试波形发生器；

⑤ 修改、完善、运行、固化程序。

☆**硬件电路与软件程序设计**

利用 DAC0832（DAC0830）可实现输出正弦波、方波、三角波等波形信号，按照 DAC0832 芯片工作步骤，硬件设计采用直通方式，$\overline{CS}$、$\overline{WR1}$、$\overline{WR2}$、$\overline{XFER}$ 均接有效低电平，ILE、VREF 均接有效高电平，输出端由 IOUT1 输出经运算放大器把电流转换成电压，芯片内部的反馈电阻 Rf 跨接在芯片 Rf 引脚与运放输出端之间。编写程序时首先定义变量及波形输出口信号，编写带返回参数的延时子函数程序及主函数程序。利用延时及输出高电平或低电平方式产生方波，利用延时及变量加一或减一方式产生三角波。

（1）选取元器件

单片机：AT89C51；8 位共阴极的数码管：7SEG-MPX4-CC；D/A 转换芯片：DAC0832；运放 LM358；晶振：CRYSTAL 12MHz；按键开关 BOTTOM；电阻、电容等。

（2）放置元器件、放置电源和元器件属性设置

（3）程序设计

程序流程图见图 4-14 所示，方波通过输出数据取反得到，三角波通过输出数据递增、递减得到。采用按键进行波形选择和切换。

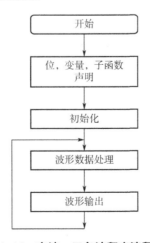

图 4-14 方波、三角波程序流程图

（4）产生方波输出程序清单

方波产生程序清单如下：

```c
#include <reg51.h>//头文件
#define uchar unsigned char
#define uint unsigned int
#define dadata P0//定义波形输出口
void delay(uint xms)//延时子函数
{
    uint i,j;
    for(i=xms;i>0;i--)
        for(j=110;j>0;j--);
}
void main()//主函数
{
    uchar temp=0,a=0;//设置初值
    while(1)//等待
    {
        dadata=0xff;//输出方波高电平
        delay(100);//持续时间
        dadata=0x00;//输出方波低电平
        delay(100);//持续时间
    }
}
```

（5）产生三角波输出程序清单

三角波产生程序清单如下：

```c
#include <reg51.h>//头文件
#define uchar unsigned char
#define uint unsigned int
#define dadata P0//定义波形输出口
void delay(uint xms)//延时子函数
{
    uint i,j;
    for(i=xms;i>0;i--)
        for(j=110;j>0;j--);
}
void main()//主函数
{
    uchar temp=0,a=0;//设置初值
    while(1)//等待
    {
```

```
            if(a==0)//输出三角波上升沿部分
            {
                dadata=temp;//输出数据
                delay(5);//延时
                temp++;//三角波上升沿
                if(temp==50)//到达最大值
                    a=1;//上升结束准备进入下降沿部分
            }
            if(a==1)//输出下降沿波形部分
            {
                dadata=temp;//输出数据
                delay(5);//延时
                temp--;//三角波下降沿
                if(temp==0)//到达最小值
                    a=0;//进入下一周期
            }
        }
    }
}
```

（6）信号发生器程序清单

DAC0832信号发生器可产生正弦波、方波、三角波、锯齿波等波形信号,按照DAC0832芯片工作步骤,如图4-16所示硬件设计采用直通方式,/CS、/WR1、/WR2、/XFER均接有效低电平,ILE、VREF均接有效高电平,输出端由IOUT1输出经运算放大器把电流转换成电压,LM324芯片内部的反馈电阻Rf跨接在芯片Rf引脚与运放输出端之间。外部设置三个按钮开关fk、tinck、tdeck,根据按钮开关fk进行切换各种波形输出。根据按钮开关tinck、tdeck进行波形参数设置。程序流程图见图4-15所示。

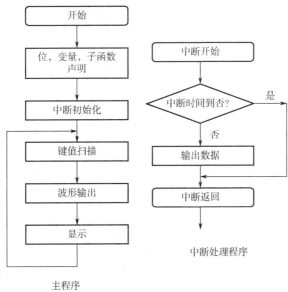

图4-15 DAC0832信号发生器程序流程图

首先定义各个变量及按钮变量和波形输出口信号，利用定时器T0工作于工作方式2，编写定时中断子函数程序，编写键盘扫描子函数、正弦波子函数、方波子函数、锯齿波子函数、三角波子函数及主函数程序。利用查表方法产生正弦波数据输出正弦波波形，利用延时及输出高电平或低电平方式产生方波、三角波、锯齿波等，根据按钮键值输出不同波形信号。信号发生器输出程序清单如下：

```c
#include <reg51.h>
#define uchar unsigned char//定义变量
#define uint unsigned int

uint k=20,a=20;//设置初值
uchar temp=0,keyvalu=0,s=0;//设置初值
sbit tdeck=P2^0;//定义减小按钮
sbit tinck=P2^1;//定义增加按钮
sbit fk=P2^2;    //波形选择
bit fbzt=0;//定义方波状态标志
bit sjbzt=0;//定义三角波状态标志
void delay(uint xms);//延时子函数
void fb();//方波
void jcb();//锯齿波
void sjb();//三角波
void sinb(); //正弦波
void keyscan(void);
uchar code sincode[256]={
//输出电压从0到最大值（正弦波1/4部分）
  0x80, 0x83, 0x86, 0x89, 0x8d, 0x90, 0x93, 0x96, 0x99, 0x9c, 0x9f, 0xa2, 0xa5,
0xa8, 0xab, 0xae, 0xb1, 0xb4, 0xb7, 0xba, 0xbc,
  0xbf, 0xc2, 0xc5, 0xc7, 0xca, 0xcc, 0xcf, 0xd1, 0xd4, 0xd6, 0xd8, 0xda, 0xdd,
0xdf, 0xe1, 0xe3, 0xe5, 0xe7, 0xe9, 0xea, 0xec,
  0xee, 0xef, 0xf1, 0xf2, 0xf4, 0xf5, 0xf6, 0xf7, 0xf8, 0xf9, 0xfa, 0xfb, 0xfc, 0xfd,
0xfd, 0xfe, 0xff, 0xff, 0xff, 0xff, 0xff, 0xff,
//输出电压从最大值到0（正弦波1/4部分）
  0xff, 0xff, 0xff, 0xff, 0xff, 0xff, 0xfe, 0xfd, 0xfd, 0xfc, 0xfb, 0xfa, 0xf9, 0xf8,
0xf7, 0xf6, 0xf5, 0xf4, 0xf2, 0xf1, 0xef,
  0xee, 0xec, 0xea, 0xe9, 0xe7, 0xe5, 0xe3, 0xe1, 0xde, 0xdd, 0xda, 0xd8, 0xd6,
0xd4, 0xd1, 0xcf, 0xcc, 0xca, 0xc7, 0xc5, 0xc2,
  0xbf, 0xbc, 0xba, 0xb7, 0xb4, 0xb1, 0xae, 0xab, 0xa8, 0xa5, 0xa2, 0x9f, 0x9c,
0x99 , 0x96, 0x93, 0x90, 0x8d, 0x89, 0x86, 0x83, 0x80,
//输出电压从0到最小值（正弦波1/4部分）
  0x80, 0x7c, 0x79, 0x76, 0x72, 0x6f, 0x6c, 0x69, 0x66, 0x63, 0x60, 0x5d, 0x5a,
0x57, 0x55, 0x51, 0x4e, 0x4c, 0x48, 0x45, 0x43,
```

0x40, 0x3d, 0x3a, 0x38, 0x35, 0x33, 0x30, 0x2e, 0x2b, 0x29, 0x27, 0x25, 0x22, 0x20, 0x1e, 0x1c, 0x1a, 0x18, 0x16 , 0x15, 0x13,
0x11, 0x10, 0x0e, 0x0d, 0x0b, 0x0a, 0x09, 0x08, 0x07, 0x06, 0x05, 0x04, 0x03, 0x02, 0x02, 0x01, 0x00, 0x00, 0x00, 0x00, 0x00, 0x00,
//输出电压从最小值到0（正弦波1/4部分）
0x00, 0x00, 0x00, 0x00, 0x00, 0x00, 0x01, 0x02 , 0x02, 0x03, 0x04, 0x05, 0x06, 0x07, 0x08, 0x09, 0x0a, 0x0b, 0x0d, 0x0e, 0x10,
0x11, 0x13, 0x15 , 0x16, 0x18, 0x1a, 0x1c, 0x1e, 0x20, 0x22, 0x25, 0x27, 0x29, 0x2b, 0x2e, 0x30, 0x33, 0x35, 0x38, 0x3a, 0x3d,
0x40, 0x43, 0x45, 0x48, 0x4c, 0x4e, 0x51, 0x55, 0x57, 0x5a, 0x5d, 0x60, 0x63, 0x66 , 0x69, 0x6c, 0x6f, 0x72, 0x76, 0x79, 0x7c, 0x80};

```c
void main(void)//主函数
{
    EA=1;//开总中断
    ET0=1;//允许T0中断
    TMOD=0x02;//T0工作在方式2
    TH0=206;//置初值
    TL0=206;
    TR0=1;
    while(1)
    {
        keyscan();//键扫描
        P0=temp;
        P1=keyvalu;//定义键值口
    }
}
void keyscan(void)//键扫描子函数
{
    if(!fk)//按钮fk是否按下
    {
        delay(5);//延时
        if(!fk)//确认按钮fk按下
        {
            while(!fk);//按钮fk按下时
            keyvalu++;//键值加一
            if(keyvalu>=5)
                keyvalu=0;
        }
    }
    if(!tinck)//增加按钮tinck是否按下
    {
```

```c
            delay(5);
            if(!tinck)//确认增加按钮tinck按下
            {
                while(!tinck);
                k+=1;//
                if(k>=100)//上限值
                {
                    k=10;
                }
            }
        }
        if(!tdeck)//减小按钮tdeck是否按下
        {
            delay(5);//延时
            if(!tdeck)//确认按钮tdeck按下
            {
                while(!tdeck);//按钮tdeck按下
                k-=1;
                if(k<=10)//下限值
                {
                    k=10;
                }
            }
        }
    }
    void delay(uint xms)//延时子函数
    {
        uint i,j;
        for(i=xms;i>0;i--)
            for(j=110;j>0;j--);
    }
    void t0(void) interrupt 1//50μs定时中断
    {
        a--;//a减一
        while(a==0)//a减为0时输出波形
        {
            switch(keyvalu)//根据键值输出波形
            {
                case 0:temp=0x00;break;//初始值
                case 1:fb();break;//输出方波
                case 2:jcb();break;//输出锯齿波
```

```
                case 3:sjb();break;//输出三角波
                case 4:sinb();break;//输出正弦波
                default:break;
            }
            a=k;
        }
    }
    void fb()//方波子函数
    {
        fbzt=~fbzt;
        if(fbzt)
            temp=0xff;//高电平
        else
            temp=0x00;//低电平
    }
    void jcb()//锯齿波子函数
    {
        temp++;
    }
    void sjb()//三角波子函数
    {
        if(sjbzt)//三角波状态值为1时
        {
            temp++;
            if(temp==255)//三角波最大值
            sjbzt=~sjbzt;
        }
        if(!sjbzt)//三角波状态值为0时
        {
            temp--;
            if(temp==0)//三角波最小值
            sjbzt=~sjbzt;
        }
    }
    void sinb()//正弦波子函数
    {
        temp=sincode[s++];
    }
```

☆ 调试与仿真运行

在程序的调试过程中排除输入和编辑过程中出现的错误,将 Keil 的输出设置为生成 hex 文件,源程序通过编译后,将 hex 文件加载到 Proteus 仿真电路中。在仿真环境中按下▶键,进入仿真运行状态。仿真运行效果如图 4-16 所示。

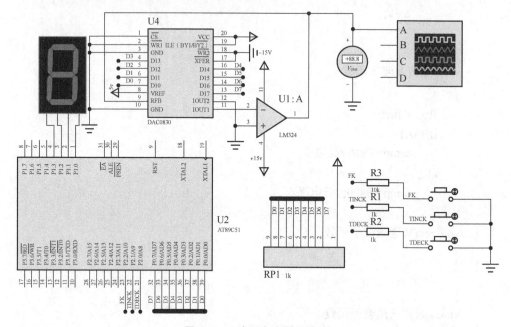

图 4-16 波形发生器仿真图

仿真运行图形见图 4-17 所示,通过示波器可以观察到各种输出波形的实时变化。

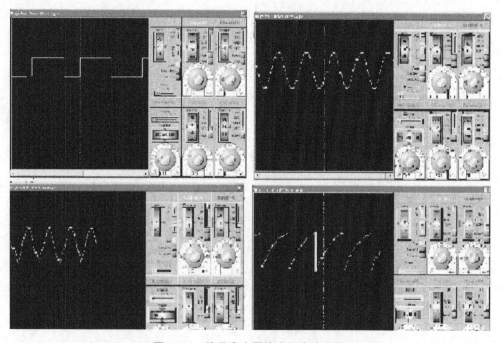

图 4-17 信号发生器输出仿真波形图

总结与思考

在实际的单片机应用系统中，由于特定型号的单片受内部结构等因素影响，自身所带资源往往不能满足要求，因此，需要对单片机进行存储器及 I/O 口等进行相应外部扩展，以满足系统整体要求。单片机的扩展可分为存储器扩展和 I/O 口扩展等。存储器扩展分为只读存储器 ROM 和随机数据存储器 RAM 扩展。基本方法是利用 P0、P2 口的第二功能实现 EPROM 及 RAM 的扩展。

D/A 转换器即将数字量转换为模拟量，它是将输入的每一位代码按其权值大小转换成相应的模拟量，然后对模拟量进行相加，从而实现数/模转换。典型的型号如 8 位 D/A 转换器 DAC0832 等。A/D 转换器即将模拟量转换为数字量，它对模拟量进行等时间间隔取样，然后对采样值进行数字量的转换工作。通常 A/D 转换需要通过采样、保持、量化及编码四个步骤进行。

数字电压表的工作原理是将待测电压经过输入取样，并输入相应 A/D 转换通道，经 ADC0808 转换处理后的电压数据值送入单片机 P0 口。经数据处理后由 P1 口输出实时电压数据的段码及 P2 口输出数码管显示的位码进行显示。

习 题

1. AT89C51 单片机的 I/O 口有几个？各有什么功能？
2. 如何扩展 AT89C51 的外部 RAM？需要用到哪些端口？如何连接？
3. 如何扩展 AT89C51 的外部 EPROM？需要用到哪些端口？如何连接？
4. 如何利用 74 系列芯片进行 I/O 口扩展？控制线如何连接？
5. 如何理解 LED 点阵中点亮不同位置的 LED，可以显示不同的图形或文字符号？
6. 怎样利用单片机系统实现 LED 点阵显示？
7. 设计制作在 8×8 点阵上逐个显示 0～9 这几个数字。
8. 什么是 D/A 转换？为什么要进行 D/A 转换？
9. D/A 转换器有哪些参数指标？叙述其含义。
10. 如何控制 DAC0832 芯片的单缓冲、双缓冲及直通方式？
11. 画出利用 DAC0832 芯片进行 D/A 转换的电路图。
12. 用单片机控制 DAC0832 芯片输出电流，让发光二极管由灭均匀变到最亮，再由最亮均匀熄灭。
13. 如何设计程序利用 DAC0832 实现正弦波波形输出？
14. 什么是 A/D 转换？为什么要进行 A/D 转换？
15. ADC0809 转换器有哪些参数指标？叙述其含义。
16. ADC0809 转换器如何实现输入通道选择？
17. ADC0809 芯片中 ALE 信号、START 信号及 EOC 信号如何处理？
18. 画出利用 ADC0809 转换器实现电压转换的电路图。
19. 设计利用单片机控制 ADC0809 测量电阻的阻值。
20. 设计一个量程为 12V 的电压表。如扩大电压表量程，硬件和软件应做如何改动？
21. 设计一简易信号发生器，可以选择输出正弦波、方波、三角波波形。

项目 5
数字温度控制器的设计与制作

项目任务描述

温度的测量与控制是生产过程自动化的重要任务之一。温度控制系统在工业控制中应用广泛，如在石油化工、机械制造、食品加工等行业中应用十分普遍。本项目的主要任务是以AT89C51单片机为控制器，用DS18B20数字温度传感器进行温度检测，用1602液晶模块进行状态显示，并根据温度控制驱动直流电机的PWM波的占空比，从而控制电机转速。

学习目标

① 掌握DS18B20基本读写时序及常用操作命令；
② 掌握DS18B20控制程序的编写；
③ 掌握直流电机基本结构，熟悉常用直流电机驱动电路；
④ 掌握直流电机PWM波调速编程；
⑤ 能按照任务书进行数字温度控制器的设计调试和制作；
⑥ 掌握建立自己的函数库的能力，以LCD1602相关驱动函数为例。

学习与工作内容

本项目要求根据工作任务书（表5-1）的要求，查阅收集资料，制定工作方案和计划，熟悉数字温度传感器DS18B20主要性能，掌握DS18B20读写操作时序、编写其控制程序，将读到的温度信息显示到LCD1602液晶模块上。并根据测得的温度状态调节PWM波占空比，控制直流电机的转速。需要完成以下的工作任务：

① 熟悉数字温度传感器DS18B20主要性能指标，掌握DS18B20读写操作时序、命令字、工作流程，编写控制程序读取温度信息；

② 熟悉直流电机基本结构、驱动电路、PWM波调速控制，根据温度传感器提供的温度

信息调节PWM波占空比，控制直流电机转速；
③ 划分工作小组，以小组为单位开展数字温度控制器设计与制作的工作；
④ 根据设计任务书的要求，查阅收集相关资料，制定完成任务的方案和计划；
⑤ 根据设计任务书的要求，设计出数字温度控制器的硬件电路图；
⑥ 根据任务要求和电路图，整理出所需要的器件和工具仪器清单；
⑦ 根据数字温度控制器功能要求和硬件电路原理图，绘制程序流程图；
⑧ 根据数字温度控制器功能要求和程序流程图，编写软件源程序并进行编译调试；
⑨ 进行软硬件的调试和仿真运行，电路的安装制作，演示汇报；
⑩ 进行工作任务的学业评价，完成工作任务的设计制作报告。

表5-1 数字温度控制器设计制作任务书

设计制作任务	数字温度控制器
功能要求	采用AT89C51单片机作为控制器，用DS18B20数字温度传感器进行温度检测，根据温度控制驱动直流电机的PWM波的占空比从而控制电机转速，用1602液晶显示当前温度和PWM波占空比。当温度在25～28℃范围内时，电机停止转动；当温度高于28℃时，电机顺时针转动；当温度低于25℃时，电机逆时针转动；温度变化0.1℃占空比变化5%
工具	① 单片机开发和电路设计仿真软件： 　　Keil uVision，Proteus。 ② PC机及软件程序，示波器，万用表， 　　电烙铁，装配工具。
材料	元器件（套）、焊料、焊剂

学业评价

本项目学业评价根据工作任务的完成过程进行考核评价，注重学习和工作过程的考核评价，依据完成任务中实际的学习和工作过程分为10个评分项目，根据各项目主要完成主体的不同，分别对个人和小组进行考核评价，考核评价表如表5-2所示。

表5-2 项目5 考核评价表

组别		第一组			第二组			第三组		
任务名称	分值	学生A	学生B	学生C	学生D	学生E	学生F	学生G	学生H	学生I
DS18B20学习	10									
建立LCD1602函数库	10									
直流电机学习	5									
温度报警器	10									
直流电机控制器	10									
数字温度控制器	15									
调试仿真	10									
安装制作	10									
设计制作报告	10									
团队及合作能力	10									

任务5.1 认识数字温度传感器

5.1.1 DS18B20数字温度传感器

DS18B20是美国Dallas半导体公司推出的数字式单总线温度传感器，图5-1为TO-92封装的DS18B20实物照片。

由于DS18B20具有微型化、低功耗、高性能、抗干扰能力强、接口简单等很多优点，使其得到了广泛的应用。

图5-1 TO-92封装DS18B20

（1）DS18B20温度传感器特性

① 单总线结构，只需一根IO口线就可以实现与微处理器的双向数据通信；

② 每一个DS18B20都有一个唯一的64位序列号，可以将多个DS18B20并联在一根IO口线上进行多点温度测量；

③ 温度测量范围为-55～+125℃，在-10～+85℃范围内精确度为±0.5℃；

④ 可编程设定温度数据位数为9位、10位、11位、12位，对应的可分辨温度为0.5℃、0.25℃、0.125℃、0.0625℃，可以实现高精度温度测量；

⑤ 可编程在EEPROM单元设定高温告警TH和低温告警TL，设定值断电后不会丢失。

（2）DS18B20引脚介绍

表5-3列出了DS18B20的引脚定义。

表5-3 DS18B20引脚定义

引脚	定义
GND	接地
DQ	数据输入输出
VDD	电源正极
NC	空

（3）DS18B20内部结构

DS1820内部结构如图5-2所示，内部功能部件有：寄生电源电路、64位ROM、温度传感器和一个9字节的高速暂存器。

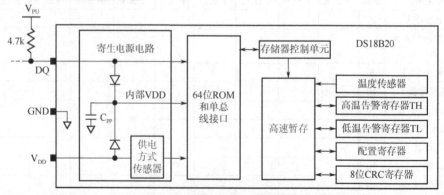

图5-2 DS18B20内部结构框图

寄生电源电路主要用于寄生方式，DS18B20从单信号线取得电源，在信号线为高电平期间二极管导通，电容C_{PP}充电。在单信号线为低电平期间二极管不导通，断开与信号线的连接。

64位ROM存储着DS18B20三个部分的信息：低8位产品工厂代码、中间48位是每个器件唯一的序列号，高8位是前面56位的CRC校验码。高速暂存一共有9个字节，功能定义如表5-4所示。

表5-4　DS18B20高速暂存功能定义

字节	功能
0	温度转换结果的低位
1	温度转换结果的高位
2	高温告警TH
3	低温告警TL
4	配置寄存器
5-7	系统保留
8	CRC校验码

（4）DS18B20与单片机的连接

DS18B20是"单总线"的数字式温度传感器，它只需单片机提供一根IO口线就能实现双向数据通信。通过将V_{DD}引脚连接到外部电源，给DS18B20供电，如图5-3所示。

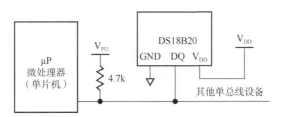

图5-3　与单片机连接

5.1.2 传感器的读写时序

（1）DS18B20初始化时序

DS18B20的初始化过程由三个部分组成：首先由主控制器（单片机）向总线发出复位脉冲，然后主控制器释放总线，第三部分为DS18B20对复位操作的应答，图5-4为DS18B20初始化时序图。

① 将数据线置成高电平1（初始化操作之前状态）；
② 将数据线拉低电平0（总线控制器低电平）；
③ 延时，不小于480μs，不超过960μs；
④ 总线控制器释放总线（将数据线置成高电平1）；
⑤ 延时等待15~60μs；
⑥ 检测DS18B20应答，若总线被DS18B20拉低电平，则初始化成功。说明DS18B20存在于总线上，且工作正常，否则初始化失败。

为了检测DS18B20是否初始化成功，可以编写带位返回值的初始化函数。当DS18B20正常应答时返回0，否则返回1。详见初始化函数Init_DS18B20()。

⑦ 延时等待。从第④步释放总线开始算，延时时间不小于480µs；
⑧ DS18B20释放总线（将数据线置成高电平1），结束初始化操作；

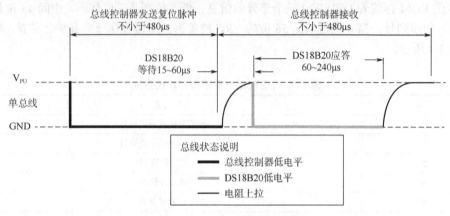

图5-4 DS18B20初始化时序

根据以上分析出的DS18B20初始化步骤，可以写出如下初始化函数：

```
#define uchar unsigned char
#define uint unsigned int
void Delayus(uchar xus);
bit Init_DS18B20(void);
sbit DQ = P1^0;//单片机与DS18B20 连接的 I/O 口定义
void Delayus(uchar xus)//晶振为 12MHz，延时时间为 2i+5µs
{
    while(--xus);
}
bit Init_DS18B20(void)
{
    bit Status_DS18B20;//DS18B20 复位状态变量定义
    DQ = 1;//步骤（1）
    DQ = 0;//步骤（2）
    Delayus(250);//步骤（3）延时 505µs
    DQ = 1;//步骤（4）
    Delayus(20);//步骤（5）延时 45µs
    if(!DQ)//步骤（6）
        Status_DS18B20 = 0;//DS18B20 正常应答，复位状态为 0
    else
        Status_DS18B20 = 1;//DS18B20 未应答，复位状态为 1
    Delayus(250);//步骤（7）延时 505µs
    DQ = 1;//步骤（8）
    return Status_DS18B20;//返回 DS18B20 复位状态
}
```

（2）DS18B20读时序

DS18B20的读时序分为"读0"时序和"读1"时序，图5-5为DS18B20读时序图。

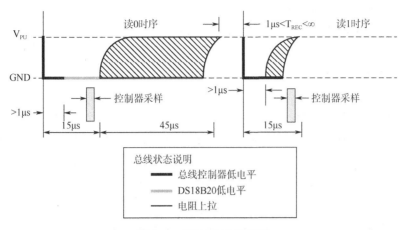

图5-5　DS18B20读时序

当主机从DS18B20读数据时，主机必须先把总线从高电平拉至低电平，产生读时序，并且总线必须保持低电平至少1μs。但是，来自DS18B20的输出数据仅在读时序下降沿之后15μs内有效。因此，为了正确读出DS18B20输出的数据，主机在产生读时序1μs后必须释放总线，让DS18B20输出数据（若输出0，DS18B20会将总线拉至低电平；若输出1，DS18B20会让总线保持高电平），主机在15μs内取走数据。15μs后上拉电阻将总线拉回至高电平。所有读时序的最短持续时间为60μs，且各个读时序之间必须有最短为1μs的恢复时间。

根据以上分析，读取一位数据可以按照如下步骤进行：
① 将总线置成高电平1（读操作之前状态）；
② 将总线拉低电平0（产生读时序）；
③ 保持1μs；
④ 释放总线（让DS18B20输出数据决定总线状态）；
⑤ 主机读取总线状态；
⑥ 释放总线（上拉电阻将总线拉高）；
⑦ 延时，从第一步起不小于60μs。

因为读取操作时，DS18B20是从数据低位开始传送的，所以根据以上读取步骤，可以写出如下一个字节数据的读取函数：

```
uchar Read_DS18B20(void)
{
    uchar i = 0,Dat = 0;
    for(i = 0;i<8;i++)//循环8次，读取一个字节
    {
        DQ = 1;//步骤（1）
        DQ = 0;//步骤（2）
        Dat>> = 1;//准备接收数据，同时起到延时作用，相当于步骤（3）
        DQ = 1;//步骤（4）
```

```
        if(DQ)//步骤（5）
            Dat |= 0x80;//若取到的位为1，则将最高位置成1
        DQ = 1;//步骤（6）
        Delayus(25);//步骤（7），延时50μs
    }
    return(Dat);
}
```

（3）DS18B20写时序

DS18B20的写时序分为"写0"时序和"写1"时序，图5-6为DS18B20写时序图。

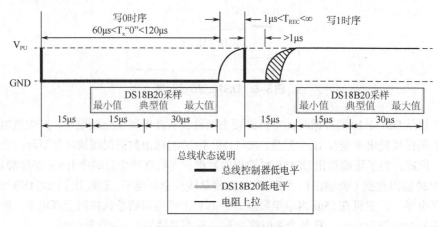

图5-6　DS18B20写时序

当主机把总线从高电平拉至低电平时，产生写时序。有两种类型的写时序：写1和写0。所有时序必须持续最短60μs，在各写周期之间必须有最短为1μs的恢复时间，恢复期总线为高电平。

在总线由高电平变为低电平之后，DS1820在15～60μs内对总线采样。如果总线为高电平，即写1；如果总线为低电平，即写0。

写1时，总线先被拉至低电平然后释放，使总线在写时序开始之后的15μs之内拉至高电平；写0时，总线被拉至低电平且至少保持60μs。

根据以上分析，可以写出如下一个字节数据的读取函数：

```
for(i=0;i<8;i++)//循环8次，写入一个字节
{
    DQ = 0;//将总线拉低，产生写时序
    DQ = Dat&0x01;//将要传送的位状态送到总线上
    Delayus(25);//延时50μs，即保持总线状态，待DS18B20采样
    DQ = 1;//恢复期，总线置1
    Dat >>= 1;
}
```

5.1.3 传感器的操作使用

在了解了DS18B20内部结构以及初始化、读、写等操作之后，我们比较关心的问题就是如何用单片机将温度信息从DS18B20中取出来。首先，我们来了解一下DS18B20的常用控制命令。

（1）DS18B20的ROM控制命令

ROM控制的命令主要是对DS18B20内部64位ROM（表5-4）进行相关操作的命令。

① 33H（读ROM）：当总线上仅有一个DS18B20时，用于读取DS18B20ROM中的编码（64位编码）；

② 55H（匹配ROM）：用55H后跟64位序列号，找到序列号与发送的序列号匹配的DS18B20，为进一步读、写操作做准备；

③ CCH（跳过ROM）：当总线上仅有一只DS18B20时，可以通过此命令允许主机不提供64位序列号直接访问存储器；

④ F0H（搜索ROM）：用于确定总线上器件类型和个数，识别器件地址，为操作各器件做准备；

如果需要在总线上并联多个DS18B20使用，则需要先把DS18B20逐个挂在总线上读出并记下它们的序列号，然后把它们一起并联在总线上，根据序列号选择被操作对象进行读写操作。

如果只使用一个DS18B20，可以跳过ROM，直接对高速暂存进行读写操作。

（2）高速暂存控制命令

高速暂存由9个字节组成，功能定义如表5-5所示。

① 44H（温度转换）：向DS18B20写入44H，即启动DS18B20进行温度转换，并将结果存入高速暂存的字节0和字节1。

温度数据存储格式如表5-5所示，DS18B20默认数据位数为12位（一般不需要做修改），数据存储编码为补码。表中S为符号位：温度值为正时，S为0；温度值为负时，S为1。

表5–5 DS18B20温度数据存储格式

位7	位6	位5	位4	位3	位2	位1	位0
2^3	2^2	2^1	2^0	2^{-1}	2^{-2}	2^{-3}	2^{-4}
位15	位14	位13	位12	位11	位10	位9	位8
S	S	S	S	S	2^6	2^5	2^4

当分辨率为12位时，温度值每增加0.0625℃，数据加1。所以当读取到温度编码后，只要将所得的补码转换成原码，再将数值乘以0.0625就可以得到温度值了。

② BEH（读暂存器）：向DS18B20写入BEH，就可以从字节0开始依次读取9个字节的高速暂存内容。如果只要读取一部分，可随时用复位（初始化）操作打断读取操作；

（3）DS18B20操作流程

DS18B20操作流程分ROM操作流程和RAM操作流程。如果仅使用一只传感器，且只需要进行温度转换并读出温度值。可以按以下流程进行：

① 复位；

② 跳过ROM命令（CCH）；

③ 温度转换命令（44H）；

④ 复位；

⑤ 跳过ROM命令（CCH）；

⑥ 读RAM命令（BEH）；

⑦ 读取两个字节数据；
⑧ 将读到的温度编码转换成温度值。
根据以上分析，可以写出如下温度获取函数：

```
//全局变量定义
bit Temp_Flag;//正负温度标志：温度为正 Temp_Flag = 0，否则为 1
uint Temp;//温度值
……
void GetTemp(void)//获取温度函数
{
uchar a = 0,b = 0;
Init_DS18B20();
Write_DS18B20(0xcc);//跳过 ROM
Write_DS18B20(0x44);//开启温度转换
Init_DS18B20();
Write_DS18B20(0xcc);//跳过 ROM
Write_DS18B20(0xbe);//读暂存器
a = Read_DS18B20();//读取高速暂存字节 0，温度低 8 位
b = Read_DS18B20();//读取高速暂存字节 1，温度高 8 位
Temp = b;
Temp<< = 8;
Temp = Temp|a;//将高、低位温度编码合在一起
if(b> = 8)//判断温度值是否为负
{
Temp = ~Temp+1;//将补码转换成原码
Temp_Flag = 1;
}
Temp = Temp*0.0625;
}
```

任务5.2　温度报警器的设计

5.2.1　任务与计划

温度报警器任务要求：用 AT89C51 单片机作为控制器，检测数字温度传感器 DS18B20，并将检测到的温度信息显示到 LCD1602 液晶模块第一行 "Temp: xxx.x℃"。当温度在 25~30℃ 之间时，第二行显示 "Temp Good!"，蜂鸣器、发光二极管不工作；当温度高于30℃时，蜂鸣器鸣叫报警，LCD1602 第二行显示 "Temp High!"，并伴随红色发光二极管闪烁。当温度低于 25℃时，蜂鸣器鸣叫报警，LCD1602 第二行显示 "Temp Low!"，并伴随绿色发光二极管闪烁。

工作计划：首先分析任务，然后进行硬件电路设计，再进行软件源程序分析编写，经编译调试后生成 hex 文件，将 hex 文件加载到仿真电路，对温度报警器进行仿真演示。

5.2.2 硬件电路与软件程序设计

（1）硬件电路设计：

根据任务要求，用数字温度传感器DS18B20进行温度转换，用AT89C51单片机读取温度数据并进行判断，并根据温度值，控制LCD1602、红色发光二极管、绿色发光二极管工作。硬件电路如图5-7所示。

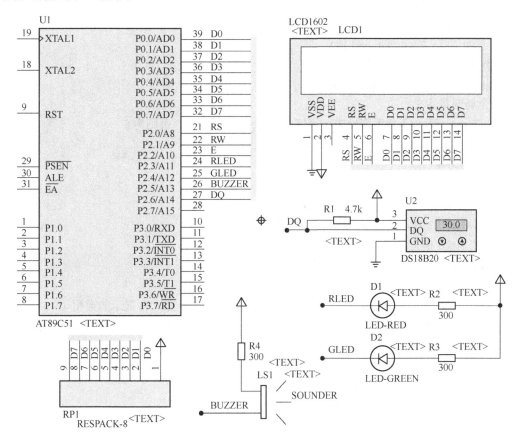

图5-7 温度报警器电路

（2）软件程序编写

1）软件分析：

温度报警器软件设计分为三个部分：DS18B20温度采集处理、LCD1602显示控制、发光二极管和蜂鸣器控制。

DS18B20温度采集处理由DS18B20初始化、写指令、读数据、取温度、温度处理这五个部分组成；其中DS18B20初始化、写指令、读数据、取温度函数在项目5任务1中已有详细介绍，此处不再赘述。对于温度处理函数，任务有两个：第一是将采集到的温度值拆分成便于显示的字符放入数组；第二是根据采集到的温度值改写用于1602LCD第二行显示的数组，并控制发光二极管、蜂鸣器的工作状态。

1602LCD显示控制要完成1602LCD初始化、写1602LCD以及正常工作后随时显示系统工作状态等工作；

发光二极管和蜂鸣器控制主要依据是DS18B20温度处理的结果，其中蜂鸣器鸣叫报警采用定时器 T0 方式 2 产生周期为 400μs 的方波驱动蜂鸣器方案。
2）源程序：
```c
//省略 51 头文件包含及部分常用宏定义
#define LcdData P0
//引脚定义
//1602 引脚定义见 5.2 节
sbit RLED = P2^3;//Red LED
sbit GLED = P2^4;//Green LED
sbit BUZZER = P2^5;//蜂鸣器
sbit DQ = P2^6;//DS18B20 DQ
//全局变量定义
bit Temp_Flag;//正负温度标志：温度为正 Temp_Flag = 0，否则为 1
uint Temp;//温度值
//函数申明
//1602 相关函数见 5.2 节
void RledBlink(void);//Red LED 闪烁函数
void GledBlink(void);//Green LED 闪烁函数
//DS18B20 相关函数见 5.1 节
void CalcTestTemp();//温度处理函数
void InitT0(void);//初始化定时器 T0
uchar FirstLine[13] = {"Temp:        C"};//用于 1602LCD 第一行显示的数组
uchar SecondLine[10] = {"Temp     !"};//用于 1602LCD 第二行显示的数组
//ms 级延时函数 Delayms(uint xms)
//写 1602LCD 指令、数据函数 WriteLcd(uchar Dat,bit x)
//初始化 1602LCD 函数 InitLcd(void)
//Red LED 闪烁函数
void RledBlink(void)
{
    RLED = 0;
    Delayms(200);
    RLED = 1;
    Delayms(200);
}
//Green LED 闪烁函数
void GledBlink(void)
{
    GLED = 0;
    Delayms(200);
    GLED = 1;
    Delayms(200);
}
```

```c
//以下省略部分提前已经给出的函数
//us 级延时函数 Delayus(uchar xus)
//初始化 DS18B20 函数 Init_DS18B20(void)
//读 DS18B20 函数 Read_DS18B20(void)
//写 DS18B20 函数 Write_DS18B20(uchar Dat)
//取温度函数 GetTemp(void)
void CalcTestTemp()//温度处理函数
{
    if(Temp_Flag) FirstLine[5] = '-';//如果温度值为负，显示负符号
    else FirstLine[5] = ' ';//否则不显示温度符号
    if(Temp<1000) FirstLine[6] = ' ';//如果温度值小于100，百位显示空白（不显示0）
    else FirstLine[6] = Temp/1000+0x30;//取温度百位并转换成 ASCII 码
    if(Temp<100) FirstLine[7] = ' ';//如果温度值小于10，十位显示空白（不显示0）
    else FirstLine[7] = Temp%1000/100+0x30;//取温度十位并转换成 ASCII 码
    FirstLine[8] = Temp%100/10+0x30;//取温度个位并转换成 ASCII 码
    FirstLine[9] = '.';//显示小数点
    FirstLine[10] = Temp%10+0x30;//取温度十分位并转换成 ASCII 码
    FirstLine[11] = 0xDF;//显示℃中 C 前面的小圆
    if((Temp_Flag == 1)|(Temp<250))//如果温度为负或小于25度，温度过低
    {
        GledBlink();//绿色发光二极管闪烁
        EA = 1;//启动 T0 定时器，输出方波，蜂鸣器鸣叫报警
        SecondLine[5] = ' '; //改写 1602LCD 第 2 行显示内容
        SecondLine[6] = 'L';
        SecondLine[7] = 'O';
        SecondLine[8] = 'W';
    }
//如果温度为正且在 25~30℃之间，温度正常
if((Temp_Flag == 0)&(Temp> = 250)&(Temp< = 300))
{
    EA = 0;//关闭定时器，停止蜂鸣器鸣叫报警
    BUZZER = 1;//关闭蜂鸣器
    SecondLine[5] = 'G';//改写 1602LCD 第 2 行显示内容
    SecondLine[6] = 'O';
    SecondLine[7] = 'O';
    SecondLine[8] = 'D';
}
//如果温度为正且大于 30℃，温度过高
if((Temp_Flag == 0)&(Temp>300))
{
    RledBlink();//红色发光二极管闪烁
```

```
        EA = 1;//打开 T0 定时器, 输出方波, 蜂鸣器鸣叫报警
        SecondLine[5] = 'H';//改写 1602LCD 第 2 行显示内容
        SecondLine[6] = 'I';
        SecondLine[7] = 'G';
        SecondLine[8] = 'H';
    }
}
void InitT0(void)//初始化定时器 T0
{//此处定时器不工作, 当温度过高或过低时, 在温度处理函数中启动或停止
    EA = 0;
    ET0 = 1;
    TMOD = 0x02;//T0 工作于定时、方式 2
    TH0 = 56;//200us 定时, 用于产生告警声波
    TL0 = 56;
    TR0 = 1;
}
//T0 定时器中断服务函数
void T0Serv() interrupt 1
{
    BUZZER = ~BUZZER;//产生方波
}
void main()
{
uchar y;
InitLcd();//初始化 1602LCD
InitT0();//初始化定时器 T0
while(1)
{
    GetTemp();//取温度
    CalcTestTemp();//温度处理
    WriteLcd(0x80,0);//指定显示位置为 1602 的第 1 行第 1 个字符
    for(y = 0; y<13; y++)//循环送入
    WriteLcd(FirstLine[y],1);//向 1602LCD 送第 1 行显示内容数组
    WriteLcd(0xc0,0);//指定显示位置为 1602 的第 2 行第 1 个字符
    for(y = 0; y<10; y++)//循环送入
    WriteLcd(SecondLine[y],1);//向 1602LCD 送第 2 行显示内容数组
    }
}
```

5.2.3　调试与仿真运行

在程序的调试过程中排除输入和编辑过程中出现的错误, 将 Keil 的输出设置为生成 hex 文

件，源程序通过编译后，将 hex 文件加载到 Proteus 仿真电路中。在仿真环境中按下 ▶ 键，进入仿真运行状态。通过调节 DS18B20 分别进行三种状态的仿真：温度低于 25℃时、温度在 25～30℃时和温度高于 30℃时。仿真运行效果如图 5-8 所示。

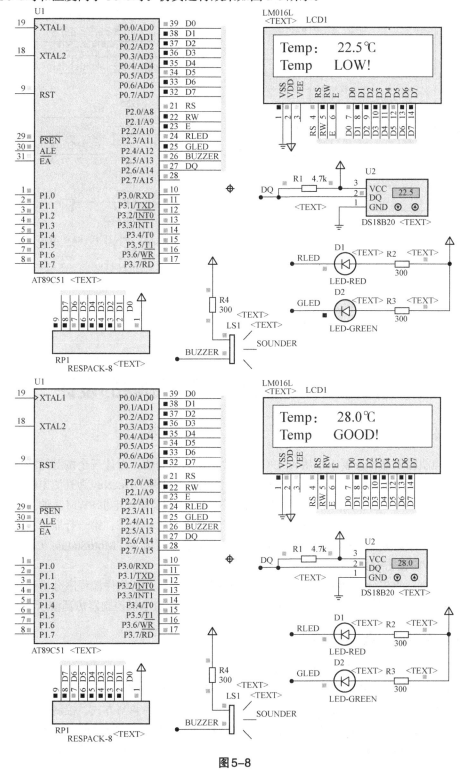

图 5-8

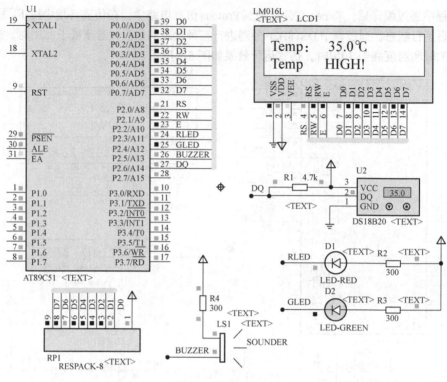

图5-8 仿真运行效果

任务5.3 直流电机控制器的设计

5.3.1 任务与计划

直流电机控制器任务要求：用AT89C51单片机作为控制器，设计三个按键控制直流电机转动，FuncKey控制电机转动方向，IncKey为直流电机加速键，DecKey为直流电机减速键，用外部中断0检测是否有键按下。加速和减速通过定时器调节驱动电机PWM波的占空比来实现，占空比十级可调，从0%到100%。用LCD1602显示出工作状态：第一行显示直流电机转向，顺时针转动时显示"MotoStatus：CWD"，逆时针转动时显示"MotoStatus：CCWD"；第二行显示PWM波占空比"H/L：x%"。

工作计划：首先分析任务，然后进行硬件电路设计，再进行软件源程序分析编写，经编译调试后生成hex文件，将hex文件加载到仿真电路，对直流电机控制器仿真演示。

5.3.2 电机的PWM驱动

（1）什么是脉冲宽度调制（PWM）

脉冲宽度调制（PWM）是英文Pulse Width Modulation的缩写，简称脉宽调制。它是按一定规律改变脉冲序列的脉冲宽度，以调节输出量和波形的一种调制方式。控制系统中最常用的是矩形波PWM信号，在控制时需要调节PWM波的占空比。如图5-9所示，占空比是正脉冲的持续时间与脉冲总周期的比值。控制电机的转速时，占空比越大，速度越快，如果占空比达到100%，速度达到最快。

当用单片机I/O口输出PWM波信号时，可采用两种方法。

① 软件延时法：首先设定I/O口为高电平，软件延时保持高电平状态一段时间，然后将I/O口状态取反，软件延时再保持一段时间，再将I/O口取反延时，如此循环就可以得到PWM波信号。占空比调节通过控制高电平、低电平延时时间来实现。

② 定时器定时法：控制方法和软件延时法类似，只是利用单片机定时器实现高、低电平翻转。

（2）H桥直流电机驱动电路

H桥驱动电路是非常典型的直流电机的驱动电路，如图5-10所示。正因为它的形状酷似字母H所以得名"H桥驱动电路"。

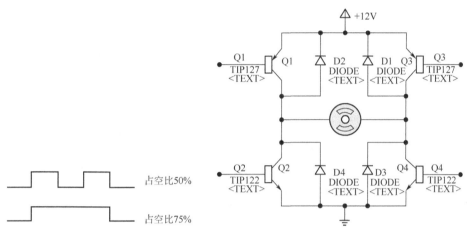

图5-9 PWM波信号占空比　　　图5-10 H桥直流电机驱动电路

如图5-10所示，H桥式电机驱动电路主要包括4个三极管和一个电机。要使电机运转，必须导通对角线上的一对三极管。根据不同三极管对的导通情况，电流可能会从左至右或从右至左流过电机，从而控制电机的转向。当三极管Q1和Q4导通时，电流将从左至右流过电机，从而驱动电机顺时针转动。当三极管Q2和Q3导通时，电流将从右至左流过电机，从而驱动电机逆时针转动。

需要特别注意的是，驱动电机时，要保证H桥上两个同侧的三极管不能同时导通。如果三极管Q1和Q2同时导通，那么电流就会从正极穿过两个三极管直接回到负极。此时，电路中除了三极管外没有其他任何负载，因此电路上的电流会非常大，甚至烧坏三极管，所以在使用H桥驱动电路时一定要避免此情况的发生。

用分立元件制作H桥很麻烦而且很容易搭错，可以选择封装好的H桥集成电路，接上电源、电机和控制信号就可以使用了。比如常用的L293D、L298N、TA7257P、SN754410等。

5.3.3 硬件电路与软件程序设计

（1）硬件电路设计

根据任务要求，用AT89C51单片机作控制器，LCD1602显示系统状态，采用分立元件搭建H桥驱动电路，三只按键分别控制转动方向和转速。硬件电路如图5-11所示。

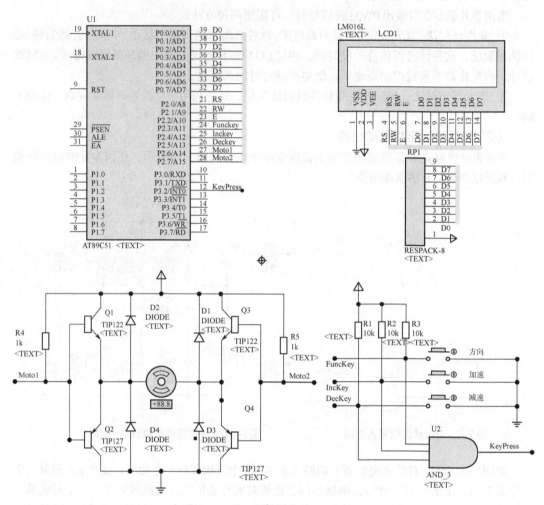

图 5-11 直流电机控制器硬件电路

（2）软件程序编写

1）软件分析：

直流电机控制器软件设计分三个部分：按键控制电机、占空比调节和1602显示控制。

按键控制电机通过单片机外部中断0检测按键按下状态，当有键按下后触发中断执行按键检测程序。当FuncKey按下，对直流电机转动方向标志取反，实现直流电机顺、逆时针转动；当加速键IncKey按下，增加PWM波占空比，电机加速；当减速键DecKey按下，减小PWM波占空比，电机减速。

占空比调节通过定时器定时方式实现。设定PWM波周期为100个250μs，用定时器T0方式2定时250μs，无符号字符型变量HPulseNum和LPulseNum（LPulseNum=100-HPulseNum）对PWM波高电平、低电平状态计数。位变量PulseStatus标志PWM电平状态。PulseStatus为0时，表示当前为PWM波的高电平段，否则表示当前为PWM波的低电平段。每250μs时间到，首先判断当前PWM波电平状态，再进一步判断当前电平计数状态，然后依照PWM波占空比决定是否应该对PWM波电平状态取反。要特别说明的是：此处PWM波高电平状态指的是电机被驱动转动的状态,而PWM波低电平状态指的是电机停止状态。

LCD1602显示控制要完成LCD1602初始化、写LCD1602以及正常工作后随时显示系统工作状态等工作。

2)源程序:

```c
#include <reg51.h>
//引脚定义
sbit RS = P2^0;//1602LCD RS
sbit RW = P2^1;//1602LCD RW
sbit E = P2^2;//1602LCD E
sbit FuncKey = P2^3;//直流电机转向控制键
sbit IncKey = P2^4;//增速键
sbit DecKey = P2^5;//减速键
sbit Moto1 = P2^6;//直流电机控制端
sbit Moto2 = P2^7;//直流电机控制端
#define uchar unsigned char //宏定义
#define uint unsigned int
#define LcdData P0
#define CWD Moto1 = 1;Moto2 = 0
#define CCWD Moto1 = 0;Moto2 = 1
#define Stop Moto1 = 1; Moto2 = 1
//全局变量定义
uchar HPulseNum;//高电平数(PWM波高电平持续长度)
uchar LPulseNum;//低电平数(PWM波低电平持续长度)
uchar NumChange;
//直流电机转向状态 0 CWD(顺时针方向) 1 CCWD(逆时针方向)
bit MotoStatus;
bit PulseStatus;//PWM波状态,0 高电平 1 低电平
//函数申明
void Delayms(uint xms);//ms级延时函数
void WriteLcd(uchar Dat,bit x);//写1602LCD指令、数据函数
void InitLCD(void);//初始化1602LCD函数
void StatusLCD(void);//1602LCD显示状态函数
void InitInt0T0(void);//初始化定时器T0函数
void KeyScan(void);//按键检测函数
uchar FirstLine[15] = {"MotoStatus: CWD"};//用于1602LCD第一行显示的数组
uchar SecondLine[8] = {"H/L:   0%"};//用于1602LCD第二行显示的数组
//ms级延时函数 Delayms(uint xms)
//写1602LCD指令、数据函数 WriteLcd(uchar Dat,bit x)
//初始化1602LCD函数 InitLcd(void)
void StatusLCD(void)//1602LCD显示状态函数
{
```

```c
if(!MotoStatus)//顺时针时显示 CWD
{
    FirstLine[11] = ' ';
    FirstLine[12] = 'C';
    FirstLine[13] = 'W';
    FirstLine[14] = 'D';
}
else//逆时针时显示 CCWD
{
    FirstLine[11] = 'C';
    FirstLine[12] = 'C';
    FirstLine[13] = 'W';
    FirstLine[14] = 'D';
}
if(NumChange<100)
SecondLine[4] = ' ';              //占空比小于 100%时,不显示百位
else
//取占空比百位并转换成 ASCII 码
    SecondLine[4] = NumChange/100+0x30;
if(NumChange<10)
SecondLine[5] = ' ';              //占空比小于 10%时,不显示十位
else
//取占空比十位并转换成 ASCII 码
    SecondLine[5] = NumChange%100/10+0x30;
//取占空比个位并转换成 ASCII 码
SecondLine[6] = NumChange%10+0x30;
}
void InitInt0T0(void)//初始化外部中断 INT0 和定时器 T0
{
    EA = 1;
    EX0 = 1;
    ET0 = 1;
    PX0 = 1;
    PT0 = 0;
    IT0 = 1;
    TMOD = 0x02;//T0 工作于定时、方式 2
    TH0 = 6;//250μs 定时
    TL0 = 6;
    TR0 = 1;//启动定时器
}
void KeyScan(void)//按键检测函数
```

```c
    {
        if(!FuncKey)//检测方向控制键是否按下
        {
            Delayms(10);//延时去抖
            if(!FuncKey)
            {
                while(!FuncKey);//等待按键释放
                MotoStatus = ~MotoStatus;//直流电机转动方向改变
            }
        }
        if(!IncKey)//检测加速键是否按下
        {
            Delayms(10);//延时去抖
            if(!IncKey)
            {
                while(!IncKey);//等待按键释放
                //占空比加大 10，周期为 100，所以加 10 相当于加 10%
                NumChange+ = 10;
                if(NumChange> = 100) NumChange = 100;//控制上限
            }
        }
        if(!DecKey)//检测减速键是否按下
        {
            Delayms(10);//延时去抖
            if(!DecKey)
            {
                while(!DecKey);//等待按键释放
                //占空比减小 10，周期为 100，所以减 10 相当于减 10%
                NumChange- = 10;
                if((NumChange<10)|(NumChange>100)) NumChange = 0;//控制下限
            }
        }
    }
//INT0 中断服务程序
void Int0Serv() interrupt 0
{
    KeyScan();
}
void T0Serv() interrupt 1              //T0 定时器中断服务函数
{
    if(!PulseStatus)//如果当前处于 PWM 波高电平段
```

```c
        {
            if(HPulseNum--! = 0)//如果高电平段延时计数不为 0
            {
                if(!MotoStatus)//如果 MotoStatus = 0（顺时针）
                {
                    CWD;//顺时针驱动直流电机
                }
                else//MotoStatus = 1（逆时针）
                {
                    CCWD;//逆时针驱动直流电机
                }
            }
            else//高电平段延时计数为 0
            {
                //取反 PWM 波电平状态
                PulseStatus = !PulseStatus;
                //装载低电平段延时计数，为低电平段延时做准备
                LPulseNum = 100-NumChange;
            }
        }
        else//当前处于 PWM 波低电平段
        {
            //如果低电平段延时计数不为 0
            if(LPulseNum--! = 0)
            {
                Stop;//停止驱动直流电机
            }
            //低电平段延时计数为 0
            else
            {
                //取反 PWM 波电平状态
                PulseStatus = !PulseStatus;
                //装载高电平段延时计数，为高电平段延时做准备
                HPulseNum = NumChange;
            }
        }
    }
}
void main()
{
    uchar y;
```

```
InitLcd();//初始化 1602LCD
InitInt0T0();//初始化外部中断 INT0 和定时器 T0
//装载 PWM 波高电平段延时计数，为高电平段延时做准备
HPulseNum = NumChange;
while(1)
{
    StatusLCD();//根据当前工作状态改变 1602LCD 显示状态
    //指定送入的字符显示于 1602LCD 第一行第一个字符位置
    WriteLcd(0x80,0);
    for(y = 0; y<15; y++)//循环送入
        WriteLcd(FirstLine[y],1);//向 1602LCD 送第一行显示内容数组
    //指定送入的字符显示于 1602LCD 第二行第一个字符位置
    WriteLcd(0xc0,0);
    for(y = 0; y<8; y++)//循环送入
        WriteLcd(SecondLine[y],1);//向 1602LCD 送第二行显示内容数组
}
}
```

5.3.4 调试与仿真运行

在程序的调试过程中排除输入和编辑过程中出现的错误，将 Keil 的输出设置为生成 hex 文件，源程序通过编译后，将 hex 文件加载到 Proteus 仿真电路中。在仿真环境中按下▶键，进入仿真运行状态。通过按键调节电机工作状态，进行三种状态的仿真：占空比为 0%、顺时针转动、逆时针转动。

仿真运行效果如图 5-12 所示。

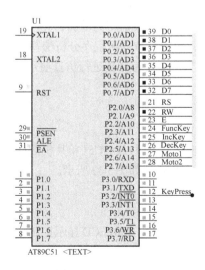
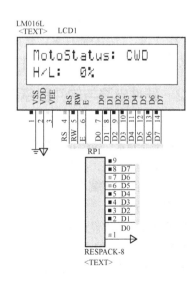

图 5-12

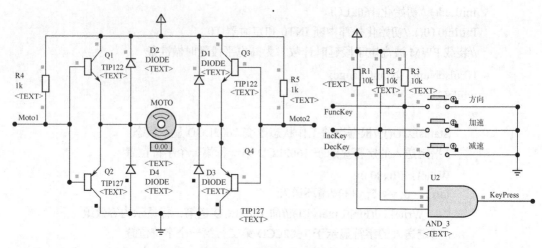

图5-12 仿真运行效果图

任务5.4 数字温度控制器的设计

5.4.1 任务与计划

数字温度控制器任务要求如下。

用AT89C51单片机作为控制器,检测数字温度传感器DS18B20,并将检测到的温度信息和当前电机转动方向显示到LCD1602液晶模块上。

当温度在25~30℃之间时,第一行"xxx.x℃ STOP",第二行显示"TG! H/L：0%",驱动直流电机的PWM波占空比为0%,直流电机不转动;

当温度高于30℃时,LCD1602第一行"xxx.x℃ CWD",第二行显示"TH! H/L: xxx%",直流电机顺时针转动,温度每升高0.1℃,驱动直流电机的PWM波占空比增加1%。

当温度低于25℃时,LCD1602第一行"xxx.x℃ CCWD",第二行显示"TL! H/L: xxx%",直流电机逆时针转动,温度每降低0.1℃,驱动直流电机的PWM波占空比增加1%。

工作计划:首先分析任务,然后进行硬件电路设计,再进行软件源程序分析编写,经编译调试后生成hex文件,将hex文件加载到仿真电路,对数字温度控制器进行仿真演示。

5.4.2 硬件电路与软件程序设计

（1）硬件电路设计

根据任务要求,用数据温度传感器DS18B20进行温度转换,用AT89C51单片机读取温度数据,并根据温度值,控制1602显示和直流电机转动。硬件电路如图5-13所示。

（2）软件程序编写

1）软件分析

温度报警器软件设计分为三个部分:DS18B20温度采集处理、1602LCD显示控制、驱动直流电机的PWM波的占空比调节。

DS18B20温度采集处理由DS18B20初始化、写指令、读数据、取温度、温度处理这五个

项目 5　数字温度控制器的设计与制作

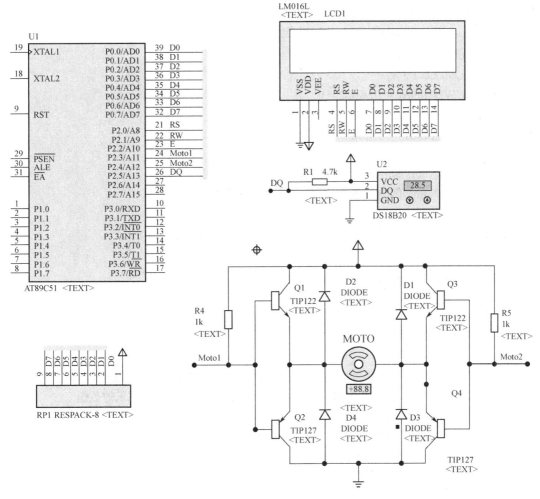

图 5-13　数据温度控制器硬件电路

部分组成；其中 DS18B20 初始化、写指令、读数据、取温度函数在项目 5 任务 1 中已有详细介绍，此处不再赘述。温度处理函数作用是将读取到的温度编码转换成温度值。

1602LCD 显示控制和占空比调节的依据都是温度值。根据温度值判断系统所处的工作状态：温度过高、正常、过低，并将相应的温度信息、电机转向、温度状态、PWM 波占空比等信息显示到 1602LCD 上。

本例中占空比调节方法仍然采用定时器定时产生，与任务 3 中一致，此处不再赘述。

2）源程序：

```
#include <reg51.h>
//引脚定义
sbit RS = P2^0;//1602LCD RS
sbit RW = P2^1;//1602LCD RW
sbit E = P2^2;//1602LCD E
sbit Moto1 = P2^3;//直流电机控制端
sbit Moto2 = P2^4;//直流电机控制端
```

```c
sbit DQ = P2^5;//DS18B20 DQ
#define uchar unsigned char        //宏定义
#define uint unsigned int
#define LcdData P0
#define CWD Moto1 = 1;Moto2 = 0
#define CCWD Moto1 = 0;Moto2 = 1
#define Stop Moto1 = 1; Moto2 = 1
//全局变量定义
uchar HPulseNum;//高电平数（PWM 波高电平持续长度）
uchar LPulseNum;//低电平数（PWM 波低电平持续长度）
uint NumChange;
bit TempFlag;//正负温度标志：温度为正 Temp_Flag = 0，否则为 1
uint Temp;//温度值
//直流电机转向状态 0 CWD（顺时针方向）  1 CCWD（逆时针方向）
uchar MotoStatus;
bit PulseStatus;//PWM 波状态，0 高电平 1 低电平
/*函数申明，部分略*/
void MotoControl();
uchar FirstLine[13] = {"      C STOP"};//用于 1602LCD 第一行显示的数组
uchar SecondLine[12] = {"TG! H/L:    0%"};//用于 1602LCD 第二行显示的数组
//ms 级延时函数 Delayms(uint xms)
//写 1602LCD 指令、数据函数 WriteLcd(uchar Dat,bit x)
//初始化 1602LCD 函数 InitLcd(void)
//1602LCD 显示状态函数
void StatusLCD(void)
{
/*********************温度值显示*********************/
if(TempFlag) FirstLine[0] = '-';//如果温度值为负，显示负符号
else FirstLine[0] = ' ';//否则不显示温度符号
//如果温度值小于 100，百位显示空白（不显示 0）
if(Temp<1000) FirstLine[1] = ' ';
else FirstLine[1] = Temp/1000+0x30;//取温度百位并转换成 ASCII 码
//如果温度值小于 10，十位显示空白（不显示 0）
if(Temp<100) FirstLine[2] = ' ';
else FirstLine[2] = Temp%1000/100+0x30;//取温度十位并转换成 ASCII 码
FirstLine[3] = Temp%100/10+0x30;//取温度个位并转换成 ASCII 码
FirstLine[4] = '.';//显示小数点
FirstLine[5] = Temp%10+0x30;//取温度十分位并转换成 ASCII 码
FirstLine[6] = 0xDF;//显示℃中 C 前面的小圆
/*********************电机状态显示*********************/
    if(NumChange! = 0)
```

```
        {
            if(MotoStatus == 1)//顺时针时显示 CWD
            {
                FirstLine[9] = ' ';
                FirstLine[10] = 'C';
                FirstLine[11] = 'W';
                FirstLine[12] = 'D';
            }
            if(MotoStatus == 2)//逆时针时显示 CCWD
            {
                FirstLine[9] = 'C';
                FirstLine[10] = 'C';
                FirstLine[11] = 'W';
                FirstLine[12] = 'D';
            }
        }
        else
        {
            FirstLine[9] = 'S';
            FirstLine[10] = 'T';
            FirstLine[11] = 'O';
            FirstLine[12] = 'P';
        }
/*******************温度状态显示*******************/
if((TempFlag)|(Temp<250))//如果温度为负或小于 25 度，温度过低
SecondLine[1] = 'L';//改写 1602LCD 第二行显示内容
//如果温度为正且在 25~30℃之间，温度正常
if((!TempFlag)&(Temp> = 250)&(Temp< = 300))
SecondLine[1] = 'G';//改写 1602LCD 第二行显示内容
if((!TempFlag)&(Temp>300))//如果温度为正且大于 30 度，温度过高
SecondLine[1] = 'H';//改写 1602LCD 第二行显示内容
/*******************占空比显示*******************/
if(NumChange<100) SecondLine[8] = ' ';//占空比小于 100%时，不显示百位
else SecondLine[8] = NumChange/100+0x30;//占空比百位 ASCII 码
if(NumChange<10) SecondLine[9] = ' ';//占空比小于 10%时，不显示十位
else SecondLine[9] = NumChange%100/10+0x30;//占空比十位 ASCII 码
SecondLine[10] = NumChange%10+0x30;//占空比个位 ASCII 码
}
/*省略 DS18B20 操作相关函数*/
void InitT0(void)//初始化外部中断 INT0 和定时器 T0
{
```

```c
    EA = 1;
    ET0 = 1;
    TMOD = 0x02;//T0 工作于定时、方式 2
    TH0 = 56;//200us 定时
    TL0 = 56;
    TR0 = 1;//启动定时器
}
void T0Serv() interrupt 1//T0 定时器中断服务函数
{
    if(!PulseStatus)//如果当前处于 PWM 波高电平段
    {
        if(HPulseNum--! = 0)//如果高电平段延时计数不为 0
        {
            if(MotoStatus! = 0)//如果 MotoStatus! = 0（为 0 是停止状态）
                CWD;//顺时针驱动直流电机
            else
                CCWD;//MotoStatus = 1（逆时针）
        }
        else//高电平段延时计数为 0
        {
            PulseStatus = !PulseStatus;//取反 PWM 波电平状态
            //装载低电平段延时计数，为低电平段延时做准备
            LPulseNum = 100-NumChange;
        }
    }
    else//当前处于 PWM 波低电平段
    {
        if(LPulseNum--! = 0)     //如果低电平段延时计数不为 0
        {
            Stop;//停止驱动直流电机
        }
        else                //低电平段延时计数为 0
        {
            PulseStatus = !PulseStatus;   //取反 PWM 波电平状态
            //装载高电平段延时计数，为高电平段延时做准备
            HPulseNum = NumChange;
        }
    }
}
void MotoControl()
{
```

```c
        if((!TempFlag)&(Temp>300))
        {
            MotoStatus = 1;
            NumChange = Temp-300;
            if(NumChange> = 100) NumChange = 100;//控制上限
        }
        if((!TempFlag)&(Temp< = 300)&(Temp> = 250))
        {
            MotoStatus = 0;
            NumChange = 0;
        }
        if((Temp<250)|(TempFlag))
        {
            MotoStatus = 2;
            NumChange = 250-Temp;
            if(NumChange> = 100) NumChange = 100;//控制上限
        }
    }
    void main()
    {
        uchar y;
        InitLcd();//初始化1602LCD
        InitT0();//初始化外部中断INT0和定时器T0
        HPulseNum = NumChange;//装载PWM波高电平段延时计数
        while(1)
        {
            GetTemp();
            MotoControl();
            StatusLCD();//根据当前工作状态改变1602LCD显示状态
            WriteLcd(0x80,0);//指定送入的字符显示位置
            for(y = 0; y<13; y++)//循环送入
                WriteLcd(FirstLine[y],1);//向1602LCD送第一行显示内容数组
            WriteLcd(0xc0,0);//指定字符显示位置
            for(y = 0; y<12; y++)//循环送入
                WriteLcd(SecondLine[y],1);//向1602LCD送第二行显示内容数组
        }
    }
```

5.4.3 调试与仿真运行

在程序的调试过程中排除输入和编辑过程中出现的错误,将Keil的输出设置为生成hex文

件，源程序通过编译后，将 hex 文件加载到 Proteus 仿真电路中。在仿真环境中按下▶键，进入仿真运行状态。依据 DS18B20 检测到的温度状态，有三种调试状态：温度正常、温度过高、温度过低。仿真运行效果如图 5-14 所示。

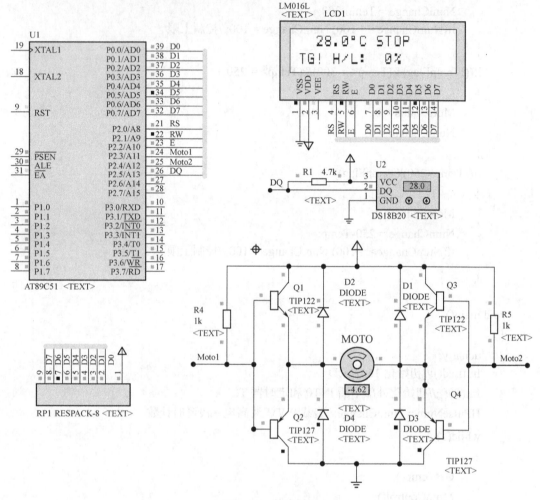

图 5-14 仿真效果

5.4.4 实物运行图

使用实验室开发的单片机开发板，完成数字温度控制器的设计的制作，实物运行图如图 5-15 所示。

图 5-15 实物运行图

任务 5.5　建立自己的函数库
——以LCD1602液晶显示屏相关驱动函数为例

当我们所实现的功能较少时，往往一个主函数就够了。随着学习的逐渐深入，实现功能的逐步增加，程序代码规模也越来越大，只在主函数中实现使得主函数变得冗长且复杂，不利于后期的调试和维护。同时，在实际开发中，会经常使用之前编写过的相关驱动函数，重复编写这些函数会使编程效率较低。可以利用C语言"模块化"的思想，将常用的函数封装成函数库，方便以后直接调用，大大缩短开发周期。

本节任务以项目4中的LCD1602液晶显示屏为例，编写lcd1602.h与lcd1602.c，开始建立自己的函数库。

5.5.1　编写头文件lcd1602.h

在前边的章节中，我们多次使用过文件包含命令#include，这条指令的功能是将指定的被包含文件的全部内容插入到该命令行的位置处，从而把指定文件和当前的源程序文件拼接一个源文件参与编译，通常的写法有以下两种如下：

#include <文件名>

#include "文件名"

使用尖括号表示预处理程序直接到系统指定的"包含文件目录"去查找，使用双引号则表示预处理程序首先在当前文件所在的文件目录中查找被包含的文件，如果没有找到才会再到系统的"包含文件目录"去查找。一般情况下，我们的习惯是系统提供的头文件用尖括号方式，我们用户自己编写的头文件用双引号方式。

我们在前边用过很多次#include <reg52.h>，这个文件所在的位置是 Keil 软件安装目录的\C51\INC 这个路径内，大家可以去看看，在这个文件夹内，有很多系统自带的头文件，当然也包含了<intrins.h>这个头文件。当我们一旦写了#include <reg51.h>这条指令后，那么相当于在我们当前的.c 文件中，写下了以下的代码：

```
#ifndef   __REG51_H__
#define   __REG51_H__

/*  BYTE Register  */
sfr P0    = 0x80;
sfr P1    = 0x90;
sfr P2    = 0xA0;
sfr P3    = 0xB0;
......
/*  BIT Register  */
/*  PSW  */
sbit CY   = 0xD7;
```

```
    sbit AC   = 0xD6;
    sbit F0   = 0xD5;
    sbit RS1  = 0xD4;
    sbit RS0  = 0xD3;
    sbit OV   = 0xD2;
    sbit P    = 0xD0;

    /*  TCON  */
    sbit TF1  = 0x8F;
    sbit TR1  = 0x8E;
    sbit TF0  = 0x8D;
    sbit TR0  = 0x8C;
    sbit IE1  = 0x8B;
    sbit IT1  = 0x8A;
    sbit IE0  = 0x89;
    sbit IT0  = 0x88;
    ……
    #endif
```

我们之前在程序中，只要写了#include <reg51.h>这条指令，我们就可以随便使用P0、TCON、TMOD这些寄存器和TR0、TR1、TI、RI等这些寄存器的位，都是因为它们已经在这个头文件中定义或声明过了。

Keil自己做了很多函数，生成了库文件，如果要使用这些函数的时候，不需要写这些函数的代码，而直接调用这些函数即可，调用之前首先要进行声明，而这些声明也放在头文件当中。比如我们所用的_nop_();函数，就是在<intrins.h>这个头文件中的。

在我们前面应用的实例中，很多文件中所要用到的函数，都是在其它文件中定义的，在当前文件中要调用它们的时候，提前声明一下即可。为了使程序的易维护性和可移植性提高，通常会自己编写所需要的头文件。

在头文件的编写过程中，为了防止命名的错乱，每个.c文件对应的.h文件，除名字一致外，进行宏声明的时候，也用这个头文件的名字，并且大写，在中间加上下划线，比如这个lcd1602.h的结构，我们首先要这样写：

```
#ifndef  _LCD1602_H
#define  _LCD1602_H

//程序段

#endif  /* _LCD1602_H */
```

这样说明的意思是，如果这个_LCD1602_H没有声明过，那么我们就声明_LCD1602_H，并且程序段是有效的，最终结束；那么如果_LCD1602_H已经声明过了，那么也就不用再声明了，同时程序段也就无效了。这样就有效地解决了头文件重复包含的问题。

自己编写的头文件中不仅仅可以进行函数的声明等，一些宏定义也可以放在其中。所以将一些用到的头文件包含、常用宏定义、端口定义以及函数声明也放在头文件中。lcd1602.h 头文件程序如下：

```c
#ifndef __LCD1602_H
#define __LCD1602_H
/*lcd1602 头文件包含-开头*************************/
#include <reg51.h>
/*lcd1602 头文件包含-结尾*************************/

/*lcd1602 宏定义-开头*****************************/
#define uchar unsigned char
#define uint unsigned int
/*lcd1602 宏定义-结尾*****************************/

/*lcd1602 接口定义-开头***************************/
#define LCD1602_Data    P0      //1602 液晶数据端口
sbit LCD1602_RS = P2^0;         //1602 液晶指令/数据选择引脚
sbit LCD1602_RW = P2^1;         //1602 液晶读写引脚
sbit LCD1602_E = P2^2;          //1602 液晶使能引脚
/*lcd1602 接口定义-结尾***************************/

/*lcd1602 相关函数声明-开头***********************/
void Lcd1602_Init(void);
void Lcd1602_SetCursor(uchar x, uchar y);
void Lcd1602_ShowString(uchar x, uchar y, uchar *str);
void Lcd1602_ShowChar(uchar x, uchar y, uchar chr);
/*lcd1602 相关函数声明-结尾***********************/

#endif /* __LCD1602_H */
```

5.5.2 编写实现文件 lcd1602.c

实现文件 lcd1602.c 与 main.c 基本相似，lcd1602.c 中的主要工作就是实现 lcd1602.h 中声明的相关函数。将项目 4 lcd1602.c 实现文件程序如下：

```c
#include "lcd1602.h"

/**
 * @brief  等待 lcd1602 准备好
 * @param  无
 * @retval 无
 */
void Lcd1602_WaitReady(void)
```

```c
{
    uchar sta;

    LCD1602_Data = 0xFF;
    LCD1602_RS = 0;
    LCD1602_RW = 1;
    do {
        LCD1602_E = 1;
        sta = LCD1602_Data; //读取状态字
        LCD1602_E = 0;
    } while (sta & 0x80);//bit7 等于 1 表示液晶正忙，重复检测直到其等于 0 为止
}

/**
 * @brief  向 lcd1602 液晶写入一字节命令
 * @param  cmd-待写入命令值
 * @retval 无
 */
void Lcd1602_WriteCommand(uchar cmd)
{
    Lcd1602_WaitReady();
    LCD1602_RS = 0;
    LCD1602_RW = 0;
    LCD1602_Data = cmd;
    LCD1602_E = 1;
    LCD1602_E = 0;
}
/**
 * @brief  向 lcd1602 液晶写入一字节数据
 * @param  dat-待写入数据值
 * @retval 无
 */
void Lcd1602_WriteData(uchar dat)
{
    Lcd1602_WaitReady();
    LCD1602_RS = 1;
    LCD1602_RW = 0;
    LCD1602_Data = dat;
    LCD1602_E = 1;
    LCD1602_E = 0;
}
```

```c
/**
  * @brief  设置显示 RAM 起始地址,亦即光标位置
  * @param  (x,y)-对应屏幕上的字符坐标
  * @retval 无
  */
void Lcd1602_SetCursor(uchar x, uchar y)
{
    uchar addr;

    if (y == 0)     //由输入的屏幕坐标计算显示 RAM 的地址
        addr = 0x00 + x;    //第一行字符地址从 0x00 起始
    else
        addr = 0x40 + x;    //第二行字符地址从 0x40 起始
    Lcd1602_WriteCommand(addr | 0x80);   //设置 RAM 地址
}

/**
  * @brief  在液晶上显示字符串
  * @param  (x,y)-对应屏幕上的起始坐标,str-字符串指针
  * @retval 无
  */
void Lcd1602_ShowString(uchar x, uchar y, uchar *str)
{
    Lcd1602_SetCursor(x, y);    //设置起始地址
    while (*str != '\0')  //连续写入字符串数据,直到检测到结束符
    {
        Lcd1602_WriteData(*str++);
    }
}
/**
  * @brief  在液晶上显示一个字符
  * @param  (x,y)-对应屏幕上的起始坐标,chr-字符 ASCII 码
  * @retval 无
  */
/*  */
void Lcd1602_ShowChar(uchar x, uchar y, uchar chr)
{
    Lcd1602_SetCursor(x, y);    //设置起始地址
    Lcd1602_WriteData(chr);
}
```

```
/*初始化1602液晶*/
/**
 * @brief   lcd1602 初始化
 * @param   无
 * @retval  无
 */
void Lcd1602_Init(void)
{
    Lcd1602_WriteCommand(0x38);    //16*2 显示，5*7 点阵，8 位数据接口
    Lcd1602_WriteCommand(0x0C);    //显示器开，光标关闭
    Lcd1602_WriteCommand(0x06);    //文字不动，地址自动+1
    Lcd1602_WriteCommand(0x01);    //清屏
}
```

5.5.3 运用lcd1602.h与lcd1602.c完成项目5中的任务2

经过上两个小节的学习，已经完成了头文件lcd1602.h以及实现文件lcd1602.c的程序编写工作。项目4任务2中，我们采用在main.c中编写函数的形式，实现了LCD1602液晶显示屏相关操作。而在本小节，将通过添加自己编写的函数库，调用相关函数，实现相同的功能。操作步骤如下：

① 将编写好的头文件lcd1602.h、实现文件lcd1602.c与Keil工程文件存放在同一个文件夹下。

② 右击Keil窗口左侧的Source Group 1 文件夹图标，选择 Add Existing Files to 'Source Group 1'命令，如图5-16所示。在弹出的文件对话框中选择之前编写的lcd1602.c，点击 Add 如图5-17所示。当左侧Project任务栏中Source Group 1文件夹下多了lcd1602.c,说明自己编写的LCD1602 函数库添加成功，如图5-18所示。

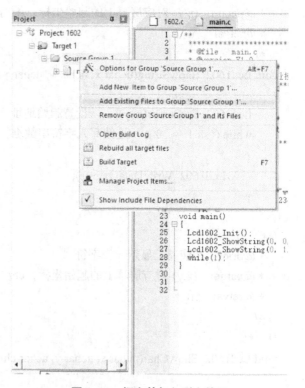

图5-16　把文件加入到文件组

图5-17 把lcd1602.c加入到文件组

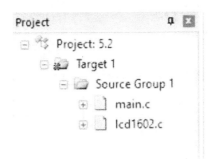

图5-18 添加lcd1602.c成功后的工程栏

③ 在 main.c 中的 main 函数中直接调用自己编写的函数库中的相关函数,完成 LCD1602 液晶显示屏的显示操作。main.c 的程序代码如下:

#include <reg51.h>
#include "lcd1602.h"

uchar code Institute[]="www.ypi.edu.cn";
uchar code Number[]="0123456789";

void main()
{
　　Lcd1602_Init();//lcd1602初始化
　　//lcd1602第一行显示学校网址www.ypi.edu.cn
　　Lcd1602_ShowString(0, 0, Institute);
　　//lcd1602第二行显示字符串0123456789
　　Lcd1602_ShowString(0, 1, Number);
　　while(1);//进入主循环
}

④ 编译整个工程,将生成的 hex 文件加载到 Proteus 仿真环境中并运行,最终运行结果

如图 5-19 所示。实现的效果与之前项目 4 任务 2 一致,且利用函数库编程的主函数更加简洁,逻辑更加清晰,仿真运行图如图 5-19 所示。

⑤ 将 hex 文件下载至单片机中,实物运行图如图 5-20 所示

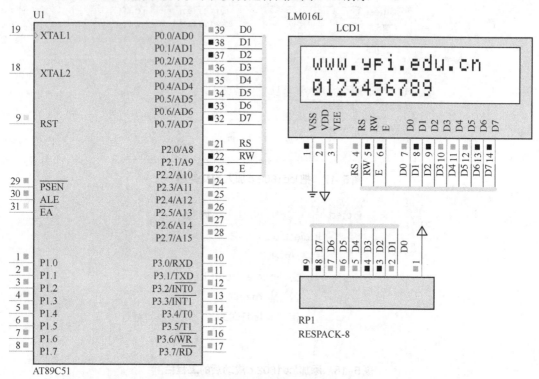

图 5-19 仿真效果

图 5-20 实物运行图

> 拓展任务

数字温湿度监测系统

☆DHT11数字温湿度传感器

DHT11 数字温湿度传感器是一款含有已校准数字信号输出的温湿度复合传感器,它应用专用的数字模块采集技术和温湿度传感技术,确保产品具有极高的可靠性和卓越的长期稳定性。传感器包括一个电阻式感湿元件和一个NTC测温元件,并与一个高性能8位单片机相连接。DHT11与DS18B20相似,均采用了单总线结构,只需一根IO口线就可以实现与微处理器的双向数据通信,但二者的通信协议略有不同,具体操作时再详细介绍。图5-21为DHT11的实物图。

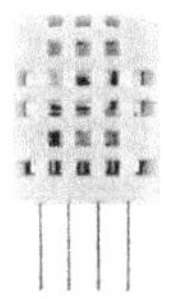

图5-21 DHT11实物图

(1) DHT11温湿度传感器相关特性:

① 温湿度传感器的一体化结构能同时对相对湿度和温度进行测量;

② 数字信号输出,从而减少用户信号的预处理负担;

③ 单总线结构输出有效节省用户控制器的I/O口资源,且独特的单总线数据传输线协议使得读取传感器的数据更加便捷;

④ 40位二级制数据输出,其中湿度整数部分占1字节,湿度小数部分占1字节,温度整数部分占1字节,温度小数部分占1字节,最后1字节为校验位,用于判别数据是否出错;

⑤ 4引脚安装,超小尺寸,各型号管脚可以完全互换;

⑥ 测量湿度范围为20%RH~90%RH误差在±5%RH,测量湿度范围为0~50℃,误差在±2℃。

(2) DHT11引脚介绍

表5-6列出了DHT11的引脚定义。

表5-6 DHT11引脚定义

引脚号	引脚名称	定义
1	VCC	电源正极
2	Dout	数据输入输出
3	NC	空
4	GND	接地

(3) DHT11与单片机的连接

DHT11的外围电路很简单,只需要将Dout引脚连接单片机的一个I/O即可,建议连接线长度短于20m时用5K上拉电阻,大于20m时根据实际情况使用合适的上拉电阻,DHT11的供电电压为3~5.5V。DHT11与单片机的连接如图5-22所示。

☆传感器的通信时序

DHT11采用单总线协议与单片机通信,单片机发送一次复位信号后,DHT11从低功耗模式转换到高速模式,等待主机复位结束后,DHT11发送响应信号,并拉高总线准备传输数据。

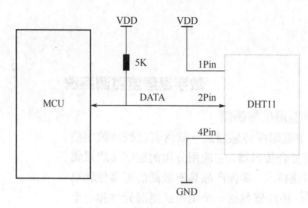

图5-22 DHT11与单片机连接

一次完整的数据为40位，按照高位在前，低位在后的顺序传输。

数据格式为：8位湿度整数数据+8位湿度小数数据+8位温度整数数据+8位温度小数数据+8位校验和，一共5字节（40位）数据。由于DHT11分辨率只能精确到个位，所以小数部分是数据全为0。校验和为前4个字节数据相加，校验的目的是为了保证数据传输的准确性。

DHT11只有在接收到开始信号后才触发一次温湿度采集，如果没有接收到主机发送复位信号，DHT11不主动进行温湿度采集。当数据采集完毕且无开始信号后，DHT11自动切换到低速模式。

由于DHT11对通信时序要求十分苛刻，所以在进行操作时序时，一定要关闭中断，防止单片机因进入中断消耗太多时间，从而影响DHT11的数据通信。

DHT11通信时序主要包含三个步骤：单片机发送复位信号、DHT11发送响应信号以及数据传输。

（1）单片机发送复位信号

首先主机单片机拉低总线至少18ms，然后再拉高总线，延时20~40μs，取中间值30μs，此时复位信号发送完毕。复位时序如图5-23主机信号所示。

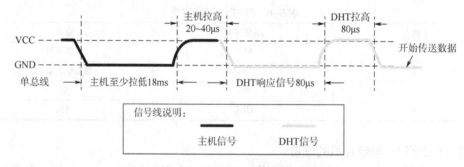

图5-23 DHT11初始化时序

根据以上分析出的单片机发送给DHT11复位信号的步骤，可以写出如下复位信号发送函数：

```
void DHT11_Restart(void)
{
    DHT11_DATA = 0;          //单片机将总线拉低
```

```
        delay_ms(25);            //持续时间 18ms 以上
        DHT11_DATA = 1;          //单片机将总线拉高
        delay_us(13);            //持续时间约 30μs 左右
}
```

（2）DHT11发送响应信号

DHT11检测到单片机发来的复位信号后，会触发一次温湿度采样，并将空闲的总线拉低80μs，向单片机发送给响应信号，告知单片机DHT11在线。当DHT11发送完响应信号后，会将总线拉高80μs，准备进行数据传输。响应时序如图5-23所示。

如果单片机一直无法检测到响应信号为低电平，则DHT11初始化失败，请检查DHT11是否损坏或线路是否连接正常。

当单片机发送复位信号后，如果检测到总线被拉低，则开始进行计时，直至总线被拉高，计算出低电平持续时间。然后DHT11会将总线拉高，计算出高电平持续时间。高电平信号结束后，单片机就开始接收数据。在实际应用中，DHT11的响应时间并不是标准的80μs，当响应时间处于20~100μs范围内时，就可以认为响应成功。同时，为了避免在计算高低电平时消耗太多系统资源，当响应时间超过100μs时，就认为响应失败，并退出该操作。

根据以上分析出的DHT11发送响应信号的步骤，可以写出如下响应信号判断函数：

```
bit DHT11_Response(void)//DHT11响应信号函数，当响应识别成功，函数返回1
{                       //若响应识别失败，函数返回 0
    unsigned int cnt_1us = 0;//定义变量，用以对电平持续时间进行计算
    while (!DHT11_DATA)//当 DHT11 将总线拉低时，则进入 while 循环中，
    {                            //计算持续时间
        delay_us(1);//延时 1*2+5 = 7μs
        cnt_1us + = 7;//计算低电平持续时间
        if (cnt_1us > 100)//当低电平持续时间超过 100μs，跳出该循环，
        {                            //防止进入死循环
            break;
        }
    }
    if (cnt_1us < 20 || cnt_1us > 100)//低电平持续时间为 20~100μs，
    {                            //当持续时间不在范围内时，
        return 0;                //则认为识别响应失败，返回 0
    }
    cnt_1us = 0;//将电平持续时间变量重新赋值为 0，便于下次计时
    while (DHT11_DATA)//当 DHT11 将总线拉高时，则进入 while 循环中，
    {                            //计算持续时间
        delay_us(1);//延时 1*2+5 = 7μs
        cnt_1us + = 7;//计算高电平持续时间
        if (cnt_1us > 100)//当低电平持续时间超过 100μs，跳出该循环，
        {                            //防止进入死循环
```

```
                    break;
            }
    }
    if (cnt_1us < 20 || cnt_1us > 100)   //高电平持续时间为20~100μs,
    {                                     //当持续时间不在范围内时,
        return 0;                         //则认为识别响应失败,返回0
    }

    return 1;                             //应识别成功,函数返回"1"
}
```

（3）数据传输

DHT11在总线拉高80μs后开始传输数据。每1位的数据都以50μs低电平时隙开始,告诉单片机开始传输一位数据了。DHT11以高电平的长短定义数据位是"0"还是"1",当50μs低电平时隙过后拉高总线,高电平持续26~28μs表示数据"0";持续70μs表示数据"1",如图5-24所示。当最后1位数据传送完毕后,DHT11拉低总线50μs,表示数据传输完毕,随后总线由上拉电阻拉高进入空闲状态。

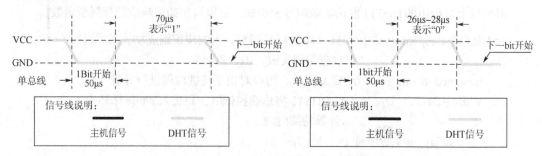

图5-24　DHT11数据"0"和"1"的时序图

为了识别DHT11发送的数据"0"和"1",可以像检测响应时间那样计算高低电平持续时间,但是这种方法太麻烦了。根据时序图可知,数据"0"的高电平持续26~28μs,数据"1"的高电平持续70μs,每一位数据前都有50μs的起始时隙,取一个中间值40μs来区分数据"0"和数据"1"的时隙。当数据位之前的50μs低电平时隙过后,总线肯定会拉高,此时延时40μs后检测总线状态,如果为高,说明此时处于70μs的时隙,则数据为"1";如果为低,说明此时处于下一位数据50μs的开始时隙,那么上一位数据肯定是"0",这样就可以通过延时40μs后,判断总线的高低电平来确定DHT11传输的是"0"还是"1"。

根据以上分析出的单片机接收数据"0"和"1"的步骤,可以写出如下一位数据的读取函数:

```
bit DHT11_RecieveBit(void)   //DHT11位数据接受函数,若接收到数据"0",
{                            //则返回0,若接收到数据"1",则返回1
    bit DHT11_Bit = 0;       //定义位变量,存储总线电平状态
    while(!DHT11_DATA);      //等待50μs低电平过去
    delay_us(18);            //延时大约40μs
```

```c
        if(DHT11_DATA == 1) //如果总线为高电平则数据为1，否则数据为0
        {
            DHT11_Bit = 1;
        }
        else
        {
            DHT11_Bit = 0;
        }
        while(DHT11_DATA);    //等待数据"1"的高电平线拉低，数据"0"则忽略
        return DHT11_Bit;     //返回接收到的位数据
}
```

通过上述操作，可以以位为单位读取DHT11发送过来的数据，然而一次完整的数据为40位，按照高位在前，低位在后的顺序传输，且数据格式为：8位湿度整数数据+8位湿度小数数据+8位温度整数数据+8位温度小数数据+8位校验和，一共5字节（40位）数据，所以应该编写以字为单位的数据读取函数，进而获得湿度整数数据、湿度小数数据、温度整数数据、温度小数数据以及校验和。

在单片机位数据接收函数的基础上，可以写出如下一个字节的读取函数：

```c
unsigned char DHT11_RecieveByte(void)//DHT11字节数据读取函数
{                                    //函数返回值为读取到的字节数据
    unsigned char i;                 //用于8个数据位的计数
    unsigned char dat = 0;           //用于存放单片机读取到的字节数据
    for(i = 0;i < 8; i++)            //从高到低依次接收8位数据
    {
        dat <<= 1;                   //将高位数据左移，便于存放将要读取到的位数据
        dat |= DHT11_RecieveBit();   //将读取到的位数据放在dat变量的最低位
    }
    return dat;                      //将单片机读取到的字节数据作为函数返回值返回
}
```

☆**传感器的操作使用**

在了解了DHT11内部结构以及发送复位信号、读取响应信号、数据读取等操作之后，我们比较关心的问题就是如何用单片机将温度、湿度信息从DHT11中取出来。由于温度与湿度的分辨率均为1，所以在操作使用时，往往忽略小数部分，但校验数据时不忽略。DHT11数据读取可以按以下流程进行：

① 单片机发送复位信号；
② 单片机等待DHt11的响应信号；
③ 读取第一个字节数据；
④ 读取第二个字节数据；
⑤ 读取第三个字节数据；
⑥ 读取第四个字节数据；
⑦ 读取第五个字节数据；

⑧ 将前四个字节的数据相加,与校验和进行比较,判断数据是否正确;
⑨ 若校验成功,则保存数据;若校验失败,则丢弃数据。
根据以上分析,可以写出如下温湿度读取函数:

```
//数据读取函数,若读取失败则返回0;若读取成功则返回1,且通过指针传递数据
bit DHT11_Read(unsigned char * p_humi, unsigned char * p_temp)
{
    unsigned char humi_integer;          //定义变量,用以湿度整数部分
    unsigned char humi_decimal;          //定义变量,用以湿度小数数据
    unsigned char temp_integer;          //定义变量,用以温度整数数据
    unsigned char temp_decimal;          //定义变量,用以温度小数数据
    unsigned char checksum;              //定义变量,用以存放校验数据
    unsigned char sum;                   //定义变量,用以存放校验数据
    DHT11_Restart();                     //单片机发送复位信号
    while(!DHT11_Response());            //等待DHT11发送响应信号
    humi_integer=DHT11_RecieveByte();    //接收湿度整数部分
    humi_decimal=DHT11_RecieveByte();    //接收湿度小数部分
    temp_integer=DHT11_RecieveByte();    //接收温度整数部分
    temp_decimal=DHT11_RecieveByte();    //接收温度小数部分
    checksum=DHT11_RecieveByte();        //接收校验和
    //计算前四个字节之和
    sum=humi_integer + humi_decimal + temp_integer + temp_decimal;
    if(sum==checksum)                    //如果前四字节数据之和与校验和相同,
    {                                    //则数据读取正确,否则数据读取错误
        *p_temp=temp_integer;//通过指针变量传递温度值
        *p_humi=humi_integer;//通过指针变量传递湿度值
        return 1;            //数据读取成功,返回1
    }
    else
    {
        return 0;            //数据读取成功,返回0
    }
}
```

☆**任务与计划**

温湿度监测系统任务要求:用AT89C51单片机作为控制器,控制数字温度传感器DHT11,并将监测到的温度信息显示到LCD1602液晶模块第一行"Temp: xx℃"。当温度在25~30℃之间时,第一行行末显示"Good!";当温度高于30℃时,LCD1602第一行行末显示"High!";当温度低于25℃时,LCD1602第一行行末显示"Low!"将监测到的湿度信息显示到LCD1602液晶模块第二行"Humi: xx%"。当湿度在40%~60%之间时,第二行行末显示"Good!";

当湿度高于60%时,LCD1602第二行行末显示"High!";当温湿度高于40%时,LCD1602第二行行末显示"Low!"。

工作计划:首先分析任务,然后进行硬件电路设计,再进行软件源程序分析编写,经编译调试后生成hex文件,将hex文件加载到仿真电路,对温度报警器进行仿真演示。

☆**硬件电路与软件程序设计**

(1)硬件电路设计

根据任务要求,采用温湿度传感器DHT11进行温湿度转换,用AT89C51单片机读取温湿度数据并进行判断,并根据温湿度度值,控制LCD1602工作。硬件电路如图5-25所示。

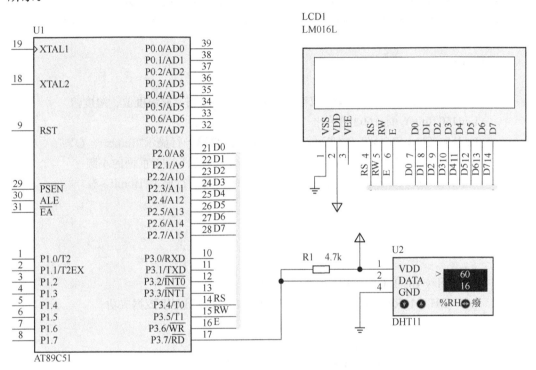

图5-25 温湿度监测系统电路

(2)软件程序编写

1)软件分析

温湿度监测系统软件设计分为两个部分:DHT11温湿度采集处理、LCD1602显示控制。

DHT11温湿度采集处理由发送复位信号、读取响应信号、数据读取、温湿度处理这四个部分组成;其中DHT11发送复位信号、读取响应信号、数据读取函数在5.6.2和5.6.3小节中已有详细介绍,此处不再赘述。对于温湿度处理函数,任务有两个:第一是将采集到的温湿值拆分成便于显示的字符放入数组;第二是根据采集到的温湿度,并与温湿度阈值进行比较,从而改变LCD1602液晶显示屏上的提示信息。

LCD1602显示控制要完成LCD1602初始化、写LCD1602以及正常工作后实时显示系统工作状态等工作。

2）源程序

```c
#include<reg51.h>
#include "dht11.h"
#include "delay.h"
#include "lcd1602.h"

/*相关函数声明-开头***********************************************/
void Display(unsigned char temp, unsigned char humi);//数据显示函数
void Compare(unsigned char temp, unsigned char humi);//数据比较函数
/*相关函数声明-结尾***********************************************/

void main()
{
    unsigned char temp, humi;//定义变量temp、humi分别存放温度值、湿度值
    Lcd1602Init();//lcd1602初始化
    Lcd1602ShowString(0, 0, "Temp:    C");//lcd1602第一行显示"Temp:    C"
    Lcd1602ShowChar(7, 0, 0xDF);//lcd1602第一行'显示℃中C前面的小圆
    Lcd1602ShowString(0, 1, "Humi:    %");//lcd1602第一行显示"Humi:    %"


    while (1)
    {
        delay_ms(1000);//每1s转换一次数据
        (DHT11_Read(&humi, &temp)==1) //如果读取温湿度数据成功
        {
            Display(temp, humi);//进行数据显示
            Compare(temp, humi);//进行数据比较
        }
    }
}

void Display(unsigned char temp, unsigned char humi)
{
    char str_temp[3]={0};//定义温度显示字符数组
    char str_humi[3]={0};//定义湿度显示字符数组
    //将温度数据转换为温度显示字符数组
    str_humi[0]='0'+(humi/10);
    str_humi[1]='0'+(humi%10);
    //将湿度数据转换为湿度显示字符数组
    str_temp[0]='0'+(temp/10);
```

```
        str_temp[1]='0'+(temp%10);
        Lcd1602ShowString(5, 0, str_temp);//显示温度字符
        Lcd1602ShowString(5, 1, str_humi);//显示湿度字符
}
void Compare(unsigned char temp, unsigned char humi)
{
        if (temp < 25)//温度低于25℃时，显示" low!"
        {
                Lcd1602ShowString(11, 0, " low!");
        }
        else if (temp > 30)//温度高于30℃时，显示"high!"
        {
            Lcd1602ShowString(11, 0, "high!");
        }
        else //温度处于正常范围时，显示"good!"
        {
            Lcd1602ShowString(11, 0, "good!");
        }
        if (humi < 40)//湿度低于40%时，显示" low!"
        {
            Lcd1602ShowString(11, 1, " low!");
        }
        else if (humi > 60)//湿度高于60%时，显示"high!"
        {
            Lcd1602ShowString(11, 1, "high!");
        }
        else//湿度处于正常范围时，显示"good!"
        {
            Lcd1602ShowString(11, 1, "good!");
        }
}
```

☆调试与仿真运行

在程序的调试过程中排除输入和编辑过程中出现的错误，将Keil的输出设置为生成hex文件，源程序通过编译后，将hex文件加载到Proteus仿真电路中。在仿真环境中按下▶键，进入仿真运行状态。依据DHT11检测到的温湿度状态，有三种调试状态：温度正常、湿度正常；温度过高、湿度过高；温度过低、湿度过低。仿真运行效果如图5-26所示。

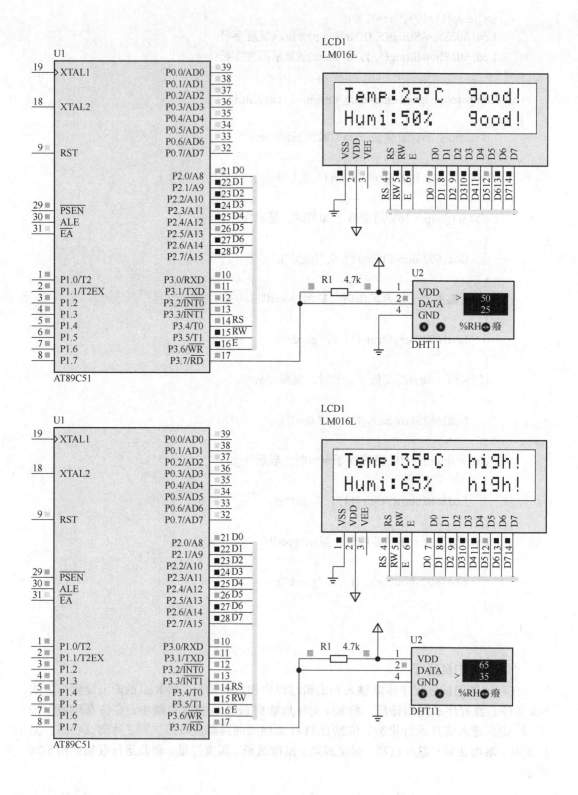

项目 5　数字温度控制器的设计与制作

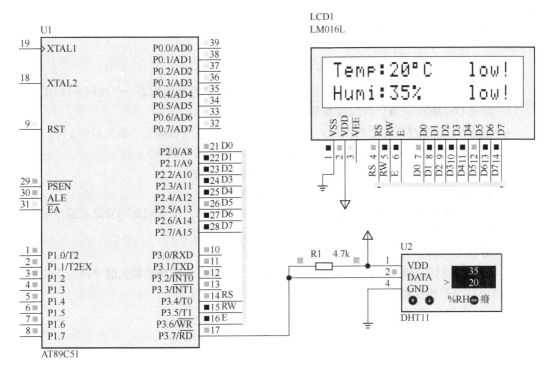

图 5-26　仿真效果

总结

　　数字温度传感器 DS18B20 是单总线、精度 8 位到 12 位可调、可以设定高低温告警、数据传输进行循环冗余校验（CRC）的温度传感器；具有微型化、低功耗、高性能、抗干扰能力强、接口简单等很多优点；主要应用于冷库、粮仓、机房、热量计量等很多场合。

　　直流电机常用典型的 H 桥驱动电路驱动，但由于用分立元件制作 H 桥很麻烦而且很容易搭错，所以实际应用时，一般选择封装好的 H 桥集成电路，如 L293D、L298N、TA7257P、SN754410 等。直流电机的调速常通过改变 PWM 波占空比实现，PWM 波占空比调节可以通过延时或定时两种方式实现。

　　随着工程需求越来越复杂，代码量也随之增大，通过建立自己的函数库，可以大大提高编程效率，设计出逻辑更清晰、功能更复杂的程序。

拓展思考

　　① 在单片机的同一个 I/O 口上并接两个 DS18B20，设计制作多点温度监测系统，并用 1602LCD 显示两点实时温度。

　　② 利用自己编写的 LCD1602 函数库，设计制作一个滚动显示欢迎词的显示屏，第一行显示"Welcome To"。第二行显示"http://www.ypi.edu.cn"。

习 题

1. DS18B20温度测量范围为多少？最大测量精度为多少？
2. 查看DS18B20数据手册，简述为什么DS18B20通电后测量的第一个数据为+85℃？
3. 简述DS18B20完成一次温度测量的工作流程。
4. 修改任务2温度报警器的设计，使LCD1602显示的温度精确到小数点后面3位。
5. 什么是PWM？什么是占空比？常用PWM波实现方法有哪些？
6. 为什么H桥驱动电路两个同侧的三极管不能同时导通？
7. 常用H桥集成芯片有哪些？它们各自有什么特点？
8. 用DS18B20设计一个数字温度计，用4位数码管显示。第一位数码管显示温度极性，温度值为正时不显示，为负时显示"-"。温度值精确到一位小数。
9. 用LCD1602作为显示器重新完成第1题。
10. 通过控制电风扇电机PWM波占空比，设计一个具有多种转动模式的电风扇，风速档位分为1、2、3档和自然风档。

项目 6

电子日历的设计与实现

项目任务描述

电子日历是一种利用数字电路来显示年、月、日、星期、时、分、秒的计时工具,由于数字集成电路的发展和石英晶体振荡器的广泛应用,使得数字钟的精度远远超过老式钟表。如今它已成为人们日常生活的必需品,广泛应用于家庭、车站、剧院、商场及办公场所,给人们的生活、工作、学习带来了极大的方便。本项目工作任务是采用单片机来设计一个简易的电子日历,使用 DS1302 芯片作为电子日历的时钟芯片,使用 LCD12864 作为电子日历的液晶显示屏,同时用中文和数字显示当前的日期、星期以及时间信息。从认识 I²C 总线开始本项目的学习和工作,通过 I/O 口模拟 I²C 总线操作及存储芯片 24CXX 的使用任务的学习与工作,学会 I²C 芯片 24C04 的基本使用方法。通过对 DS1302 时钟芯片的学习与使用,了解并学会电子日历时钟电路的设计与操作。通过对 LCD12864 的学习与使用,了解并学会电子日历显示电路的设计与操作。在收集单片机电子日历的相关资讯的基础上,进行单片机电子日历的任务分析和计划制定、硬件电路和软件程序的设计,完成单片机电子日历的制作调试和运行演示,并完成工作任务的评价。

学习目标

① 了解 SPI 总线与 SPI 总线协议;
② 了解 I²C 总线与 I²C 总线协议;
③ 掌握 MCS-51 单片机 I/O 口模拟 I²C 总线的基本操作;
④ 了解基于 I²C 总线的 E²PROM 应用;
⑤ 了解并掌握 DS1302 时钟芯片的操作说明与使用;
⑥ 了解并掌握 LCD12864 的操作说明与使用;
⑦ 能进行单片机电子日历硬件电路的设计;
⑧ 能进行单片机电子日历软件程序的设计;
⑨ 能按照设计任务书要求,完成简易单片机电子日历的设计调试和制作。

学习与工作内容

本项目根据工作任务书的要求，工作任务书如表6-1所示，学习I²C总线的基本操作及DS1302时钟芯片与LCD12864的相关知识，查阅收集资料，制定工作方案和计划，完成简易电子日历的设计与制作，需要完成以下的工作任务。

① 了解SPI总线与SPI总线协议，认识I²C总线与I²C总线协议，学习单片机I/O口模拟I²C总线的基本操作，学习存储芯片24C04的应用；
② 学习DS1302时钟芯片的操作说明与使用；
③ 学习LCD12864液晶芯片的操作说明与使用；
④ 划分工作小组，以小组为单位开展电子日历设计与制作的工作；
⑤ 根据设计任务书的要求，查阅收集相关资料，制定完成任务的方案和计划；
⑥ 根据设计任务书的要求，设计出电子日历的硬件电路图；
⑦ 根据任务要求和电路图，整理出所需要的器件和工具仪器清单；
⑧ 根据电子日历功能要求和硬件电路原理图，绘制程序流程图；
⑨ 根据电子日历功能要求和程序流程图，编写软件源程序并进行编译调试；
⑩ 进行软硬件的调试和仿真运行，电路的安装制作，演示汇报；
⑪ 进行工作任务的学业评价，完成工作任务的设计制作报告。

表6-1 简易电子日历设计制作任务书

设计制作任务	设计一个简易的电子日历，单片机选用AT89C51，使用DS1302芯片作为电子日历的时钟芯片，使用LCD12864作为电子日历的液晶显示屏
电子日历功能要求	电子日历用中文和数字显示当前的日期、星期以及时间信息，液晶显示第一行显示年、月、日，第二行显示星期，第三行显示当前时间
工具	① 单片机开发和电路设计仿真软件：Keil uVision，Proteus ② PC机及软件程序，示波器，万用表，电烙铁，装配工具
材料	元器件（套），焊料，焊剂

 学业评价

本学习情境学业评价根据工作任务的工作过程进行考核评价，注重学习和工作过程的考核评价，依据完成任务中实际的学习和工作过程分为10个评分项目，根据各项目主要完成主体的不同，分别对个人和小组进行考核评价，考核评价表如表6-2所示。

表6-2 项目6 考核评价表

组别		第一组			第二组			第三组		
项目名称	分值	学生A	学生B	学生C	学生D	学生E	学生F	学生G	学生H	学生I
I/O口模拟SPI总线的学习	5									
存储芯片24CXX的学习	5									
DS1302时钟芯片的学习与使用	10									

续表

组别		第一组			第二组			第三组		
项目名称	分值	学生A	学生B	学生C	学生D	学生E	学生F	学生G	学生H	学生I
LCD12864液晶芯片的学习与使用	10									
电子日历硬件电路设计	10									
电子日历软件程序设计	15									
调试仿真	10									
安装制作	15									
设计制作报告	10									
团队合作能力	10									

任务6.1　认识SPI总线

SPI（Serial Peripheral Interface）总线是由摩托罗拉公司开发的一种总线标准，这是一种全双工的串行总线，可以达到3Mb/s的通信速度，通常用于51单片机与外部设备的通信。

SPI的内部结构相当于两个8位移位寄存器首位相接，构成16位的环形移位寄存器，SS是片选信号，用于选择从设备。主设备产生SPI移位时钟，并发送给从设备接收。在时钟的作用下，两个移位寄存器同步移位，数据在从主设备移向从设备的同时，也由从设备移向主设备。这样在一个移位周期内（8个时钟），主、从设备就实现了数据交换。图6-1为SPI总线内部结构的示意图。

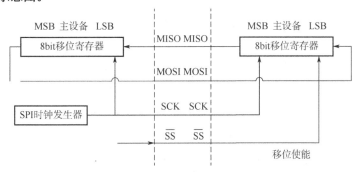

图6-1　SPI总线结构示意图

6.1.1　SPI总线扩展原理

SPI总线由4根信号线组成，分别定义如下。

① MISO：主入从出数据线，是主机的数据输入线，从机的数据输出线。

② MOSI：主出从入数据线，是主机的数据输出线，从机的数据输入线。

③ SCK：串行时钟线，由主机发出，对于从机来说是输入信号，当主机发起一次传送时，自动发出8个SCK信号，数据移位发生在SCK的每一次跳变上。

④ SS：外设片选线，当该线使能时允许从机工作。

与熟知的 I²C 总线不同，每条 SPI 总线只允许存在一个主机，从机则可以有多个，由 SS 数据线来选择使用哪一个从机。在时钟信号 SCK 的上升/下降沿来到时，数据从主机的 MOSI 引脚上被发送到 SS 选中的从机的 MISO 引脚上，而在下一次下降/上升沿来到时，数据从从机的 MISO 引脚上被发送到主机的 MOSI 引脚上。SPI 总线的工作过程类似一个 16 位的移位寄存器，其中 8 位数据在主机中，另外 8 位数据在从机中。51 单片机使用 SPI 总线扩展外部设备的示意图如图 6-2 所示。

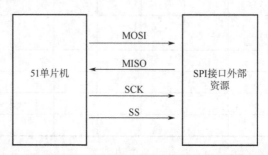

图 6-2　51 单片机使用 SPI 总线扩展外部设备示意图

与 I²C 总线类似，SPI 总线的数据传输过程也需要时钟驱动，SPI 总线的时钟信号 SCK 有时钟极性（CPOL）和时钟相位（CPHA）两个参数，前者决定了有效时钟是高电平还是低电平，后者决定有效时钟的相位，这两个参数配合起来决定了 SPI 总线的数据时序，如图 6-3 和图 6-4 所示。

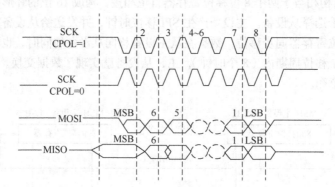

图 6-3　CPHA = 0 时的 SPI 总线数据传输时序图

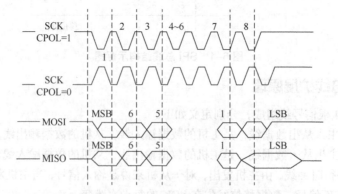

图 6-4　CPHA = 1 时的 SPI 总线数据传输时序图

由图 6-3 和图 6-4 可见：

如果 CPOL = 0，串行同步时钟的空闲状态为低电平；

如果 CPOL = 1，串行同步时钟的空闲状态为高电平；

如果 CPHA = 0，在串行同步时钟的第一个跳变沿（上升或下降沿）数据有效；

如果 CPHA = 1，在串行同步时钟的第二个跳变沿（上升或下降沿）数据有效。

6.1.2 使用 I/O 端口来模拟 SPI 总线

在实际的 51 单片机应用系统中，通常使用单片机的普通 I/O 引脚来模拟 SPI 总线的通信过程。本实例是使用单片机的 P1.0～P1.3 来构造一个 SPI 总线通信过程的函数库，在 Keil 中也可以直接调用。

实例中包括两个函数，SpiOutByte(uchar d)用于在 SPI 总线上发送 1 字节的数据，SpiInByte( )用于从 SPI 总线上读取 1 字节的数据。两个函数的实质都是通过判断字节/引脚电平的逻辑，对引脚/返回值进行相应操作。

```
#include<reg51.h>
#define uint unsigned int
#define uchar unsigned char
sbit SPISCS = P1^0;              //SCS 引脚定义
sbit SPIMISO = P1^1;             //MISO 引脚定义
sbit SPIMOSI = P1^2;             //MOSI 引脚定义
sbit SPISCK = P1^3;              //SCK 引脚定义
//SPI 总线字节发送函数
void SpiOutByte (uchar d)        //从 SPI 总线输出 1 字节的数据
{
    uchar i;
    for(i = 0; i<8; i++)         //循环 8 次，正好 1 字节
    {
        SPISCK = 0;              //时钟置 0 电平
        if (d&0x80)              //判断最高位数据是否为 1
        {
            SPIMOSI = 1;         //如果是 1
        }
        else
        {
            SPIMOSI = 0;         //如果是 0
        }
        d <<= 1;                 //数据高位在前
        SPISCK = 1;              //在时钟上升沿将数据发送出去
    }
}
//SPI 总线字节读取函数
```

```c
uchar SpiInByte (void)          //从 SPI 读取 1 字节
{
    uchar i, d;
    d = 0;                      //循环 8 次，正好 1 字节
    for (i = 0; i<8; i++)
    {
        SPISCK = 0;             //在时钟下降沿输出
        d<< = 1;                //在时钟上升沿读取数据
        if (SPIMISO == 1)       //判断引脚电平状态
        {
            d++;                //如果是高电平，则将读取到的数据+1
        }
        SPISCK = 1;
    }
    return (d);                 //返回读取到的值
}
```

6.1.3 SPI 总线在单片机系统中的应用

SPI 总线可以组成各种复杂的应用系统,例如由一个主设备和多个从设备组成的单主设备系统，或由多个设备组成的分布式多主设备系统，但是常用的还是由一个 MCU 做主设备，控制一个或几个具有 SPI 总线接口的从设备的主从系统。

在这样的系统中，如果用单片机做主设备，由于单片机本身没有 SPI 总线接口，因此可以用软件来模拟 SPI 接口，用几根通用的 I/O 口线来选通几个不同的 SPI 从设备的 SS 选择线，如图 6-5 所示。一般情况下还是用一个单片机控制一个 SPI 设备，例如，用单片机控制一个 nRF24101 无线数传芯片的 SPI 接口。

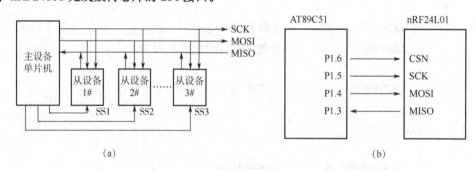

图 6-5 AT89C51 控制 nRF24L01

图 6-5（b）为用 51 单片机控制一个 nRF24L01 无线数传芯片的 SPI 接口的硬件连接图，nRF24L01 的片选信号线名为 CSN。对于不带 SPI 串行总线接口的 MCS51 系列单片机来说，可以使用软件来模拟 SPI 的操作，包括串行时钟、数据输入和数据输出。用四根通用 I/O 线来模拟相应的 SPI 信号线。图 6-6 中，P1.6 模拟 SPI 的片选线，P1.5 模拟 SPI 的 SCK 信号，P1.4 模拟 SPI 的数据输入线（MOSI），P1.3 模拟 SPI 的数据输出线（MISO）。

对于不同的串行接口外围芯片，它们的时钟时序是不同的。nRF24L01 是下降沿输入、上升沿输出的芯片。

用 C 语言模拟由 SPI 总线上读写单字节的两个函数如下：

```c
//SPI 口定义//
sbit SPICSN = P1^6;
sbit SPISCK = P1^5;
sbit SPIMISO = P1^4;
sbit SPIMOSI = P1^3;

//延时
void Delay (uint x)
{
    uint i;
    for (i = 0; i<x; i++)
    {
        _nop_( );
    }
}
```

通过 SPI 总线向从设备写入单字节：

```c
//用 SPI 口写数据至 nRF24L01
void SpiWrite (uchar b)
{
    uchar i = 8;
    SPICSN = 0;
    while (i--)
    {
        delay (10);
        SPISCK = 0;
        SPIMOSI = (bit)(b&0x80);
        b<< = 1;
        delay (10);
        SPISCK = 1;
        delay (10);
        SPISCK = 0;
    }
    SPISCK = 0;
    SPICSN = 1;
}
```

通过 SPI 总线由从设备读出单字节：

```
//由 nRF24L01 读出一字节数据
uchar SpiRead (void)
{
    uchar i = 8;
    uchar ddata = 0;
    SPICSN = 0;
    while (i--)
    {
        ddata<＝I;
        SPISCK = 0;
        _nop_( );
        _nop_( );
        ddata |＝ SPIMISO;
        SPISCK = 1;
        _nop_( );
        _nop_( );
    }
    SPISCK = 0;
    SPICSN = 1;
    return ddata;
}
```

任务6.2　认识实时时钟电路

6.2.1　DS1302的使用说明

（1）DS1302简介

DS1302 是美国 DALLAS 公司推出的一种高性能、低功耗的实时时钟芯片，附加 31 字节静态 RAM，采用 SPI 三线接口与 CPU 进行同步通信，并可采用突发方式一次传送多个字节的时钟信号和 RAM 数据。实时时钟可提供秒、分、时、日、星期、月和年，一个月小于 31 天时可以自动调整，且具有闰年补偿功能。工作电压宽达 2.5～5.5V，采用双电源供电（主电源和备用电源），可设置备用电源充电方式，提供了对后备电源进行涓细电流充电的能力。DS1302 的引脚分配如图 6-6 所示，内部结构如图 6-7 所示。

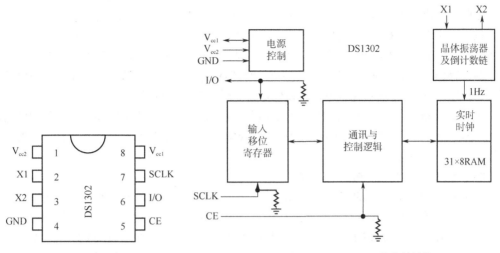

图 6-6　DS1302 的引脚分配　　　　图 6-7　DS1302 的内部结构

各引脚的功能为：

Vcc2：主电源；

Vcc1：备份电源。在主电源关闭的情况下，也能保持时钟的连续运行。DS1302 由 Vcc1 或 Vcc2 两者中的较大者供电。当 Vcc2 大于 Vcc1+0.2V 时，Vcc2 给 DS1302 供电。当 Vcc2 小于 Vcc1 时，DS1302 由 Vcc1 供电。

X1、X2：振荡源，外接 32.768kHz 晶振。

SCLK：串行时钟，输入，控制数据的输入与输出；

I/O：三线接口时的双向数据线；

CE：输入信号，在读、写数据期间，必须为高。该引脚有两个功能：首先，CE 接通控制逻辑，允许地址/命令序列送入移位寄存器；其次，CE 提供终止单字节或多字节数据的传送手段。当 CE 为高电平时，所有的数据传送被初始化，允许对 DS1302 进行操作。如果在传送过程中 RST 置为低电平，则会终止此次数据传送，I/O 引脚变为高阻态。上电运行时，在 Vcc>2.0V 之前，CE 必须保持低电平。只有在 SCLK 为低电平时，才能将 CE 置为高电平。

（2）DS1302 内部寄存器

1）DS1302 有关日历、时间的寄存器

DS1302 有关日历、时间的寄存器共有 12 个，其中有 7 个寄存器（读时 81h～8Dh，写时 80h～8Ch），存放的数据格式为 BCD 码形式，如表 6-3 所示。

表 6-3　DS1302 有关日历、时间的寄存器

读寄存器	写寄存器	BIT 7	BIT 6	BIT 5	BIT 4	BIT 3	BIT 2	BIT 1	BIT 0	范围
81h	80h	CH	10秒			秒				00-59
83h	82h		10分			分				00-59
85h	84h	12/$\overline{24}$	0	10 AM/PM	时	时				1-12/0-23
87h	86h	0	0	10日		日				1-31
89h	88h	0	0	0	10月	月				1-12
8Bh	8Ah	0	0	0	0	0	周日			1-7
8Dh	8Ch	10年				年				00-99
8Fh	8Eh	WP	0	0	0	0	0	0	0	—

小时寄存器（85h、84h）的位 7 用于定义 DS1302 是运行于 12 小时模式还是 24 小时模式。位 7 为 1 时，选择 12 小时模式。在 12 小时模式时，位 5 是上下午指示位，当为 0 时表示 AM，当为 1 时，表示 PM。当位 7 为 0 时，选择 24 小时模式，位 5 是第二个 10 小时位。

秒寄存器（81h、80h）的位 7 定义为时钟暂停标志（CH）。当该位置为 1 时，时钟振荡器停止，DS1302 处于低功耗状态；当该位置为 0 时，时钟开始运行。

控制寄存器（8Fh、8Eh）的位 7 是写保护位（WP），其它 7 位均置为 0。在任何的对时钟和 RAM 的写操作之前，WP 位必须为 0。当 WP 位为 1 时，写保护位防止对任一寄存器的写操作。

2）DS1302 与 RAM 相关寄存器

DS1302 与 RAM 相关的寄存器分为两类：一类是单个 RAM 单元，共 31 个，每个单元组态为一个 8 位的字节，其命令控制字为 C0H～FDH，其中奇数为读操作，偶数为写操作；另一类为突发方式下的 RAM 寄存器，此方式下可一次性读写所有的 RAM 的 31 个字节，命令控制字为 FEH（写）、FFH（读）。DS1302 中附加 31 字节静态 RAM 的地址如表 6-4 所示。

表6-4　DS1302 与 RAM 相关寄存器

读地址	写地址	数据范围
C1H	C0H	00—FFH
C3H	C2H	00—FFH
C5H	C4H	00—FFH
……	……	……
FDH	FCH	00—FFH

3）DS1302 的工作模式寄存器

所谓突发模式是指一次传送多个字节的时钟信号和 RAM 数据。突发模式寄存器如表 6-5 所示。

表6-5　突发模式寄存器

工作模式寄存器		读寄存器	写寄存器
时钟突发模式寄存器	CLOCK　BURST	BFH	BEH
RAM 突发模式寄存器	RAM　BURST	FFH	FEH

（3）DS1302 的命令字节格式

每一数据的传送由命令字节进行初始化，DS1302 的命令字节格式见表 6-6 所示。

表6-6　控制字（即地址及命令字节）

7	6	5	4	3	2	1	0
1	RAM/$\overline{CK}$	A4	A3	A2	A1	A0	RD/$\overline{WR}$

控制字的最高有效位（位 7）：必须是逻辑 1，如果它为 0，则不能把数据写入到 DS1302 中。

位 6：为 0，表示存取日历时钟数据，为 1 表示存取 RAM 数据；

位5至位1（A4～A0）：指示操作单元的地址；

位0（最低有效位）：为0，表示要进行写操作，为1表示进行读操作。

控制字总是从最低位开始输出。在控制字指令输入后的下一个SCLK时钟的上升沿时，数据被写入DS1302，数据输入从最低位（0位）开始。同样，在紧跟8位的控制字指令后的下一个SCLK脉冲的下降沿，读出DS1302的数据，读出的数据也是从最低位到最高位。数据读写时序如图6-8所示。

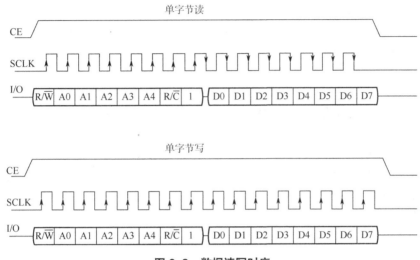

图6-8 数据读写时序

（4）DS1302与单片机的连接

DS1302与单片机的连接仅需要3条线：CE引脚、SCLK串行时钟引脚、I/O串行数据引脚，Vcc2为备用电源，外接32.768kHz晶振，为芯片提供计时脉冲。图6-9为DS1302与AT89C51单片机连接的电路原理图。

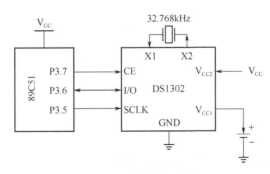

图6-9 电路原理图

一般设计流程：（所有过程须将CE置1）

① 关闭写保护，通过设置控制字bit7为1

② 串行输入控制指令

③ 根据需要输入控制指令，完成数据传输

④ 可以选择字节模式，即每输入一条控制指令，下8个脉冲完成相应一个字节的读写

⑤ 可以选择突发模式，对时钟/日历寄存器或31×8的RAM进行一次性读写

⑥ 打开写保护
（5）DS1302驱动程序
1）向DS1302写入一字节程序

```c
#include<reg51.h>
#include<intrins.h>
#define uchar unsigned char
#define uint unsigned int

void write_a_byte_to_1302 (uchar dat)
{
    uchar i;
     for (i = 0; i<8; i++ ) //循环8次移位
     {
        SCLK = 0;
        delay ();//延时 5μs
        dat = dat>>1;
        IO = CY;
        SCLK = 1;
        delay ();
     }
}
```

2）从DS1302读取一字节程序

```c
uchar receive_a_byte_from_1302 ()
{
    uchar i;
    uchar temp = 0x00;
    IO = 1;                //设置为输出口
    for (i = 0; i<8; i++)
    {
        SCLK = 0;
        delay ();
        temp = temp>>1;//右移一位，最高位补"0"
        if (IO == 1)
            temp = temp|0x80;
        SCLK = 1;
        delay ();
    }
    return temp/16*10+temp%16;//BCD 码的转换
}
```

3）从 DS1302 指定位置读数据程序

```
uchar read_data (uchar addr)
{
    uchar dat;
    CE = 0;
    delay ();
    SCLK = 0;
    delay ();
    CE = 1;
    delay ();
    write_a_byte_to_1302 (addr);
    dat = receive_a_byte_from_1302 ();
    SCLK = 1;
    CE = 0;
    return dat;
}
```

4）向 DS1302 某地址写数据程序

```
void write_data (uchar addr, uchar dat)
{
    CE = 0;
    delay ();
    SCLK = 0;
    delay ();
    CE = 1;
    delay ();
    write_a_byte_to_1302 (addr);
    write_a_byte_to_1302 (dat);
    SCLK = 1;
    CE = 0;
}
```

5）初始化 DS1302

```
void csh_1302(void)
{
    CE = 0;
    SCLK = 0;
    write_data (protect, 0x00);       //禁止写保护
    write_data (write_s, 0x56);       //秒位初始化
    write_data (write_m, 0x34);       //分钟初始化
    write_data (write_h, 0x12);       //小时初始化
```

    write_data (protect, 0x80);   //允许写保护
}

6.2.2 DS1302的应用设计

（1）设计要求

使用 DS1302 和数码管设计一个电子钟。从 DS1302 中读取时钟的数据，在 8 位数码管上显示时间，显示格式为 XX-XX-XX。

（2）硬件电路设计

选用 AT89C51 单片机作为主机，DS1302 片选端 CE（RST）接单片机的 P1.2 引脚，时钟端 SCLK 接单片机的 P1.1 引脚，数据端 I/O 接单片机的 P1.0 引脚。8 位数码管的段选端接单片机的 P0 口，位选端接单片机的 P2 口，具体的电路图如图 6-10 所示。

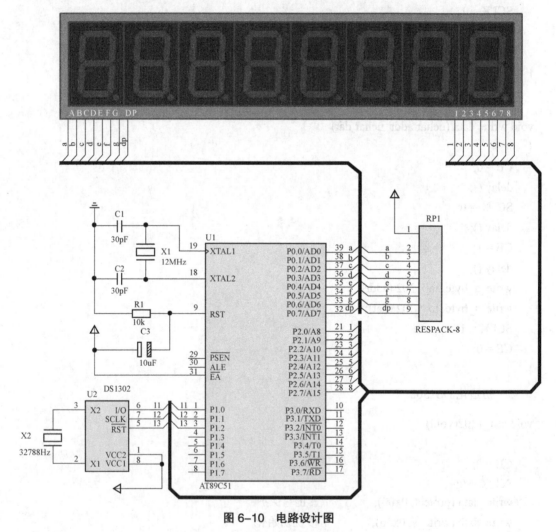

图 6-10 电路设计图

(3) 软件程序编写

```c
#include <reg51.h>
#include<intrins.h>
#define uchar unsigned char
#define uint unsigned int
sbit IO = P1^0;//位定义数据线
sbit SCLK = P1^1;//位定义时钟线
sbit CE = P1^2;//位定义片选端
uchar code SMG [] = {0xC0,0xF9,0xA4,0xB0,0x99,0x92,0x82,0xf8,0x80,0x90};//共阳数码管段码
uchar display_buffer [] = {0x00,0x00,0xBF,0x00,0x00,0xBF,0x00,0x00};//显示缓冲
HH-MM-SS
uchar bit_code [] = {0x01,0x02,0x04,0x08,0x10,0x20,0x40,0x80};//数码管位码
uchar current_time [2];//所读取的日期时间：秒，分，时
void delay ()//延时 5μs
{
    _nop_();
    _nop_();
    _nop_();
    _nop_();
    _nop_();
}

void delayxms (uint x)//延时程序
{
    uchar i;
    while (x--) for (i = 0; i<120; i++);
}

void write_a_byte_to_1302 (uchar dat)//向DS1302写入一字节
{

    /*……省略……*/

}

uchar receive_a_byte_from_1302 ()//从DS1302读出一字节
{

    /*……省略……*/
```

}

uchar read_data (uchar addr)//从 DS1302 指定位置读数据
{
　　/*……省略……*/
}

void write_data (uchar addr, uchar dat)//向 DS1302 某地址写数据
{
　　/*……省略……*/
}

void get_time ()//读取当前时间（秒、分、时）
{
　　current_time [0] = read_data (0x81);//秒
　　current_time [1] = read_data (0x83);//分
　　current_time [2] = read_data (0x85);//时
}

void display ()
{
　　display_buffer [0] = SMG [current_time[2]/10];
　　display_buffer [1] = SMG [current_time[2]%10];
　　display_buffer [2] = 0xBF;//--
　　display_buffer [3] = SMG [current_time[1]/10];
　　display_buffer [4] = SMG [current_time[1] %10];
　　display_buffer [5] = 0xBF;//--
　　display_buffer [6] = SMG [current_time[0]/10];
　　display_buffer [7] = SMG [current_time[0] %10];
　　for(i = 0; i<8; i++)
　　　　{
　　　　　　P2 = bit_code [i];
　　　　　　P0 = display_buffer [i];
　　　　　　delayxms (3);
　　　　}
}

```
void main ()//主程序
{
    uchar i;
    while (1)
    {
        get_time ();//读取当前时间
        display ();
    }
}
```

（4）调试与仿真运行

在程序的调试过程中排除输入和编辑过程中出现的错误，将 Keil 的输出设置为生成 hex 文件，源程序通过编译后，将 hex 文件加载到 Proteus 仿真电路中的单片机中，在仿真环境中按下 ▶ 键，进入仿真运行状态，数码管即时显示当前的时间，仿真图如图 6-11。

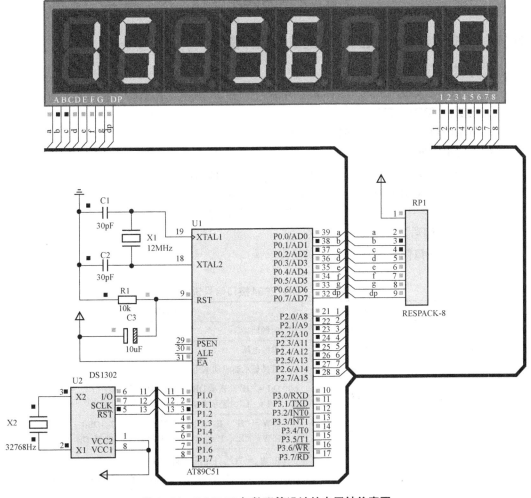

图 6-11 DS1302 与数码管设计的电子钟仿真图

任务6.3 认识LCD12864液晶显示屏

LCD12864是一种图形点阵液晶显示器,它主要由行驱动器/列驱动器及128×64全点阵液晶显示器组成,可完成图形显示,也可以显示8×4个(16×16)点阵汉字与外部CPU接口可采用串行或并行方式控制。图6-12为LCD12864实物图。

图6-12 LCD12864实物图

6.3.1 LCD12864液晶显示模块的操作使用

（1）主要技术参数和性能

LCD12864主要技术参数和性能如下所示:

① 电源：VDD：+5V；

② 显示内容：128（列）×64（行）点；

③ 全屏幕点阵；

④ 2M ROM（CGROM）总共提供8192个汉字（16×16点阵）；

⑤ 16K ROM（HCGROM）总共提供128个字符（16×8点阵）；

⑥ 工作温度：-20~+70℃，存储温度：-30~+80℃。

（2）接口信号说明

LCD12864接口信号说明如表6-7所示。

表6-7 LCD12864接口信号说明

管脚号	管脚名称	管脚功能描述
1	VSS	电源地
2	VDD	电源电压
3	V0	液晶显示器驱动电压
4	D/I(RS)	D/I = "H"，表示DB7—DB0为显示数据 D/I = "L"，表示DB7—DB0为显示指令数据
5	R/$\overline{W}$	R/W = "H"，E = "H" 数据被送至DB7—DB0 R/W = "L"，E = "H→L" 数据被送至IR或DR
6	E	R/$\overline{W}$ = "L"，E信号下降沿锁存DB7—DB0 R/$\overline{W}$ = "H"，E = "H" DDRAM数据读到DB7—DB0
7	DB0	数据线
8	DB1	数据线

续表

管脚号	管脚名称	管脚功能描述
9	DB2	数据线
10	DB3	数据线
11	DB4	数据线
12	DB5	数据线
13	DB6	数据线
14	DB7	数据线
15	CS1	H：选择芯片(右半屏)信号
16	CS2	H：选择芯片(左半屏)信号
17	RET	复位信号,低电平复位
18	VOUT	LCD 驱动负电压
19	LCD+	LCD 背光板电源
20	LCD-	LCD 背光板电源

（3）接口时序

LCD12864 模块有并行和串行两种连接方法（时序如下）。

① 8 位并行连接时序图

MCU 写数据到模块（时序图见图 6-13）：

写指令输入：RS = L，R/$\overline{W}$ = L，D0~D7 = 指令码，E = 高脉冲　输出：D0~D7 = 数据。

写数据输入：RS = H，R/$\overline{W}$ = L，D0~D7 = 数据，E = 高脉冲　输出：无。

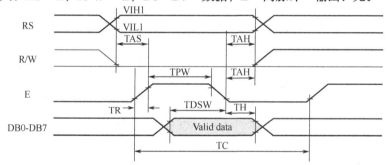

图 6-13　LCD12864 液晶并行写操作时序图

MCU 从模块读取数据（时序图见图 6-14）：

读状态输入：RS = L，R/$\overline{W}$ = H，E = 高脉冲　　　　　输出：D0~D7 = 状态字。

读数据输入：RS = H，R/$\overline{W}$ = H，E = 高脉冲　　　　　输出：无。

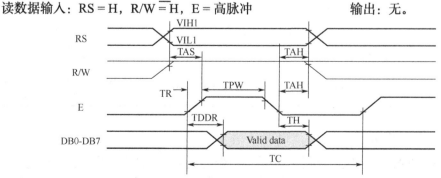

图 6-14　LCD12864 液晶并行读操作时序图

② 串行连接时序图（时序图见图6-15）

串行数据传送共分三个字节完成：

第一字节：串口控制，格式11111ABC

A为数据传送方向控制：1表示数据从LCD到MCU，0表示数据从MCU到LCD；B为数据类型选择：1表示数据是显示数据，0表示数据是控制指令；C固定为0。

第二字节：（并行）8位数据的高4位，格式DDDD0000

第三字节：（并行）8位数据的低4位，格式DDDD0000

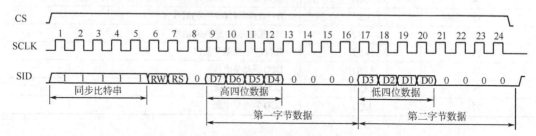

图6-15 LCD12864液晶串行读/写操作时序图

（4）指令说明

LCD12864的基本控制命令只有11个，如表6-8所示，下面将介绍这些命令。

表6-8 LCD12864基本控制命令

指令	指令码									说明
	RS	RW	DB7	DB6	DB5	DB4	DB3	DB2	DB1	DB0	
显示状态开/关	0	0	0	0	0	0	1	D	C	B	D=1：整体显示ON C=1：游标ON B=1：游标位置ON
显示起始行	0	0	1	1	AC5	AC4	AC3	AC2	AC1	AC0	设定显示屏从DDRAM中哪一行开始显示数据
设置X地址	0	0	1	0	1	1	1	AC2	AC1	AC0	设置DDRAM中的页地址（X地址）
设置Y地址	0	0	0	1	AC5	AC4	AC3	AC2	AC1	AC0	设置DDRAM中的Y地址
读状态	0	1	BF	0	ON/OFF	RST	0	0	0	0	读取状态 RST 1：复位 0：正常 ON/OFF 1：显示开 0：显示关 BF 1：忙 0：等待
写资料到RAM	1	0	D7	D6	D5	D4	D3	D2	D1	D0	写入资料到内部的RAM（DDRAM/CGRAM/IRAM/GDRAM）
读出RAM的值	1	1	D7	D6	D5	D4	D3	D2	D1	D0	从内部RAM读取资料（DDRAM/CGRAM/IRAM/GDRAM）

1）显示状态开/关

RS	RW	DB7	DB6	DB5	DB4	DB3	DB2	DB1	DB0
0	0	0	0	0	0	1	D	C	B

RS = 0，R/W = 0 是执行指令写入的操作，而数据总线上的指令为 00001DCB，其中的 D、C 与 B 位如下。

① D 位显示屏控制开关，D = 1 时可开启显示屏，D = 0 时则关闭显示屏。
② C 位光标控制开关，C = 1 时可显示光标，C = 0 时则不显示光标。
③ B 位字符闪烁控制开关，B = 1 时则光标所在的字符将闪烁，B = 0 时则光标所在的字符将不闪烁。

2）显示起始行

RS	RW	DB7	DB6	DB5	DB4	DB3	DB2	DB1	DB0
0	0	1	1	AC5	AC4	AC3	AC2	AC1	AC0

RS = 0，R/W = 0 是执行指令写入的操作，而数据总线上的指令为 11 A5 A4 A3 A2 A1 A0，其中 A5 A4 A3 A2 A1 A0 表示 0-63，起始行的地址可以是 0-63 的任意一行。

3）设置 X 地址

RS	RW	DB7	DB6	DB5	DB4	DB3	DB2	DB1	DB0
0	0	1	0	1	1	1	AC2	AC1	AC0

RS = 0，R/W = 0 是执行指令写入的操作，而数据总线上的指令为 10111 A2 A1 A0，X 地址其实就是 DDRAM 中的行地址，8 行为一页，模块共 64 行，即 8 页，A2 A1 A0 表示 0-7 页。读写数据对地址没影响，页指令由本指令或者 RST 复位后页地址为 0。页地址与 DDRAM 的对应关系见表 6-9。

4）设定 Y 位址

RS	RW	DB7	DB6	DB5	DB4	DB3	DB2	DB1	DB0
0	0	0	1	AC5	AC4	AC3	AC2	AC1	AC0

RS = 0，R/W = 0 是执行指令写入的操作，而数据总线上的指令为 01 A5 A4 A3 A2 A1 A0，其中的 A5 A4 A3 A2 A1 A0 代表所要操作的 DDRAM 的 Y 地址。在对 DDRAM 进行读写操作后，Y 地址指针自动加 1，指向下一个 DDRAM 单元。

5）读状态

RS	RW	DB7	DB6	DB5	DB4	DB3	DB2	DB1	DB0
1	0	BF	0	ON/OFF	RST	0	0	0	0

RS = 0，R/W = 1 执行指令读取的操作。12864LCD 的忙碌标志位 BF 将放置在数据总线的 D7 位，BF 为 1 时表示忙状态，为 0 时表示空闲状态；ON/OFF 为 1 时表示显示打开，为 0 时表示显示关闭；RST 为 1 时表示复位，为 0 时表示正常。

6）写资料到 RAM

RS	RW	DB7	DB6	DB5	DB4	DB3	DB2	DB1	DB0
1	0	D7	D6	D5	D4	D3	D2	D1	D0

RS = 1，R/W = 0 执行指令读取的操作，这时候，在数据总线上的数据将写入前一个指令所指定的 DDRAM 地址里。

7）读出 RAM 的值

RS	RW	DB7	DB6	DB5	DB4	DB3	DB2	DB1	DB0
1	1	D7	D6	D5	D4	D3	D2	D1	D0

RS = 1，R/W = 1 执行读取数据的操作，这时候，前一个指令所指定的 DDRAM 地址中的数据，将被放置在数据总线上。而读取数据之后，地址计数器将自动加 1，指向下一个地址。

表6-9 页地址与DDRAM对应关系

X =	Y =	CS1 = 1					CS2 = 1					行号
		0	1	……	62	63	0	1	……	62	63	
0		DB0↓DB7	DB0↓DB7	DB0↓DB7	DB0↓DB7	DB0↓DB7	DB0↓DB7	DB0↓DB7	DB0↓DB7	DB0↓DB7	DB0↓DB7	0↓7
↓		DB0↓DB7	DB0↓DB7	DB0↓DB7	DB0↓DB7	DB0↓DB7	DB0↓DB7	DB0↓DB7	DB0↓DB7	DB0↓DB7	DB0↓DB7	8↓55
7		DB0↓DB7	DB0↓DB7	DB0↓DB7	DB0↓DB7	DB0↓DB7	DB0↓DB7	DB0↓DB7	DB0↓DB7	DB0↓DB7	DB0↓DB7	56↓63

（5）LCD12864与单片机的连接

LCD12864液晶与单片机的连接比较简单，如图6-16所示。

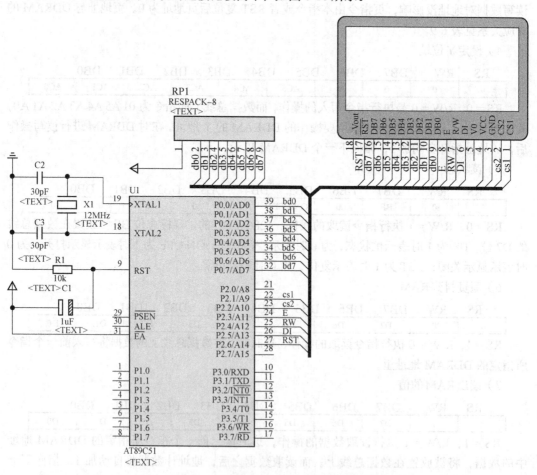

图6-16 LCD12864液晶与单片机连接图

LCD12864 数据总线 D0-D7 可与 AT89C51 的 P0 口相连，但必须要连接上拉电阻，LCD12864 的电源引脚 VCC、接地引脚 GND 以及明亮控制引脚 VO，最简单的连接方法是将电源引脚连接+5V，接地引脚与明亮度控制引脚接地即可。

（6）LCD12864 驱动程序

1）LCD 半屏显示

```
void left ()//左半屏显示
{
    CS1 = 1;
    CS2 = 0;
}
void right ()//右半屏显示
{
    CS1 = 0;
    CS2 = 1;
}
```

2）判断 LCD 是否繁忙

```
void LCD_Check_Busy ()
{
    do
    {
        E = 0;
        DI = 0;
        RW = 1;
        P0 = 0xff;
        E = 1;
        _nop_ ();
        E = 0;
    }
    while(P0&0x80);//P0.7 口
}
```

3）向 LCD12864 写命令

```
void LCD_Write_Command (uchar c)
{
    LCD_Check_Busy ();
    P0 = 0xFF;
    RW = 0;
```

```
    DI = 0;
    E = 1;
    _nop_ ();
    P0 = c;
    E = 0;
    _nop_ ();
}
```

4）向 LCD12864 写数据

```
void LCD_Write_Date (uchar d)//向 LCD 发送数据
{
    LCD_Check_Busy ();
    P0 = 0xFF ;
    RW = 0;
    DI = 1;
    E = 1;
    _nop_();
    P0 = d ;
    E = 0;
    _nop_();
}
```

5）设置显示初始页

```
void page_first (uchar p)
{
    uchar i = p;
    p = i|0xb8;
    LCD_Check_Busy ();
    LCD_Write_Command (p);
}
```

6）设置显示初始列

```
void col_first (uchar c)
{
    uchar i = c;
    c = i|0x40;
    LCD_Check_Busy ();
    LCD_Write_Command (c);
}
```

7）清除屏幕

```c
void Clear_LCD ()
{
    uint i,j;
    left ();
    LCD_Write_Command (0x3f);
    right ();
    LCD_Write_Command (0x3f);
    Left ();
    for (i = 0; i<8; i++)
    {
        page_first (i);
        col_first (0x00);
        for (j = 0; j<64; j++)
        {
            LCD_Write_Date (0x00);//空格编码
        }
    }
    right ();
    for (i = 0; i<8;i++)
    {
        page_first (i);
        col_first (0x00);
        for (j = 0; j<64; j++)
        {
            LCD_Write_Date (0x00);//空格编码
        }
    }
}
```

6.3.2 LCD12864 液晶显示模块的应用设计

（1）设计要求

在 LCD12864 液晶上第一行显示"扬州工业"，第二行显示"职业技术学院"，第三行显示"信息工程学院"，第四行显示"欢迎您"。

（2）硬件电路设计

LCD12864 与 AT89C51 单片机连接电路图如图 6-17 所示。

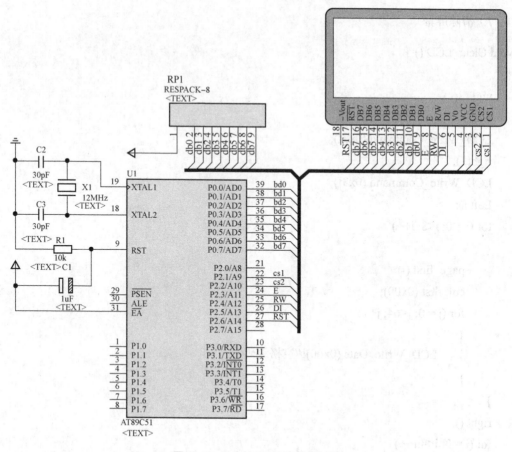

图 6-17 LCD12864 电路设计图

(3) 软件程序编写

```
#include<reg51.h>
#include<absacc.h>
#include<intrins.h>
#define uchar unsigned char
#define uint unsigned int

sbit CS1 = P2^1;//定义选择芯片左半屏信号
sbit CS2 = P2^2; //定义选择芯片右半屏信号
sbit DI = P2^5;//定义选择显示类型
sbit RW = P2^4;//定义读写信号
sbit E = P2^3;//定义数据锁存信号

uchar code num [] = {
/*-- 文字:  扬  --*/
/*-- 宋体12;此字体下对应的点阵为:宽x高=16x16   --*/
```

0x10,0x10,0x10,0xFF,0x10,0x90,0x00,0x42,0xE2,0x52,0x4A,0xC6,0x42,0x40,0xC0,0x00,
0x04,0x44,0x82,0x7F,0x01,0x20,0x10,0x8C,0x43,0x20,0x18,0x47,0x80,0x40,0x3F,0x00,
/*-- 文字: 州 --*/
/*-- 宋体 12; 此字体下对应的点阵为：宽 x 高 = 16x16   --*/
0x00,0xE0,0x00,0xFF,0x00,0x20,0xC0,0x00,0xFE,0x00,0x20,0xC0,0x00,0xFF,0x00,0x00,
0x81,0x40,0x30,0x0F,0x00,0x00,0x00,0x00,0x3F,0x00,0x00,0x00,0x00,0xFF,0x00,0x00,
/*-- 文字: 工 --*/
/*-- 宋体 12; 此字体下对应的点阵为：宽 x 高 = 16x16   --*/
0x00,0x04,0x04,0x04,0x04,0x04,0x04,0xFC,0x04,0x04,0x04,0x04,0x04,0x04,0x00,0x00,
0x20,0x20,0x20,0x20,0x20,0x20,0x20,0x3F,0x20,0x20,0x20,0x20,0x20,0x20,0x20,0x00,
/*-- 文字: 业 --*/
/*-- 宋体 12; 此字体下对应的点阵为：宽 x 高 = 16x16   --*/
0x00,0x10,0x60,0x80,0x00,0xFF,0x00,0x00,0x00,0xFF,0x00,0x00,0xC0,0x30,0x00,0x00,
0x40,0x40,0x40,0x43,0x40,0x7F,0x40,0x40,0x40,0x7F,0x42,0x41,0x40,0x40,0x40,0x00,
/*-- 文字: 职 --*/
/*-- 宋体 12; 此字体下对应的点阵为：宽 x 高 = 16x16   --*/
0x02,0x02,0xFE,0x92,0x92,0xFE,0x02,0x02,0xFC,0x04,0x04,0x04,0x04,0xFC,0x00,0x00,
0x08,0x18,0x0F,0x08,0x04,0xFF,0x04,0x80,0x63,0x19,0x01,0x01,0x09,0x33,0xC0,0x00,
/*-- 文字: 业 --*/
/*-- 宋体 12; 此字体下对应的点阵为：宽 x 高 = 16x16   --*/
0x00,0x10,0x60,0x80,0x00,0xFF,0x00,0x00,0x00,0xFF,0x00,0x00,0xC0,0x30,0x00,0x00,
0x40,0x40,0x40,0x43,0x40,0x7F,0x40,0x40,0x40,0x7F,0x42,0x41,0x40,0x40,0x40,0x00,
/*--以下文字对应的编码请读者自行完成--*/
};

/*--以下是 LCD 驱动程序--*/
void left ()//清左半屏,右半屏显示
{
    /*......省略......*/
}

void right ()//清右半屏,左半屏显示
{
    /*......省略......*/
}

void LCD_Check_Busy ()//判断 LCD 是否繁忙
{
    /*......省略......*/
}

```c
void LCD_Write_Command (uchar c) //将命令写入 12864
{
    /*……省略……*/
}

void LCD_Write_Data (uchar c) //将数据写入 12864
{
    /*……省略……*/
}

void page_first (uchar p) //设置显示初始页(共 8 页)
{
    /*……省略……*/
}

void col_first (uchar c) //设置显示初始列
{
    /*……省略……*/
}

void Clear_LCD ()//清屏
{
    /*……省略……*/
}

/*……16*16 汉字任意位置显示,纵向取模,字节倒序……*/
void display (uchar *s,uchar page,uchar col)
{
    uchar i, j;
    page_first (page);//上半部
    col_first (col);
    for (i = 0; i<16; i++)
    {
        LCD_Write_Date (*s);
        s++;
    }
    page_first (page+1);//下半部
    col_first (col);
    for (j = 0; j<16; j++)
    {
        LCD_Write_Date (*s);
```

```
            s++;
        }
}

/*--以下是主函数--*/
void main ()
{
    Clear_LCD ();//清屏
    left ();//左半屏
    display (num,0x00,32);//扬，第一页，第三个字
    display (num+32,0x00,48);//州，第一页，第四个字
    right ();//右半屏
    display (num+64,0x00,64);//工，第一页，第五个字
    display (num+96,0x00,80);//业，第一页，第六个字
    left ();//左半屏
    display (num+128,0x02,16);//职，第三页，第二个字
    display (num+160,0x02,32);//业，第三页，第三个字
    display (num+192,0x02,48);//技，第三页，第四个字
    right ();//右半屏
    display (num+224,0x02,64);//术，第三页，第五个字
    display (num+256,0x02,80);//学，第三页，第六个字
    display (num+288,0x02,96);//院，第三页，第七个字
    left ();//左半屏
    display (num+320,0x04,16);//信，第五页，第二个字
    display (num+352,0x04,32);//息，第五页，第三个字
    display (num+384,0x04,48);//工，第五页，第四个字
    right ();//右半屏
    display (num+416,0x04,64);//程，第五页，第五个字
    display (num+448,0x04,80);//学，第五页，第六个字
    display (num+480,0x04,96);//院，第五页，第七个字
    left ();//左半屏
    display (num+544,0x06,16);//欢，第七页，第二个字
    display (num+576,0x06,32);//迎，第七页，第三个字
    display (num+608,0x06,48);//您，第七页，第四个字
    while (1);
}
```

（4）调试与仿真运行

在程序的调试过程中排除输入和编辑过程中出现的错误，将 Keil 的输出设置为生成 hex 文件，源程序通过编译后，将 hex 文件加载到 Proteus 仿真电路的单片机中，在仿真环境中按下 ▶ 键，进入仿真运行状态，在 12864 液晶上即显示"扬州工业职业技术学院信息工程学

院欢迎您"字样，仿真图如图6-18。

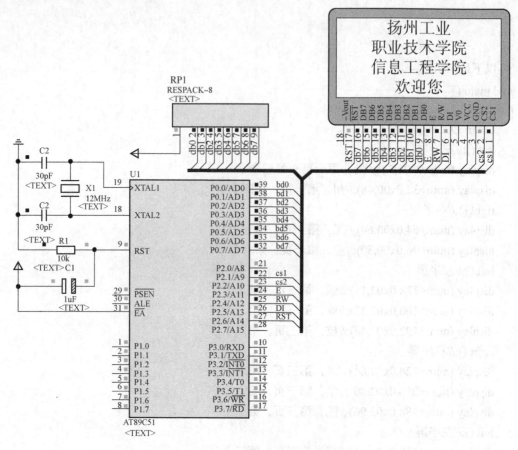

图6-18 LCD12864显示仿真图

任务6.4 电子日历的设计

6.4.1 任务与计划

电子日历工作任务要求：采用单片机控制方式，设计制作电子日历。采用AT89C51作为控制核心。使用DS1302作为时钟芯片，提供时间信息。使用LCD12864作为显示元件，同时用中文与数字显示当前时间信息并且按秒刷新。显示方式如下：

    第一行显示"20XX 年"字样，顶格显示。
    第二行显示"XX 月 XX 日"字样，顶格显示。
    第三行显示"星期 X"字样，顶格显示。
    第四行显示"XX 时 XX 分 XX 秒"字样，顶格显示。

其中，AT89C51单片机P1口提供引脚与DS1302时钟电路相连，AT89C51单片机P0口与P2口提供相应引脚与LCD12864相连。

工作计划：首先进行工作任务分析，根据任务要求，学习I²C总线与I²C总线协议的相关知识，收集单片机电子日历的相关资料，结合DS1302芯片的使用说明和LCD12864的工作原理，进行电子日历方案设计，然后进行硬件电路设计、流程图设计和软件程序编写，在完成程序的调试和编译后，进行单片机电子日历的仿真运行，综合电路和程序进行系统调试纠错，运行正常后进行演示评价。在完成全部仿真后，进行电子日历实物电路的装配、制作和调试。

6.4.2 硬件电路与软件程序设计

方案框图：根据任务要求，单片机电子日历主控制芯片为 8051 单片机，DS1302 作为时钟芯片提供当前时间信息，LCD12864 电路作为显示模块。电子日历方案框图如图 6-19 所示。

图 6-19 电子日历方案框图

电路图：根据任务和方案框图，选择器件的型号和参数，确定硬件电路图，单片机时钟频率选择 11.0592MHz，DS1302 时钟芯片电路相关引脚与单片机 P1 口相连，LCD12864 电路相关引脚与单片机 P0 与 P2 口相连。电子日历电路如图 6-20 所示。

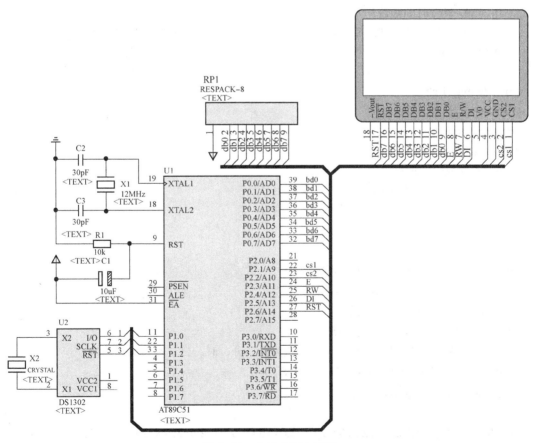

图 6-20 电子日历电路图

流程图：根据工作任务要求和电子日历的功能要求，在方案设计和电路设计的基础上，绘制电子日历流程图，主程序参考流程如图 6-21 所示。

源程序编写：

该程序要对 DS1302 时钟芯片和 12864 液晶进行驱动程序的编写。

LCD12864 驱动程序包含以下几个模块：
① 检查 LCD 是否繁忙函数；
② 向 LCD 发送命令函数；
③ 向 LCD 发送数据函数；
④ LCD 初始化设置函数；
⑤ LCD 通用显示函数。

DS1302 时钟芯片驱动程序包含了以下几个模块：
① 向 DS1302 写入一字节程序函数；
② 从 DS1302 读出一字节程序函数；
③ 从 DS1302 指定位置读取数据函数；
④ 向 DS1302 某地址写入数据函数；
⑤ 1302 设置时间函数；
⑥ 1302 读取当前日期时间函数。

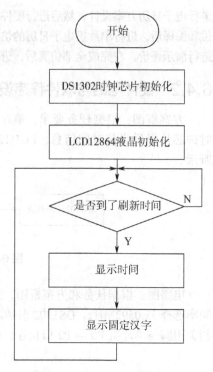

图 6-21　电子日历主程序流程图

程序清单如下：

```
#include<reg51.h>
#include<intrins.h>
#include<string.h>
#define uchar unsigned char
#define uint unsigned int
sbit CS1 = P2^1;      //定义选择芯片左半屏信号
sbit CS2 = P2^2;      //定义选择芯片右半屏信号
sbit DI = P2^5;       //定义选择显示类型
sbit RW = P2^4;       //定义读写信号
sbit E = P2^3;        //定义数据锁存信号
sbit IO = P1^0;       //DS1302 数据线
sbit CLK = P1^1;      //DS1302 时钟线
sbit RST = P1^2;      //DS1302 复位线
uchar Time_Buffer [7];//日期缓存，0-6 依次为秒、分、时、日、月、周日、年
/*--年,月,日,星期,时,分,秒,汉字点阵（16*16）--*/
uchar code Date_Time_Words [] =
{
0x40,0x20,0x10,0x0C,0xE3,0x22,0x22,0x22,0xFE,0x22,0x22,0x22,0x22,0x02,0x00,0x00, //年
0x04,0x04,0x04,0x04,0x07,0x04,0x04,0x04,0xFF,0x04,0x04,0x04,0x04,0x04,0x04,0x00,
0x00,0x00,0x00,0x00,0x00,0xFF,0x11,0x11,0x11,0x11,0x11,0xFF,0x00,0x00,0x00,0x00, //月
```

0x00,0x40,0x20,0x10,0x0C,0x03,0x01,0x01,0x01,0x21,0x41,0x3F,0x00,0x00,0x00,0x00,
0x00,0x00,0x00,0xFE,0x42,0x42,0x42,0x42,0x42,0x42,0x42,0xFE,0x00,0x00,0x00,0x00,//日
0x00,0x00,0x00,0x3F,0x10,0x10,0x10,0x10,0x10,0x10,0x10,0x3F,0x00,0x00,0x00,0x00,
/*--省略了星期，时，分，秒--*/
};
/*--周日汉字点阵（16*16）--*/
uchar code Weekday_Words [] =
{
0x00,0x00,0x00,0xFE,0x42,0x42,0x42,0x42,0x42,0x42,0x42,0xFE,0x00,0x00,0x00,0x00,//日
0x00,0x00,0x00,0x3F,0x10,0x10,0x10,0x10,0x10,0x10,0x10,0x3F,0x00,0x00,0x00,0x00,
0x00,0x80,0x80,0x80,0x80,0x80,0x80,0x80,0x80,0x80,0x80,0x80,0xC0,0x80,0x00,0x00,//一
0x00,0x00,0x00,0x00,0x00,0x00,0x00,0x00,0x00,0x00,0x00,0x00,0x00,0x00,0x00,0x00,
0x00,0x00,0x04,0x04,0x04,0x04,0x04,0x04,0x04,0x04,0x04,0x06,0x04,0x00,0x00,0x00,//二
0x00,0x10,0x10,0x10,0x10,0x10,0x10,0x10,0x10,0x10,0x10,0x10,0x18,0x10,0x00,
/*--省略了三，四，五，六--*/
};
/*--数字字符点阵（8*16）--*/
uchar code Digits [] =
{0x00,0xE0,0x10,0x08,0x08,0x10,0xE0,0x00,0x00,0x0F,0x10,0x20,0x20,0x10,0x0F,0x00,//0
0x00,0x10,0x10,0xF8,0x00,0x00,0x00,0x00,0x00,0x20,0x20,0x3F,0x20,0x20,0x00,0x00,//1
0x00,0x70,0x08,0x08,0x08,0x88,0x70,0x00,0x00,0x30,0x28,0x24,0x22,0x21,0x30,0x00,//2
/*--省略了3、4、5、6、7、8、9--*/
};
/*--以下程序为LCD12864驱动程序，详细程序可参考前面的内容--*/
/*--屏幕显示--*/
void left ()//左半屏显示
{
    /*--省略--*/
}
void right ()//右半屏显示
{
    /*--省略--*/
}

/*--判断LCD是否繁忙--*/
void LCD_Check_Busy ()
{
    /*--省略--*/
}

/*--向LCD发送命令--*/

```c
void LCD_Write_Command (uchar c)
{
    /*--省略--*/
}
/*--向 LCD 发送数据--*/
void LCD_Write_Date (uchar d)
{
    /*--省略--*/
}
/*--设置初始页--*/
void page_first (uchar p)
{
    /*--省略--*/
}

/*--设置初始列--*/
void col_first (uchar c)
{
    /*--省略--*/
}

/*--任意位置显示汉字--*/
void Display_Word (uchar page, uchar col, uchar*s)
{
    uchar i, j;
    page_first (page);//上半部
    col_first (col);
    for (i = 0; i<16; i++)
    {
        LCD_Write_Date (*s);
        s++;
    }
    page_first (page+1);//下半部
    col_first (col);
    for (j = 0; j<16; j++)
    {
        LCD_Write_Date (*s);
        s++;
    }
}
```

```
/*--任意位置显示字符--*/
void Display_Char (uchar page, uchar col, uchar*s)
{
    uchar i,j;
    page_first (page);//上半部
    col_first (col);
    for (i = 0; i<8; i++)
    {
        LCD_Write_Date (*s);
        s++;
    }
    page_first (page+1);//下半部
    col_first (col);
    for (j = 0; j<8; j++)
    {
        LCD_Write_Date (*s);
        s++;
    }
}

/*--初始化 LCD --*/
void LCD_initialize ()
{
    CS1 = 1;
    CS2 = 1;
    LCD_Write_Command (0x38); //8 位形式，2 行字符
    LCD_Write_Command (0x0F); //开显示
    LCD_Write_Command (0x01); //清屏
    LCD_Write_Command (0xC0);//设置起始行
}
/*--以下程序为 DS1302 驱动程序，详细程序可参考前面的内容--*/
/*--向 DS1302 写入一字节--*/
void Write_A_Byte_To_1302 (uchar x)
{
    /*--省略--*/
}

/*--从 DS1302 读取一字节--*/
uchar Receive_A_Byte_From_1302 ()
{
    /*--省略--*/
```

}

/*--从 DS1302 指定位置读数据--*/
uchar Read_1302 (uchar addr)
{
    /*--省略--*/
}

/*--向 DS1302 某地址写入数据--*/
void Write_1302 (uchar addr,uchar dat)
{
    /*--省略--*/
}

/*--读取当前日期时间--*/
void Get_Time ()
{
    uchar i;
    for (i = 0; i<7; i++)
    {
        Time_Buffer [i] = Read_1302 (0x81+2*i);
    }
}

/*--定时器 0 每秒刷新 LCD 显示--*/
void T0_INT () interrupt 1
{
    TH0 = -50000/256;
    TL0 = -50000%256;
    left ();//显示左半屏
    Display_Char (0,16,Digits+ Time_Buffer [6]/10*16);//显示年的十位数，占 8 列
    Display_Char (0,24,Digits+ Time_Buffer [6]%10*16); //显示年的个位数，占 8 列
    left();//显示左半屏
    Display_Char (2,0,Digits+ Time_Buffer [4]/10*16); //显示月的十位数，占 8 列
    Display_Char (2,8,Digits+ Time_Buffer [4]%10*16); //显示月的个位数，占 8 列
    left();//显示左半屏
    Display_Char (2,32,Digits+ Time_Buffer [3]/10*16); //显示日的十位数，占 8 列
    Display_Char (2,40,Digits+ Time_Buffer [3]%10*16); //显示日的个位数，占 8 列
    left();//显示左半屏
    Display_Word(4,32,Weekday_Words+(Time_Buffer [5]-1)*32);//显示周日，占 16 列
    left();//显示左半屏

```c
    Display_Char (6,0,Digits+ Time_Buffer [2]/10*16); //显示时的十位数，占 8 列
    Display_Char (6,8,Digits+ Time_Buffer [2]%10*16); //显示时的个位数，占 8 列
    left();//显示左半屏
    Display_Char (6,32,Digits+ Time_Buffer [1]/10*16); //显示分的十位数，占 8 列
    Display_Char (6,40,Digits+ Time_Buffer [1]%10*16); //显示分的个位数，占 8 列
    right();//显示右半屏，秒显示在右半屏部分
    Display_Char (6,64,Digits+ Time_Buffer [0]/10*16); //显示秒的十位数，占 8 列
    Display_Char (6,72,Digits+ Time_Buffer [0]%10*16); //显示秒的个位数，占 8 列
}

/*--定时器 0 初始化程序--*/
void Time0_initialize ()
{
    EA = 1;//开总中断
    ET0 = 1;//开定时/计数器 0 中断
    TMOD = 0x01;//设置工作方式 1
    TH0 = -50000/256;//放入计数初值
    TL0 = -50000%256;//放入计数初值
    TR0 = 1;//开定时/计数器 0
}
/*--显示固定汉字：年月日，星期，时分秒*/
void Display ()
{
    left ();//左半屏显示
    Display_Char (0,0,Digits+2*16);//显示 2
    Display_Char (0,8,Digits);//显示 0
    /*--显示固定汉字：年月日，星期，时分秒*/
    Display_Word (0,32,Date_Time_Words+0*32);    // "年"字的显示
    Display_Word (2,16,Date_Time_Words+1*32);    // "月"字的显示
    Display_Word (2,48,Date_Time_Words+2*32);    // "日"字的显示
    Display_Word (4,0,Date_Time_Words+3*32);     // "星"字的显示
    Display_Word (4,16,Date_Time_Words+4*32);    // "期"字的显示
    Display_Word (6,16,Date_Time_Words+5*32);    // "时"字的显示
    Display_Word (6,48,Date_Time_Words+6*32);    // "分"字的显示
    right ();//右半屏显示
    Display_Word (6,80,Date_Time_Words+7*32);    // "秒"字的显示，秒显示在右半屏
}

/*--主程序--*/
void main ()
{
```

```
LCD_initialize ();//LCD 初始化
Display ();//固定显示的汉字
Time0_initialize ();//中断初始化，在中断中显示刷新的时间
while (1)
    {
        Get_Time ();//读取并刷新时间
    }
}
```

6.4.3 调试与仿真

在程序的调试过程中排除输入和编辑过程中出现的错误，将Keil 的输出设置为生成hex 文件，源程序通过编译后，将hex 文件加载到Proteus 仿真电路中的单片机中，在仿真环境中按下 ▶ 键，进入仿真运行状态，LCD 显示当前日历信息，如图6-22 所示。

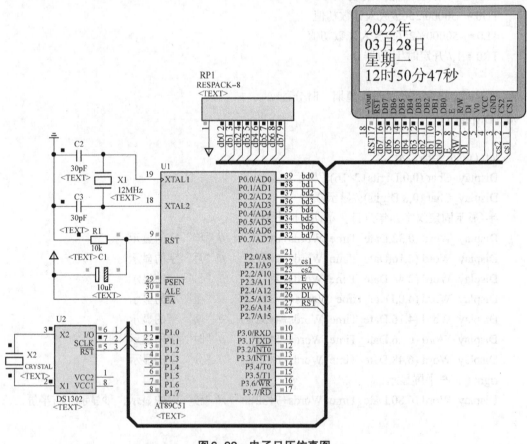

图6-22 电子日历仿真图

基于 I²C 总线的 E²PROM 应用

在单片机系统中，由于串行总线的接口比较简单，有利于系统设计的模块化和标准化，提高系统的可靠性，降低成本，所以串行总线的应用十分广泛。在众多的串行总线中，由于 I²C 总线只需两根线，大量的外围接口芯片，因此经常被单片机系统所采用。I²C 总线连接图如图 6-23 所示。

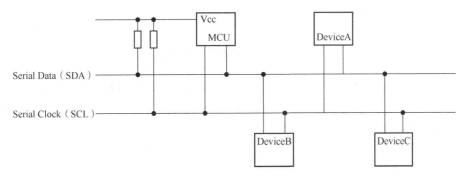

图 6-23　I²C 总线连接图

I²C 总线协议

I²C（Inter-Integrated Circuit）总线是由 PHILIPS 公司开发的两线式串行总线，用于连接微控制器及其外围设备，是微电子通信控制领域广泛采用的一种总线标准。它是同步通信的一种特殊形式，具有接口线少，控制方式简单，器件封装形式小，通信速率较高等优点。

（1）I²C 总线的特点

I²C 总线的特点主要表现在以下几个方面。

① 只要求两条总线线路：一条串行数据线 SDA，一条串行时钟线 SCL。在 I²C 总线系统中，任何一个 I²C 总线接口的外围器件，不论其功能差别有多大，都是通过串行数据线（SDA）和串行时钟线（SCL）连接到 I²C 总线上。这一特点给用户在设计应用系统中带来了极大的便利性。用户不必理解每个 I²C 总线接口的功能如何，只要将器件的 SDA 和 SCL 引脚连接到 I²C 总线上，然后对该器件进行独立的电路设计，从而简化了系统设计的复杂性，提高了系统的抗干扰能力。

② 总线接口器件地址具有很大的独立性。每个 I²C 总线接口芯片具有唯一的器件地址，由于不能发出串行时钟信号而只能作为从器件使用。各器件之间互不干扰，相互之间不能进行通信，各个器件可单独供电。单片机与 I²C 器件之间的通信是通过独一无二的器件地址来实现的。

③ 软件操作的一致性。由于任何器件通过 I²C 总线与单片机进行数据传送的方式是基本一样的，这就决定了 I²C 总线软件编写的一致性。

（2）I²C 总线数据传送的规则

① 在 I²C 总线上的数据线 SDA 和时钟线 SCL 都是双向传输线，它们的接口各自通过一个上拉电阻接到电源正端，如图 6-23 所示。当总线空闲时，SDA 和 SCL 必须保持高电平，

为了使总线上所有电路的输出能完成一个线"与"的功能,各接口电路的输出端必须是开路漏级或开路集电极。

② 进行数据传送时,在时钟信号高电平期间,数据线上的数据必须保持稳定;只有时钟线上的信号为低电平期间,数据线上的高电平或低电平才允许变化,如图 6-24 所示。

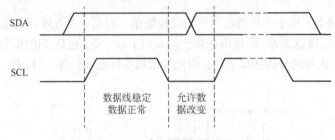

图 6-24 I²C 总线数据有效性

③ 在 I²C 总线的工作过程中,当时钟线保持高电平期间,数据线由高电平向低电平变化定义为起始信号(S),而数据线由低电平向高电平的变化定义为一个终止信号(P),起始信号和终止信号均由主控制器产生,如图 6-25 所示。

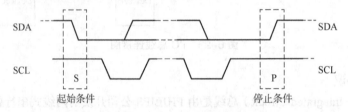

图 6-25 I²C 总线起始信号和终止信号

④ I²C 总线传送的每一字节均为 8 位,但每启动一次总线,传送的字节数没有限制,由主控制器发送时钟脉冲及起始信号、寻址字节和停止信号,受控器件必须在收到每个数据字节后作出响应,在传送一字节后的第 9 个时钟脉冲位,受控器件输出低电平作为应答信号。此时,要求主控制器在第 9 个时钟脉冲位上释放 SDA 线,以便受控器送出应答信号,将 SDA 线拉成低电平,表示对接收数据的认可,应答信号用 ACK 或 A 表示,非应答信号用 $\overline{\text{ACK}}$ 或 $\overline{\text{A}}$ 表示,当确认后,主控器可通过产生一个停止信号来终止总线数据传输。I²C 总线数据传输示意图如图 6-26 所示。

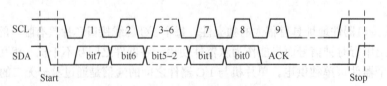

图 6-26 I²C 总线数据传输示意图

(3) I²C 总线数据的读写格式

总线上传送数据的格式是指:为被传送的各项有用数据安排先后顺序,这种格式是根据串行通信的特点、传送数据的有效性、准确性和可靠性而制定的。另外,总线上数据的传送还是双向的,也就是说主控器在指令操作下,既能向受控器发送数据(写入),也能接收受控器中某寄存器内存放的数据（读取），所以传送数据的格式有"写指令"与"读指令"之分。

① 写指令。I²C 总线数据的写指令如图 6-27 所示。

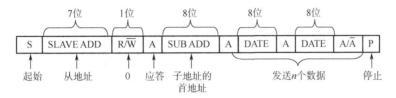

图 6-27 I²C 总线数据的写格式

写指令是指主控器向受控器发送数据，工作过程是：先由主控器发出启动信号（S），随后传送一个带读/写（R/$\overline{W}$）标记的从地址（SLAVE ADD）字节，从地址只有 7 位长，第 8 位是"读/写"位（R/$\overline{W}$），用来确定数据传送的方向。对于写格式，R/$\overline{W}$ 应为 0，表示主控器将发送数据给受控器，接着传送第 2B，即从地址的子地址（SUB ADD），若受控器有多字节的控制项目，该子地址是指第一个地址，因为子地址在受控器中都是按顺序编制的，这就便于某受控器的数据一次传送完毕；接着才是若干字节的控制数据的传送，每传送 1B 的地址或数据后的第 9 位是受控器的应答信号，数据传送的顺序要靠主控器中程序的支持才能实现，数据发送完毕后，由主控器发出停止信号（P）。

② 读指令。I²C 总线数据的读指令如图 6-28 所示。

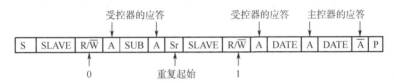

图 6-28 I²C 总线数据的读指令

与写指令不同，读指令首先要找到读取数据的受控器的地址，包括从地址和子地址，所以指令中在启动读操作之前，用写指令发送受控器，再启动读格式，不过前 3 个应答信号因为是指向受控器，所以应由受控器发出；然后，所有数据字节的应答信号因为是指向主控器，因此由主控器发出。不过最后的 $\overline{A}$ = 1。

I/O 口模拟 I²C 总线操作

在大多数单片机系统中，一般只有一个主机，就是单片机本身，其他设备都是从机。因此，I²C 总线的传送机制可以简化。由此可以选用那些不带 I²C 总线接口的单片机，比如 51 单片机，可以在单片机应用系统中通过软件模拟的方式模拟 I²C 总线的工作时序，访问 I²C 总线的器件，在使用时，只需要调用各个程序就可以方便地扩展 I²C 总线接口器件。

为了保证数据传送的可靠性，标准 I²C 总线的数据传送有严格的时序要求。图 6-29 给出了起始信号、终止信号和数据位的时序模拟和要求。

对于起始信号而言，要求在 SDA 跳变成低电平之前，必须保持至少 4.7μs 的高电平，而且起始信号到第一个时钟脉冲的时间间隔要大于 4.0μs。

对于终止信号而言，在 SDA 发生高电平跳变之前，SCL 必须保持高电平至少 4.7μs，SDA 跳变为高电平之后，还必须保持高电平至少 4.0μs。

对于数据位、应答位和非应答位而言，只要满足 SCL 的高电平周期大于 4.0μs，并且在此期间 SDA 保持稳定即可。

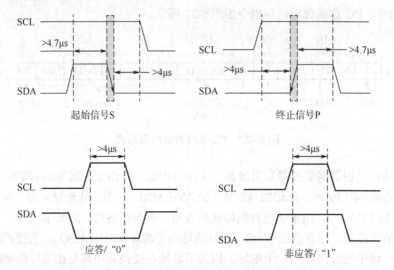

图 6-29 起始信号、终止信号和数据位的时序模拟

综上所述，可以在单片机中用软件模拟出 I^2C 总线的通信时序。SDA 用单片机的 P0 口任意一引脚来模拟，SCL 用 P0 口任意一引脚来模拟。主机采用 89C51 单片机，晶振频率为 12MHz，机器周期为 1μs。

起始信号的时序模拟子程序：

```
void start ()
{
    SDA = 1;
    SCL = 1;
    delay ();
    SDA = 0;
    delay ();
    SCL = 0;
}//SCL 在高电平期间，SDA 一个下降沿启动信号
```

终止信号的时序模拟子程序：

```
void stop ()
{
    SDA = 0;
    SCL = 1;
    delay ();
    SDA = 1;
    delay ();
    SDA = 0;
    SCL = 0;
```

}//SCL 在高电平期间，SDA 一个上升沿停止信号

发送应答位子程序：

```
void respons ()
{
    SCL = 1;
    delay ();
    SCL = 0;
    SDA = 1;
}
```

发送非应答位子程序：

```
void no_respons ()
{
    SDA = 1;
    SCL = 1;
    delay ();
    SCL = 0;
    SDA = 0;
}
```

串行发送一个字节数据的程序如下：

```
void write_date (uchar date)
{
    uchar i,a;
    a = date;
    for (i = 0;i<8;i++)//一个字节，8 位数据
    {
        a = a<<1;//数据左移，最高位进 CY
        SCL = 0;
        delay ();
        SDA = CY;
        delay ();
        SCL = 1;
        delay ();
    }
    SCL = 0;
    delay ();
    SDA = 1;
    delay ();
}
```

读取一个字节数据的程序如下:

```c
uchar read_date ()
{
    uchar i,a;
    SCL = 0;
    delay ();
    SDA = 1;
    for (i = 0;i<8;i++)
    {
        SCL = 1;
        delay ();
        a = (a<<1)|SDA;
        SCL = 0;
        delay ();
    }
    delay ();
    return a;
}
```

I²C芯片24CXX的使用

24CXX 为 I²C 串行 E²PROM 存储器,该系列有 24C01/24C02/24C04/24C08/24C16/24C32/24C64 等型号,它们的封装形式、引脚功能及内部结构类似,只是存储容量不同,对应的存储容量分别是 128B/256B/512B/1KB/2KB/4KB/8KB。

（1）24CXX芯片的引脚

24CXX 芯片的引脚如图 6-30 所示。

共有 8 个引脚,各引脚功能如下。

A0、A1、A2:片选或页面选择地址输入端。

选用不同的 E²PROM 存储器芯片时,其意义不同,但都要接一固定电平,用于多个器件级联时的芯片寻址。对于 24C01/24C02 E²PROM 存储器芯片,这3 位用于芯片寻址,通过与其所接的接线逻辑电平相比较,判断芯片是否被选通。在总线上最多可连接 8 片 24C01/24C02 存储器芯片。对于 24C04 E²PROM 存储

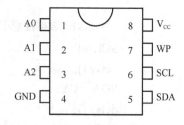

图 6-30 24CXX 芯片的引脚示意图

器芯片,用 A1、A2 作为片选,A0 悬空。在总线上最多可连接 4 片 24C04。对于 24C08 E²PROM 存储器芯片,只用 A2 作为片选,A0、A1 悬空。在总线上最多可连接 2 片 24C08。对于 24C16 E²PROM 存储器芯片,A0、A1、A2 都悬空。这 3 位地址作为页地址位 P0、P1、P2。在总线上只能连接 1 片 24C16。

GND:接地。

SDA:串行数据（地址）I/O 端,用于串行数据的输入/输出。这个引脚是漏极开路驱动

端，可以与任何数量的漏极开路或集电极开路器件"线或"连接。

SCL：串行时钟输入端，用于输入/输出数据的同步。在其上升沿时，串行写入数据；在下降沿时，串行读取数据。

WP：写保护端，用于硬件数据的保护。WP 接地时，对整个芯片进行正常的读/写操作；WP 接电源 Vcc 时，对芯片进行数据写保护。

Vcc：电源正极，接+5V。

（2）24CXX 芯片的寻址与读写方式

24CXX 系列串行 E²PROM 寻址方式字节的高 4 位为器件地址，且固定为 1010B，低 3 位为器件地址引脚 A2～A0。对于存储容量小于 256 字节的芯片，例如 24C01，片内寻址只需 8 位。对于容量大于 256 字节的，例如 24C16，其容量为 2KB，因此需要 11 位寻址位。通常，将寻址地址多于 8 位的称为页面寻址，每 256 个字节作为 1 页。

图 6-31 是 24CXX 系列的字节写时序示意图。主机首先发送起始信号，随后给出器件地址，在收到应答信号后，再将字节地址写入 24CXX 芯片的地址指针，最后是准备写入的数据字节。对于多于 8 位的地址，主机需连续发送两个 8 位地址字节，并写入 24CXX 芯片的地址指针。

S	器件地址	0	A	字节地址	L	数据地址	A	P

S	器件地址	0	A	字节地址高8位	A	字节地址低8位	A	数据字节	A	P

图 6-31　24CXX 系列字节写时序示意图

图 6-32 是 24CXX 系列芯片的页写时序示意图。与字节写模式不同的是，24CXX 系列芯片在页写模式下，可以一次写入 8 个字节或 16 个字节的数据，每个数据字节之间不需发送停止信号。当 24CXX 系列芯片收到停止信号后，自动启动内部的写周期，将所有接收到的数据在一个写周期内写入内存中。

S	器件地址	0	A	字节地址	A	数据字节1	A	……	数据字节N	A	P

S	器件地址	0	A	字节地址高8位	A	字节地址低8位	A	数据字节1	A	…

数据字节N	A	P

图 6-32　24CXX 系列页写时序示意图

24CXX 系列芯片的读操作方式与写操作类似，所不同的是要将数据传送方向位置 1。图 6-33 给出了分别为立即地址读取、随机地址读取和顺序地址读取 3 种不同的读操作方式。采用立即地址读取方式时，主机无需发送要读的字节地址，24CXX 系列芯片会自动从上次访问地址的下一个地址处读取数据。即上次访问地址为 ADD，则芯片会从 ADD+1 的地址处开始读取数据，如果要读取某个特定地址的数据，可以使用随机地址读取的方式。此方式中，主机必须先通过字节写操作方式，将要读的字节地址写入 24CXX 系列芯片中，然后再次发送起始信号，启动读操作并将总线释放给 24CXX，24CXX 会从之前设置的地址处回送数据字节给主机。

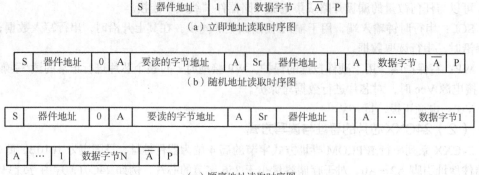

图 6-33 不同读操作方式的时序图

对于内存的读操作往往是连续多字节的,可以采用顺序地址读取的方式。该方式与随机地址读取类似,所不同的是,当主机对于数据字节给出应答位时,24CXX 会送出下一地址的数据;当主机对于数据字节给出非应答位时,24CXX 会认为当前操作结束,从而释放总线,主机要随后给出终止信号,结束本次操作。

(3) 24CXX 的命令字节格式

主机发送启动信号后,再发送一个 8 位的含有芯片地址的控制字对器件进行片选。这 8 位片选地址由三部分组成:第一部分是 8 位控制字的高 4 位(D7-D4),固定为 1010 是 I^2C 总线器件的特征编码;第二部分是最低位 D0,D0 位是读/写选择位 R/$\overline{W}$,决定主机对 E^2PROM 进行读/写操作,R/$\overline{W}$ = 1,表示读操作,R/$\overline{W}$ = 0 表示写操作;第三部分为剩下的 3 位即 A0、A1、A2,这 3 位根据芯片的容量不同,其意义也不相同,表 6-10 为 24CXX E^2PROM 芯片的地址安排(表中 P2、P1、P0 为页地址位)。

表 6-10 24CXX E^2PROM 芯片的地址安排

型号	容量	地址	可扩展的数目
24C01	128B	1 0 1 0 A2 A1 A0 R/$\overline{W}$	8
24C02	256B	1 0 1 0 A2 A1 A0 R/$\overline{W}$	8
24C04	512B	1 0 1 0 A2 A1 P0 R/$\overline{W}$	4
24C08	1KB	1 0 1 0 A2 P1 P0 R/$\overline{W}$	2
24C016	2KB	1 0 1 0 P2 P1 P0 R/$\overline{W}$	1
24C032	4KB	1 0 1 0 A2 A1 A0 R/$\overline{W}$	8
24C064	8KB	1 0 1 0 A2 A1 A0 R/$\overline{W}$	8

24C04 应用设计

(1) 设计要求

使用 24C04 统计单片机开启次数,要求单片机开启后就显示开启的次数。若开启的次数超过 10,24C04 清零并重新开始开启次数。

(2) 设计分析

因为 24C04 具有断电数据保持特点,可用来存储数据,所以单片机的开启次数存放在 24C04 中。开启次数的显示可使用 2 位 LED 来显示。

(3) 硬件电路设计

我们选用 AT89C51 单片机作为主机,SDA 线用单片机的 P1.1 引脚来模拟,SCL 线用单片机的 P1.0 引脚来模拟。8 位数码管的段选端接单片机的 P0 口,位选端接单片机的 P2 口,具体的电路图如图 6-34 所示。

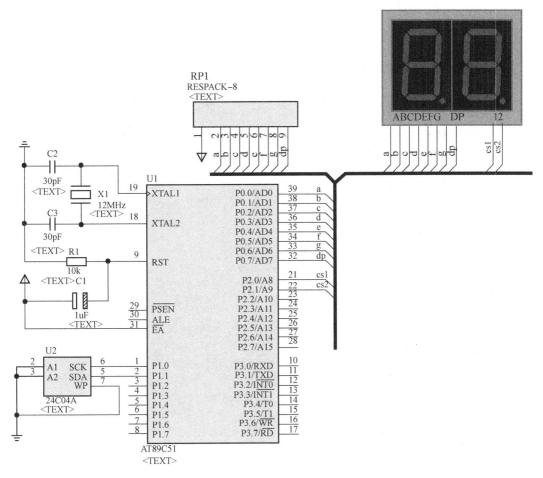

图 6-34 电路设计图

（4）软件程序编写

```
#include<reg51.h>
#include<intrins.h>
#define uchar unsigned char
#define uint unsigned int
sbit SCL = P1^0;
sbit SDA = P1^1;
uchar code SMG[] = {0xC0,0xF9,0xA4,0xB0,0x99,0x92,
                    0x82,0xF8,0x80,0x90,0xFF};//数码管段码表,最后一字节为黑屏
uchar num = 0,num1,num2;//十,个
void delay ()//延时 5μs
{
    _nop_();
```

```c
        _nop_();
        _nop_();
        _nop_();
        _nop_();
}
void delayxms (uint x)//延时程序
{
    uchar t;
    while (x--)
        for(t = 0;t<110;t++);
}
void start ()//I2C 启动程序
{
    /*……省略……*/
}
void stop ()//I2C 停止程序
{
    /*……省略……*/
}
void respons ()//读取应答程序
{
    /*……省略……*/
}
void no_respons ()//发送非应答信号
{
    /*……省略……*/
}
void write_date (uchar date)//向 24C04 中写入一个字节程序
{
    /*……省略……*/
}
uchar read_date ()//从 24C04 中读出一个字节的程序
{
    /*……省略……*/
}
void write_random_address (uchar add,uchar dat)//向 24C04 任意地址写数据
{
    start ();
    write_date (0xA0);//写 24C04 写命令
    respons ();
    write_date (add);
```

```c
        respons ();
        write_date (dat);
        respons ();
        stop ();
        delayxms (10);
}
uchar read_random_address (uchar addr)//从 24C04 任意地址读数据程序
{
        uchar date;
        start ();
        write_date (0xa0);//写 24C04 读命令
        respons ();
        write_date (addr);
        respons ();
        start ();
        write_date (0xa1);
        respons ();
        date = read_date ();
        stop ();
        delayxms (5);
        return date;
}

void display ()//显示程序
{
        num1 = num/10;
        num2 = num%10;
        P2 = 0x01;
        P0 = SMG [num1];//百位
        delayxms (3);
        P2 = 0x02;
        P0 = SMG [num2];//十位
        delayxms (3);
}

void main ()//主程序
{
        num = read_random_address (0x00);
        if (num ! = 0xFF)
                write_random_address (0x00,0xFF);
        num = read_random_address (0x01);
```

```
            if (num<10)
            {
            num++;
            write_random_address (0x01,num);
        }
            else
            {
            write_random_address (0x01,0x00);
        }
            while (1)
                display ();
        }
```

（5）调试与仿真运行

在程序的调试过程中排除输入和编辑过程中出现的错误，将 Keil 的输出设置为生成 hex 文件，源程序通过编译后，将 hex 文件加载到 Proteus 仿真电路中的单片机中，在仿真环境中按下 ▶ 键，进入仿真运行状态。当第一次按下 ▶ 键时，LED 显示为 1，如图 6-35 所示。

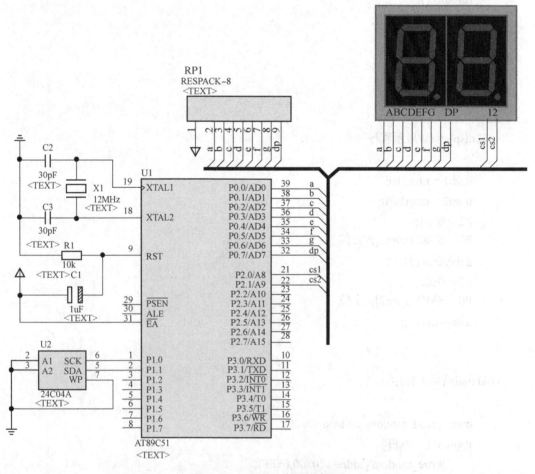

图 6-35　24C04 应用仿真图

单击 ■，再单击 ▶ 时，LED 显示为 2，显示的次数为上次次数加 1，如图 6-36 所示。显示达到 10 次后，单击 ■，再单击 ▶ 时，LED 显示为 1，重新开始计数。

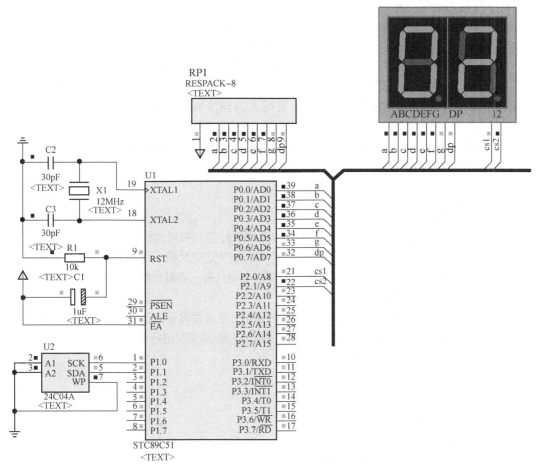

图 6-36　24C04 应用仿真图

总结

1. I²C 总线只要求两条总线线路，一条串行数据线 SDA，一条串行时钟线 SCL。SDA 线上的数据必须在时钟的高电平周期保持稳定。数据线的高或低电平状态只有在 SCL 线的时钟信号是低电平时才能改变。SCL 线是高电平时，SDA 线从高电平向低电平切换，表示起始条件；SCL 线是高电平时，SDA 线由低电平向高电平切换，表示停止条件。发送到 SDA 线上的每个字节必须为 8 位，每次传输可以发送的字节数量不受限制。每个字节后必须跟一个响应位，相关的响应时钟脉冲由主机产生。在响应的时钟脉冲期间发送器释放 SDA 线（高）。在响应的时钟脉冲期间，接收器必须将 SDA 线拉低，使它在这个时钟脉冲的高电平期间保持稳定的低电平。

2. DS1302 芯片与单片机的连接仅需要 3 条线：CE 引脚、SCLK 串行时钟引脚、I/O 串行数据引脚，Vcc2 为备用电源，外接 32.768kHz 晶振，为芯片提供计时脉冲。DS1302 的控制字最高位（位 7）必须为逻辑 1，才能将数据写入到芯片中；位 6 为逻辑 1 表示存取 RAM 数据，为 0 则表示存取日历时钟数据；位 0 为逻辑 1 表示读操作，位 0 为逻辑 0 表示写操作。在控制指令字输入后的下一个 SCLK 的时钟上升沿时，数据被写入到 DS1302，数据输入从位 0 开始。同样，在控制指令字输入后的下一个 SCLK 的时钟下降沿时读出 DS1302 的数据。

3. 12864LCD 每屏可显示 4 行 8 列共 32 个 16×16 点阵的汉字，每个显示 RAM 可显示 1 个中文字符或 2 个 16×8 点阵全高 ASCII 码字符，即每屏最多可实现 32 个中文字符或 64 个 ASCII 码字符的显示。12864LCD 内部提供 128×2 字节的字符显示 RAM 缓冲区（DDRAM），字符显示是通过将字符显示编码写入该字符显示 RAM 实现的。

拓展思考

1. 利用定时器产生一个 0-99 秒变化的秒表，并且显示在数码管上，每过一秒将这个变化的数字写入到 24C04 芯片中。当关闭单片机，再重新打开单片机时，单片机先从 24C04 芯片中将原来写入的数据读出来，接着此数继续变化并显示在数码管上，完成该程序并仿真。

2. 在学习情景电子日历的基础上设计出可调式电子日历，要求用中文和数字显示当前的日期、星期以及时间信息，还能够对时间信息进行修改和调整。

习　题

1. I²C 总线的特点是什么？
2. 简述 I²C 总线协议中的应答位 A 和非应答位 $\overline{A}$ 各有什么作用？
3. 叙述 24C04 芯片各引脚的功能。
4. 向 24C04 芯片中 0x02 地址写入一字节数据（0xFF），请写出该程序。
5. 试设计出 DS1302 时钟芯片和 AT89C51 单片机的连接框图。
6. 采用 AT89C51 单片机作为控制核心，控制 12864LCD 显示中文汉字，要求在 12864LCD 中用中文显示出 "我爱学单片机" 字样，第一行顶格显示。
7. 采用 AT89C51 单片机作为控制核心，用 12864LCD 与 DS18B20 设计一个温度器，要求用中文汉字和数字符号来显示当前的温度，显示格式：

　　　　　第一行：当前温度，从第三个汉字（第 32 列）开始显示
　　　　　第二行：XX 摄氏度，从第三个汉字（第 32 列）开始显示

参考文献

[1] 王平.单片机应用设计与制作[M].清华大学出版社,2012.

[2] 宋雪松.手把手教你学 51 单片机 C 语言版[M].清华大学出版社,2020.

[3] 王云.51 单片机 C 语言程序设计教程[M].人民邮电出版社,2020.

[4] 朱清慧.Proteus 教程—电子线路设计、制版与仿真.[M].人民邮电出版社,2016.

[5] 谭浩强.C 程序设计[M]. 5 版.清华大学出版社,2018.

[6] 单片机原理及应用基于 Proteus 和 Keil C[M]. 4 版.电子工业出版社,2018.

[7] 俞国亮.MCS-51 单片机原理与应用[M].清华大学出版社,2008.

[8] 刘建清.从零开始学单片机技术[M].国防工业出版社,2008.

[9] 郭天祥.51 单片机 C 语言教程:入门、提高、开发、拓展全攻略[M].电子工业出版社,2010.

[10] 彭伟等.单片机 C 语言程序设计实训 100 例[M].电子工业出版社,2009.